高等学校电子与通信类专业"十一五"规划教材

数字信号处理
——理论与实践

郑国强　傅江涛
彭　勃　马华红　编著

西安电子科技大学出版社

2009

内容简介

本书系统地论述了数字信号处理的基本原理与概念、基本分析和设计方法、算法及MATLAB实现。全书共分7章，内容包括数字信号处理基础、模拟信号的数字化、离散时间信号与系统、Z变换、DFT与FFT、数字滤波器的结构及数字滤波器的设计。

本书在内容安排上突出基本概念和原理，注重各章节内容之间的联系，特别是各种信号变换处理之间的关系和应用。为了加深学生对基本理论和方法的理解与应用，每一章都结合主要内容，通过典型例题，说明用MATLAB进行数字信号处理的方法，并提供了相应的MATLAB程序。读者可以运行这些MATLAB程序，得到数据和图表，形象直观地认识所讨论的主要内容。各章均配有一定数量的习题和MATLAB上机实验，便于读者更进一步地理解、掌握和实际应用所学概念。

本书可作为高等工科院校通信、电子信息、计算机、信息工程、自动控制等相关专业的本科教材，也可供从事信号处理相关工作的科技工作者参考。

★ 本书配有电子教案，需要者可登录出版社网站，免费下载。

图书在版编目(CIP)数据

数字信号处理：理论与实践/郑国强等编著. —西安：西安电子科技大学出版社，2009.8

高等学校电子与通信类专业“十一五”规划教材

ISBN 978-7-5606-2308-5

Ⅰ. 数…　Ⅱ. 郑…　Ⅲ. 数字信号-信号处理-高等学校-教材　Ⅳ. TN911.72

中国版本图书馆 CIP 数据核字(2009)第 113862 号

策　　划　陈　婷
责任编辑　阎　彬　陈　婷
出版发行　西安电子科技大学出版社(西安市太白南路2号)
电　　话　(029)88242885　88201467　　邮　　编　710071
网　　址　www.xduph.com　　电子邮箱　xdupfxb001@163.com
经　　销　新华书店
印刷单位　陕西天意印务有限责任公司
版　　次　2009年8月第1版　2009年8月第1次印刷
开　　本　787毫米×1092毫米　1/16　印张 15
字　　数　350千字
印　　数　1～4000册
定　　价　22.00元

ISBN 978-7-5606-2308-5/TN·0530

XDUP 2600001-1

西安电子科技大学出版社
高等学校电子与通信类专业“十一五”规划教材
编审专家委员会名单

主　任：杨　震（南京邮电大学校长、教授）

副主任：张德民（重庆邮电大学通信与信息工程学院副院长、教授）

　　　　秦会斌（杭州电子科技大学电子信息学院院长、教授）

通信工程组

组　长：张德民（兼）

成　员：（成员按姓氏笔画排列）

　　　　王　晖（深圳大学信息工程学院副院长、教授）

　　　　巨永锋（长安大学信息工程学院副院长、教授）

　　　　成际镇（南京邮电大学通信与信息工程学院副院长、副教授）

　　　　刘顺兰（杭州电子科技大学通信工程学院副院长、教授）

　　　　李白萍（西安科技大学通信与信息工程学院副院长、教授）

　　　　张邦宁（解放军理工大学通信工程学院卫星系系主任、教授）

　　　　张瑞林（浙江理工大学信息电子学院院长、教授）

　　　　张常年（北方工业大学信息工程学院院长、教授）

　　　　范九伦（西安邮电学院信息与控制系系主任、教授）

　　　　姜　兴（桂林电子科技大学信息与通信学院副院长、教授）

　　　　姚远程（西南科技大学信息工程学院副院长、教授）

　　　　康　健（吉林大学通信工程学院副院长、教授）

　　　　葛利嘉（中国人民解放军重庆通信学院军事信息工程系系主任、教授）

电子信息工程组

组　长：秦会斌（兼）

成　员：（成员按姓氏笔画排列）

　　　　王　荣（解放军理工大学通信工程学院电信工程系系主任、教授）

　　　　朱宁一（解放军理工大学理学院基础电子学系系主任、工程师）

　　　　李国民（西安科技大学通信与信息工程学院院长、教授）

　　　　李邓化（北京信息工程学院信息与通信工程系系主任、教授）

　　　　吴　谨（武汉科技大学信息科学与工程学院电子系系主任、教授）

　　　　杨马英（浙江工业大学信息工程学院副院长、教授）

　　　　杨瑞霞（河北工业大学信息工程学院院长、教授）

　　　　张雪英（太原理工大学信息工程学院副院长、教授）

　　　　张　彤（吉林大学电子科学与工程学院副院长、教授）

　　　　张焕君（沈阳理工大学信息科学与工程学院副院长、副教授）

　　　　陈鹤鸣（南京邮电大学光电学院院长、教授）

　　　　周　杰（南京信息工程大学电子与信息工程学院副院长、教授）

　　　　欧阳征标（深圳大学电子科学与技术学院副院长、教授）

　　　　雷　加（桂林电子科技大学电子工程学院副院长、教授）

项目策划：毛红兵

策　　划：曹　昳　寇向宏　杨　英　郭　景

前　言

随着计算机技术和信息技术的不断发展，新的信号处理理论和应用技术不断涌现，数字信号处理的应用领域更加广泛。尤其在当今的高科技领域，数字信号处理有着极为重要的作用和地位，并发展成为一门极其重要的学科。数字信号处理已经成为高等工科院校电子信息、通信和控制工程类相关专业的一门重要的专业基础课。然而由于数字信号处理理论和算法本身的抽象性(难于理解)，数字信号处理课程的实际教学过程一直处于教与学两难的境地。为此，作者在研究国内外最新同类教材的基础上，结合多年的教学改革与实践成果，以加强基础和实践应用为主线，组织和编写了本书。

数字信号处理的内容从根本上讲，主要涉及变换和滤波两大领域。变换是指通过某种运算，在有意义的范围内能够更清晰地描述信号的基本特征，以利于对信号进行更有效的处理。在众多变换中，傅里叶变换为基础和应用重点。滤波通常是指从频域的指标要求角度对信号的各种频率成分进行取舍和加工，是从系统概念上对信号的变换处理。考虑到数字信号处理课程内容的系统性和实践性，本书把信号处理的基本概念和模拟信号的数字化处理也列入教学范围。本书紧紧围绕变换和滤波的基本理论进行组织，各章内容循序渐进，安排合理，重点围绕基础变换和滤波的基本算法进行论述，分析各种变换及滤波之间的关系。为加强对课程内容的理解与掌握，突出数字信号处理的技术应用及实际工程应用方法，全书每章都针对主要内容给出了 MATLAB 的实现方法和程序，读者可以直接在 MATLAB 软件平台上仿真实现。

全书共分 7 章，内容包括数字信号处理基础、模拟信号的数字化、离散时间信号与系统、Z 变换、DFT 与 FFT、数字滤波器的结构及数字滤波器的设计。教授本书时，建议课堂教学时数为 48 学时，前两章内容可以根据教学情况进行取舍。

本书由郑国强统稿。其中，第 1、2 章由傅江涛编写，第 4、6 章由彭勃编写，第 3、5、7 章由郑国强编写，第 1～7 章的部分 MATLAB 实现主要由马华红编写。本书在编写过程中得到了河南科技大学有关领导及通信工程系许多同志的大力支持和帮助，在此一并表示诚挚的谢意。

限于作者水平，书中难免存在不妥之处，恳请读者批评指正。

作　者
2009 年 5 月
于河南科技大学电子信息工程学院

目　录

第 1 章　数字信号处理基础

傅里叶变换用来建立以时间为自变量的信号与以频率为自变量的“频谱函数”之间的某种变换关系。本章内容是信号系统与数字信号处理课程的基础，主要介绍信号和频谱分析的一些基本概念，并将连续周期信号的傅里叶级数、连续非周期信号的傅里叶变换以及周期信号的傅里叶变换加以联系和对比，以便我们更好地学习离散时间序列的傅里叶变换(DTFT)、离散时间序列的傅里叶级数(DFS)和离散傅里叶变换(DFT)。

1.1　信号的基本概念

1.1.1　信号的定义

人类对自然界的认识和改造过程都离不开对自然界中信息的获取。所谓信息，是指存在于客观世界的一种事物形象，是关于事物运动规律的知识，一般泛指消息、情报、指令、数据、信号等有关周围环境的知识。

那么，什么是消息呢？所谓消息，是指用来表达信息的某种客观对象，如电话中的声音，电视中的图像，雷达的目标距离、高度、方位等参量。在我们得到一个消息之后，可能得到一定的信息，而我们所得到的信息与我们在得到消息前以及得到消息后对某一事件的无知程度无关。因此，我们可把信息与消息在含义上的区别概括为：信息是消息中不确定性的消除(也就是该消息给予受信者的新知识)，消息就是知道了的信息。

什么是信号呢？所谓信号，是指带有信息的某种物理量，如电信号、光信号、声音信号等。因此，信号是指消息的表现形式，而消息则是信号的具体内容。消息一般都不是直接传输的，而必须借助于一定形式的信号才能进行传输和各种处理。由于信号是带有信息的某种物理量，因此这些物理量的变化包含着信息。可见，信号是与物理量相联系着的。这就为我们对信号进行研究奠定了物理背景。换言之，我们要很好地理解某些信号，可以思考一下它对应的物理现象和蕴涵的物理规律。信号作为带有信息的某种物理量，可以是随时间变化或随空间变化的。因此，在数学上，信号可以用一个或几个独立变量的函数来表达，也可以用函数的曲线图形，即信号的波形来表示。今后，在本课程中，将把信号与函数视做同一概念，不加区别。除了上述两种直观的信号描述方法以外，还可以用信号的频谱来描述信号。通常将信号频谱视为对信号的一种间接描述，而将其数学函数描述和波形描述视为对信号的直接描述。其实，人们一般更倾向于把频谱作为一种对信号进行分析的方法或者手段，而不太强调它也是信号的描述方法。这里，描述的含义要灵活地来理解。因为频谱与信号有一一对应关系，所以从频谱就可以知道对应信号的特点，而信号特点正是我们在描述信号时所需要表现出来的。因此，说频谱是对信号的描述也是成立的。

1.1.2 信号的分类

信号是传递信息的函数，是信息的载体。按照信号的不同特点，信号可以表示成一个或几个独立变量的函数，如语音信号可以看成一个时间变量的函数 $f(t)$，图像信号可以看成一个光源对物体的照射强度和物体对光源反射强度的两个变量的函数 $f(x, y)$，等等。习惯上把时间作为信号的函数表示的自变量。自变量可以是连续的，也可以是离散的，对应函数值的取值也有连续与离散之分。因此，通常把信号分为两大类：时间(或时域)连续信号和时间(或时域)离散信号。时间连续信号是定义在连续时间域内的信号，其函数值(或幅度)可以是连续数值，也可以是离散数值。时间离散信号是指定义在离散时间点上的信号，同样，其函数值可以是连续数值，也可以是离散数值。

模拟信号和数字信号是实际应用中对信号进行分类的两种特殊形式。时间和函数值都连续取值的时间连续信号就是模拟信号，但实际中时间连续信号和模拟信号通用。时间和函数值都取离散值的时间离散信号就是通常所说的数字信号。时间离散、函数值仍是连续变化的时间离散信号通常称做序列。数字信号处理实际上是针对数字信号的变换或滤波。

1.2 信号在正交函数集中的分解

信号分解的方法并不是唯一的，本节将介绍信号的一种分解形式，即将连续信号分解为一系列的正交函数，各正交函数属于一完备的正交函数集。大家所熟悉的正弦、余弦函数($\sin\omega t$、$\cos\omega t$)或虚指数函数 $e^{-j\omega t}$ 都是正交函数。利用傅里叶变换这一数学工具就可将连续信号表示为一系列不同频率的正弦函数或虚指数函数之和(对周期信号)或积分(对非周期信号)。有了信号的这种分解，根据线性叠加的原理亦可求得线性时不变系统的零状态响应。变换域分析就是选取完备的正交函数集来最佳逼近信号，或者说，信号用完备的正交函数集来展开，其展开系数就是信号的变换表示。不同的变换域的区别就在于选取的正交完备集不同。

1.2.1 函数正交的定义

两个函数正交的定义：在(t_1, t_2)区间上的两个实变函数 $g_1(t)$和 $g_2(t)$，若满足

$$\int_{t_1}^{t_2} g_1(t)g_2(t)\mathrm{d}t = 0 \tag{1.2-1}$$

则称 $g_1(t)$和 $g_2(t)$在区间(t_1, t_2)上正交。实际应用中，常用到加权正交性，即

$$\int_{t_1}^{t_2} h(t)g_1(t)g_2(t)\mathrm{d}t = 0 \tag{1.2-2}$$

式中，$h(t)$称为权函数。

如果是复函数集$\{g_j(t)\}$，则满足正交的条件为

$$\int_{t_1}^{t_2} g_i(t)g_j^*(t)\mathrm{d}t = 0, \quad i \neq j \tag{1.2-3}$$

正交函数集(基函数)：如果 n 个函数 $g_1(t)$，$g_2(t)$，…，$g_n(t)$构成一个函数集，且这些函数在区间(t_1，t_2)上满足如下的正交特性

$$\int_{t_1}^{t_2} g_i(t)g_j(t)\mathrm{d}t = \begin{cases} 0, & i \neq j \\ c, & i = j \end{cases} \quad i, j = 1, 2, \cdots, n \tag{1.2-4}$$

则称此函数集为(t_1，t_2)上的正交函数集。

1.2.2　正交函数集的完备性

如果在正交函数集的函数 $g_1(t)$，$g_2(t)$，…，$g_n(t)$外，不存在满足下式的函数 $\varphi(t)$

$$\int_{t_1}^{t_2} \varphi(t)g_j(t)\mathrm{d}t = 0, \quad j = 1, 2, \cdots, n$$

则把正交函数集$\{g_j(t)\}$称为完备正交函数集。也就是说，如果能够找到一个函数 $\varphi(t)$使得上式成立，那就说明 $\varphi(t)$与函数集$\{g_j(t)\}$的每个函数都正交，因此它本身就应该属于此函数集。显然，不包含 $\varphi(t)$的集合是不完备的。例如三角函数集

$$\{1, \cos\Omega t, \cos2\Omega t, \cdots, \cos n\Omega t, \sin\Omega t, \sin2\Omega t, \cdots, \sin n\Omega t, \cdots\}$$

式中 $\Omega=2\pi/T$。在区间(t_0，t_0+T)，该三角函数集组成正交函数集，而且是完备的正交函数集。而函数集

$$\{\sin\Omega t, \sin2\Omega t, \cdots, \sin n\Omega t, \cdots\}$$

同样是正交函数集，但是它并不是完备的正交函数集，因为存在其他许多函数如 $\cos\Omega t$，$\cos2\Omega t$，…，$\cos m\Omega t$ 也与这个函数集中的函数满足正交的关系。

1.2.3　信号分解

信号分解为正交函数集的原理与矢量分解为正交矢量的概念相似。我们知道，一般为了比较好地研究矢量，都采取矢量分解的方法。图 1-1 说明了矢量分解的方式。

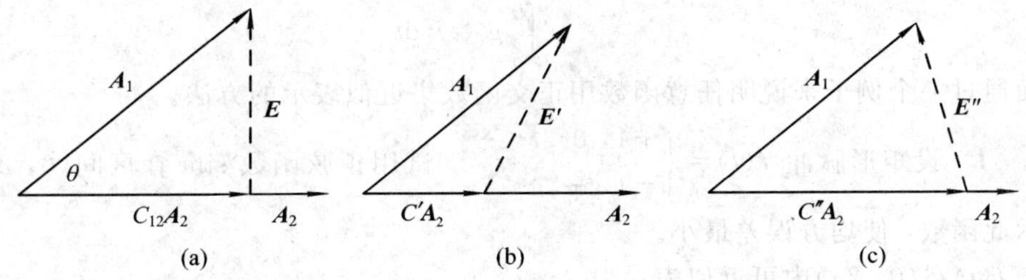

图 1-1　矢量分解方式

图 1-1(a)中的 $\boldsymbol{E}=\boldsymbol{A}_1-C_{12}\boldsymbol{A}_2$，$\boldsymbol{E}$ 为用分量 $C_{12}\boldsymbol{A}_2$ 来近似代表原矢量 $\boldsymbol{A}_1$ 的误差矢量；图 1-1(b)和图 1-1(c)中的 $C'\boldsymbol{A}_2$ 和 $C''\boldsymbol{A}_2$分别是 $\boldsymbol{A}_1$ 在 $\boldsymbol{A}_2$ 上的斜投影。此类斜投影可有无穷多个。从图 1-1 可以看出，用斜投影近似代表原矢量时，其误差矢量 $\boldsymbol{E}'$和$\boldsymbol{E}''$都大于$\boldsymbol{E}$。

结论：若用一矢量的分量去代表原矢量而使误差矢量最小，则这个分量只能是原矢量的垂直投影。

从图 1-1(a)的几何图形上可以得到

$$C_{12}A_2 = A_1\cos\theta = \frac{A_1A_2\cos\theta}{A_2} = \frac{\boldsymbol{A}_1 \cdot \boldsymbol{A}_2}{A_2}$$

$$C_{12}=\frac{\boldsymbol{A}_1\cdot\boldsymbol{A}_2}{A_2^2}$$

可见，C_{12}是指在最小平方误差的意义上$\boldsymbol{A}_1$和$\boldsymbol{A}_2$的相互近似程度。例如，当$\boldsymbol{A}_1$和$\boldsymbol{A}_2$相同时，C_{12}为1，而当$\boldsymbol{A}_1$和$\boldsymbol{A}_2$互相垂直时，C_{12}为0。

对于任意一个三维空间的矢量$\boldsymbol{A}$，可以按照图1-2所示的方式用一个三维正交矢量集$\{\boldsymbol{v}_x, \boldsymbol{v}_y, \boldsymbol{v}_z\}$来表示。

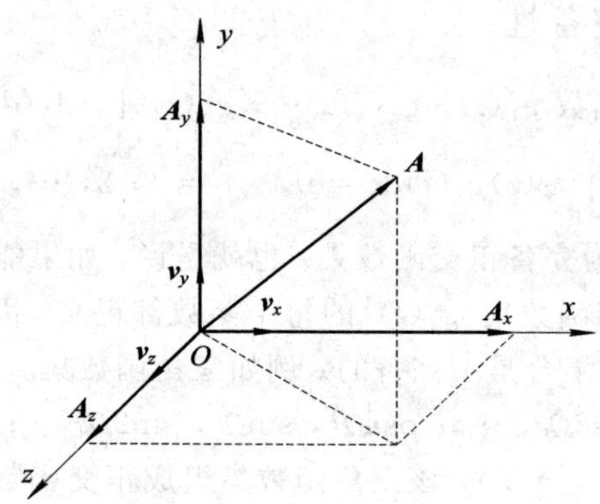

图1-2　三维矢量分解

同样，对于任意一个函数$f(t)$，可以用一个完备的正交函数集$\{g_j(t)\}$来近似表示为

$$f(t)\approx c_1g_1(t)+c_2g_2(t)+c_3g_3(t)+\cdots+c_ng_n(t) \tag{1.2-5}$$

式(1.2-5)中，为了能够得到最佳的逼近效果，就要确定系数c_n的取值。关于如何确定这些系数的值，在这里不作讨论，读者如有兴趣可参阅其他参考书籍。理论上讲，使式(1.2-5)成立，且使均方误差最小的系数c_n为

$$c_n=\frac{\int_{t_1}^{t_2}f(t)g_i(t)\mathrm{d}t}{\int_{t_1}^{t_2}g_i(t)^2\mathrm{d}t} \tag{1.2-6}$$

下面通过一个例子来说明任意函数用正交函数集近似表示的方法。

例1-1　设矩形脉冲$f(t)=\begin{cases}+1, & 0<t<\pi\\ -1, & \pi<t<2\pi\end{cases}$，试用正弦函数$\sin t$在区间$(0, 2\pi)$上来近似表示此函数，使均方误差最小。

解　$f(t)$在$(0, 2\pi)$内可近似表示为

$$f(t)\approx c_1\sin t$$

为使近似表达式和原信号的均方误差最小，利用式(1.2-6)有

$$c_1=\frac{\int_0^{2\pi}f(t)\sin t\,\mathrm{d}t}{\int_0^{2\pi}\sin^2 t\mathrm{d}t}=\frac{4}{\pi}$$

所以

$$f(t)\approx\frac{4}{\pi}\sin(t)$$

原方波信号和它的一次谐波分解信号之间的近似关系如图1-3所示。在图1-3中，针对2π的区间作了归一化处理。

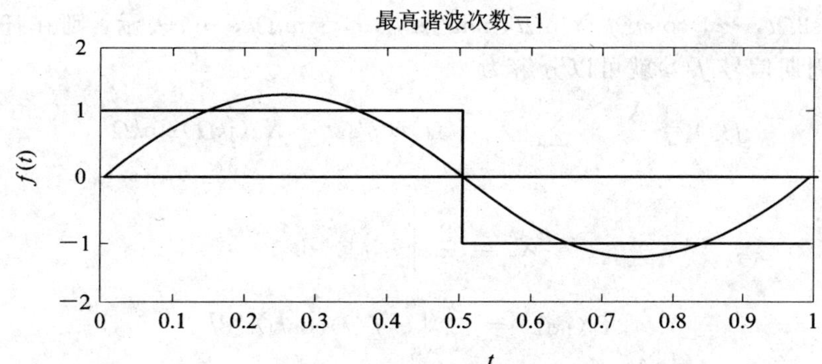

图 1－3　例 1－1 的方波信号和一次谐波正弦分解信号的比较

1.3　连续周期信号

1.3.1　周期信号的概念和性质

设信号 $f(t)$定义在整个实轴上，如果存在实数 $T>0$，使得

$$f(t)=f(t+T)$$

对所有的 t 都成立，则称 $f(t)$为周期信号，其周期为 T(或者说满足上述等式的最小正数 T 称为 $f(t)$的周期)。周期 T 的倒数称为该周期信号 $f(t)$的频率。

设信号 $f(t)$是周期为 T 的周期信号，则 nT(n 是正整数)也是 $f(t)$的周期。即

$$f(t)=f(t+nT)$$

如果 $f(t)$是一个可积信号，则对于任意 t_0，都有等式

$$\int_{t_0}^{t_0+T} f(t)\,\mathrm{d}t=\int_0^T f(t)\,\mathrm{d}t=\int_{-T/2}^{T/2} f(t)\,\mathrm{d}t$$

成立。即周期信号在任一时间长度为周期 T 的区间上积分，其积分值都是相等的。

1.3.2　周期信号的傅里叶级数展开式

周期信号是定义在$(-\infty,\ +\infty)$区间，每隔一定时间 T 就按相同规律重复变化的信号。由数学分析的知识知道，任何周期信号 $f(t)$满足如下的狄利克雷条件：

(1) 在一周期内，间断点的数目有限；

(2) 在一周期内，极大、极小值的数目有限；

(3) 在一周期内，$\int_{t_1}^{t_1+T} f(t)\,\mathrm{d}t<\infty$。

因此，周期信号 $f(t)$在区间$(t_0,\ t_0+T)$内都可以展开成完备正交函数集的无穷级数。如果正交函数集是三角函数集或指数函数集，则周期信号所展开的无穷级数就分别称为三角形式的傅里叶级数或指数形式的傅里叶级数，它们统称为傅里叶级数。在各种正交函数集中，傅里叶级数既方便又很有用。本节将对两种傅里叶级数作进一步讨论。

1. 周期信号的三角形式傅里叶级数

设有周期信号 $f(t)$，它的周期是 T，角频率 $\Omega=2\pi F=2\pi/T$，如果采用正交函数集

$\{1, \cos\Omega t, \cos2\Omega t, \cdots, \cos n\Omega t, \sin\Omega t, \sin2\Omega t, \cdots, \sin n\Omega t, \cdots\}$表示，则在任何一个周期$(t, t+T)$内周期信号$f(t)$就可以分解为

$$f(t) = \frac{X_0}{2} + \sum_{k=1}^{+\infty}[X_1(\mathrm{j}k\Omega)\cos k\Omega t + X_2(\mathrm{j}k\Omega)\sin k\Omega t] \tag{1.3-1}$$

式中

$$X_0 = \frac{2}{T}\int_t^{t+T} f(t)\mathrm{d}t \tag{1.3-2}$$

$$X_1(\mathrm{j}k\Omega) = \frac{2}{T}\int_t^{t+T} f(t)\cos k\Omega t\ \mathrm{d}t \tag{1.3-3}$$

$$X_2(\mathrm{j}k\Omega) = \frac{2}{T}\int_t^{t+T} f(t)\sin k\Omega t\ \mathrm{d}t \tag{1.3-4}$$

$X_0/2$和各$X_1(\mathrm{j}k\Omega)$、$X_2(\mathrm{j}k\Omega)$都是分量系数，称为傅里叶系数。$X_0/2$实际上就是函数$f(t)$在一个周期区间内的平均值，亦即直流分量。当k为1时，$X_1(\mathrm{j}\Omega)\cos\Omega t$和$X_2(\mathrm{j}\Omega)\sin\Omega t$合成一(角)频率为$\Omega$的正弦分量，称为基波分量，$\Omega$称为基波频率。当$k$大于1时，合成的频率为$k\Omega$的正弦分量，称为$k$次谐波分量，$k\Omega$称为$k$次谐波频率。将式(1.3-1)中的同频率项合并后得到

$$f(t) = \frac{X_0}{2} + \sum_{k=1}^{+\infty} X(\mathrm{j}k\Omega)\cos(k\Omega t + \phi_k) \tag{1.3-5}$$

式中

$$X(\mathrm{j}k\Omega) = \sqrt{X_1(\mathrm{j}k\Omega)^2 + X_2(\mathrm{j}k\Omega)^2} \tag{1.3-6}$$

$$\phi_k = -\arctan\frac{X_2(\mathrm{j}k\Omega)}{X_1(\mathrm{j}k\Omega)} \tag{1.3-7}$$

由于式(1.3-5)是由式(1.3-1)合并同次谐波频率项得到的，因此它们的系数之间存在着如下的重要关系：

$$X_1(\mathrm{j}k\Omega) = X(\mathrm{j}k\Omega)\cos\phi_k$$

$$X_2(\mathrm{j}k\Omega) = -X(\mathrm{j}k\Omega)\sin\phi_k$$

由式(1.3-5)可以十分清楚地看出，任何满足狄利克雷条件的周期信号可以分解为直流分量和一系列正弦谐波分量之和。$X_0/2$为该周期信号中的直流分量幅值强度，$X(\mathrm{j}k\Omega)$为该信号中第k次谐波分量的幅值强度，ϕ_k是第k次谐波的初相。

设$x(t)$代表一个周期为T的矩形脉冲信号，其波形如图1-4所示。

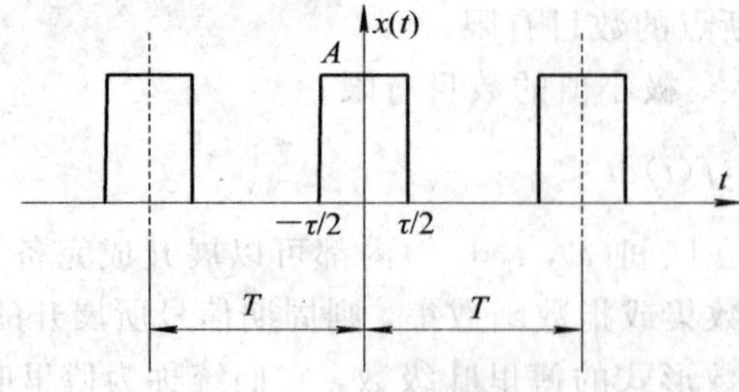

图1-4　周期矩形脉冲信号

由式(1.3-2)、式(1.3-3)和式(1.3-4)可得

$$X_0=\frac{2}{T}\int_t^{t+T}x(t)\mathrm{d}t=\frac{2}{T}\int_{-\tau/2}^{\tau/2}A\mathrm{d}t=\frac{2A\tau}{T}$$

$$X_1(\mathrm{j}k\Omega)=\frac{2}{T}\int_t^{t+T}x(t)\cos k\Omega t\ \mathrm{d}t=\frac{2}{T}\int_{-\tau/2}^{\tau/2}A\cos k\Omega t\ \mathrm{d}t=\frac{2A\tau}{T}\ \frac{\sin\frac{k\Omega\tau}{2}}{\frac{k\Omega\tau}{2}}$$

$$X_2(\mathrm{j}k\Omega)=\frac{2}{T}\int_t^{t+T}x(t)\sin k\Omega t\ \mathrm{d}t=\frac{2}{T}\int_{-\tau/2}^{\tau/2}A\sin k\Omega t\ \mathrm{d}t=0$$

因此，信号 $x(t)$ 展开成三角形式的傅里叶级数为

$$x(t)=\frac{A\tau}{T}+\frac{2A\tau}{T}\sum_{k=1}^{+\infty}\frac{\sin\frac{k\Omega\tau}{2}}{\frac{k\Omega\tau}{2}}\cos k\Omega t \tag{1.3-8}$$

2. 周期信号的指数形式傅里叶级数

前面采用正交完备三角函数集把信号分解为三角形式的傅里叶级数，其物理含义比较明确，但运算常常感到不便。因而，常用指数形式的正交函数集把信号展开成复指数形式的傅里叶级数。

指数形式的傅里叶级数可以从三角形式的傅里叶级数直接导出，因为

$$\cos x=\frac{\mathrm{e}^{\mathrm{j}x}+\mathrm{e}^{-\mathrm{j}x}}{2}$$

将此关系式应用于式(1.3-5)，有

$$f(t)=\frac{X_0}{2}+\sum_{k=1}^{+\infty}\frac{X(\mathrm{j}k\Omega)}{2}(\mathrm{e}^{\mathrm{j}(k\Omega t+\phi_k)}+\mathrm{e}^{-\mathrm{j}(k\Omega t+\phi_k)})$$

如果将上式中的 X_0 写成 $X_0\mathrm{e}^{\mathrm{j}\varphi_0}\mathrm{e}^{\mathrm{j}0\Omega t}$（其中 $\varphi_0=0$），则上式可以写为

$$f(t)=\frac{1}{2}\sum_{k=-\infty}^{+\infty}X(\mathrm{j}k\Omega)\mathrm{e}^{\mathrm{j}\varphi_k}\mathrm{e}^{\mathrm{j}k\Omega t} \tag{1.3-9}$$

如果令复数量 $\frac{1}{2}X(\mathrm{j}k\Omega)\mathrm{e}^{\mathrm{j}\varphi_k}=F_1(\mathrm{j}k\Omega)\mathrm{e}^{\mathrm{j}\varphi_k}=F(\mathrm{j}k\Omega)$，则有

$$f(t)=\sum_{k=-\infty}^{+\infty}F(\mathrm{j}k\Omega)\mathrm{e}^{\mathrm{j}k\Omega t} \tag{1.3-10}$$

式中

$$F(\mathrm{j}k\Omega)=\frac{1}{T}\int_0^T f(t)\mathrm{e}^{-\mathrm{j}k\Omega t}\mathrm{d}t \tag{1.3-11}$$

1.3.3　周期信号的频谱分析

仍以图1-4所示的周期矩形脉冲信号为例，分析周期信号的频谱。由式(1.3-11)可得

$$F(\mathrm{j}k\Omega)=\frac{1}{T}\int_0^T x(t)\mathrm{e}^{-\mathrm{j}k\Omega t}\mathrm{d}t=\frac{1}{T}\int_{\tau/2}^{\tau/2}A\mathrm{e}^{-\mathrm{j}k\Omega t}\mathrm{d}t=\frac{A\tau}{T}\ \frac{\sin\frac{k\Omega\tau}{2}}{\frac{k\Omega\tau}{2}}$$

所以，该周期矩形方波信号的复指数傅里叶级数展开式为

$$x(t)=\frac{A\tau}{T}\sum_{k=-\infty}^{+\infty}\frac{\sin\frac{k\Omega\tau}{2}}{\frac{k\Omega\tau}{2}}e^{jk\Omega t} \tag{1.3-12}$$

由式(1.3-8)和式(1.3-12)可以分别画出三角形式的傅里叶级数频谱和复指数形式的傅里叶级数频谱。图1-5给出了该矩形周期脉冲信号的三角形式的频谱，图1-6给出了该矩形周期脉冲信号的复指数形式的频谱($T=10$，$\tau=0.5$)。

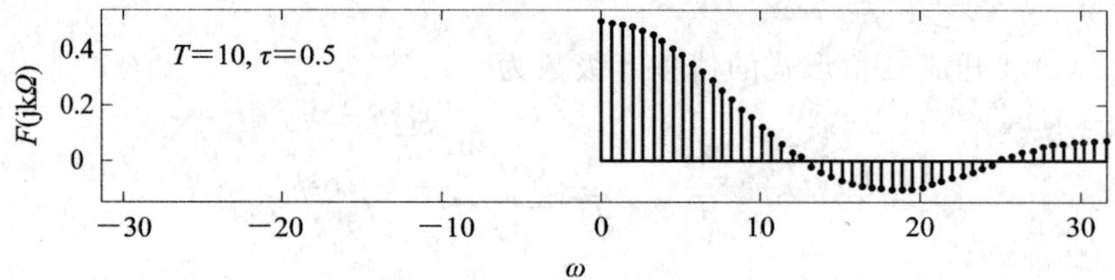

图1-5　周期矩形脉冲信号三角形式展开的频谱

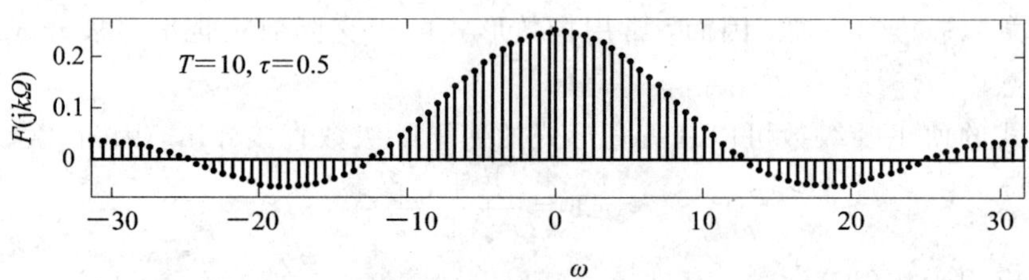

图1-6　周期矩形脉冲信号复指数形式展开的频谱

对比三角形式的傅里叶级数频谱和复指数形式的傅里叶级数频谱可以看出：式(1.3-8)中信号被分解为余弦分量和的表示形式，式中每一项表示各次谐波的振幅和相位；而式(1.3-12)中把信号分解为各复指数函数之和的形式，式中项数为k和$-k$的两项之和才组成一个余弦分量，其中单独一项并非谐波分量，而是一复指数信号。

对比式(1.3-5)和式(1.3-10)可知

$$F_1(jk\Omega)=\frac{1}{2}X(jk\Omega)$$

即$F_1(jk\Omega)$为该信号中第k次谐波分量的幅值强度的一半。由此可见，三角形式的傅里叶展开级数和指数形式的傅里叶展开级数虽然形式不同，但实际上它们是属于同一性质的级数，它们在物理上都将信号表示为直流分量和高次谐波分量之和。实际上只要把三角形式的傅里叶级数展开的k次谐波的幅值强度减半，然后对称到横轴的负半轴，就能得到复指数形式的傅里叶级数频谱图。

周期矩形脉冲信号的频谱具有一般周期信号频谱的共同特点：频谱都是离散的，仅含有$k\Omega$的各分量；其相邻两谱线之间的间隔是$\Omega=2\pi/T$，且脉冲周期越长，谱线间的间隔越小，谱线越稠密，反之则谱线越稀疏。

对于周期矩形脉冲而言，其各谱线的幅度按包络线$\mathrm{Sa}(\omega\tau/2)=\sin(\omega\tau/2)/(\omega\tau/2)$的规律变化。在$\omega\tau/2=m\pi(m=1, 2, \cdots)$的各处，包络为零，其相应的频谱幅值，也即相应的频率分量等于零。

周期矩形脉冲信号包含无穷多条谱线，也就是说，它可以分解为无限多个频率分量。

实际上，由于信号展开表示中各谐波分量的幅度随着频率的增高而减小，其信号能量主要集中在第一个零点($\omega=2\pi/\tau$)的范围内，所以，在允许一定失真的条件下，只需要传送频率较低的那些分量就够了。通常把 $\omega=0\sim2\pi/\tau$ 这段频率范围称为矩形脉冲信号的频带宽度或带宽。

无论周期矩形脉冲信号是展开成三角形式的傅里叶级数还是指数形式的傅里叶级数，$F_1(\mathrm{j}k\Omega)$和 $X(\mathrm{j}k\Omega)$的包络线均为 $\mathrm{Sa}(k\Omega\tau/2)$，且第一个振幅为零的谐波次数 k 为：令 $k\Omega\tau/2=\pi\Rightarrow k=T/\tau$。所以，当 τ 不变、T 增大时，谱线之间的间隔减小，谱线逐渐密集，幅度 $A\tau/T$ 逐渐减小。在 $T=4\tau$，$T=10\tau$ 和 $T=20\tau$ 的情况下，该周期矩形波的频谱分别如图 1-7 所示。当 T 不变、τ 减小时，谱线之间的间隔不变，但频谱的强度减小了。

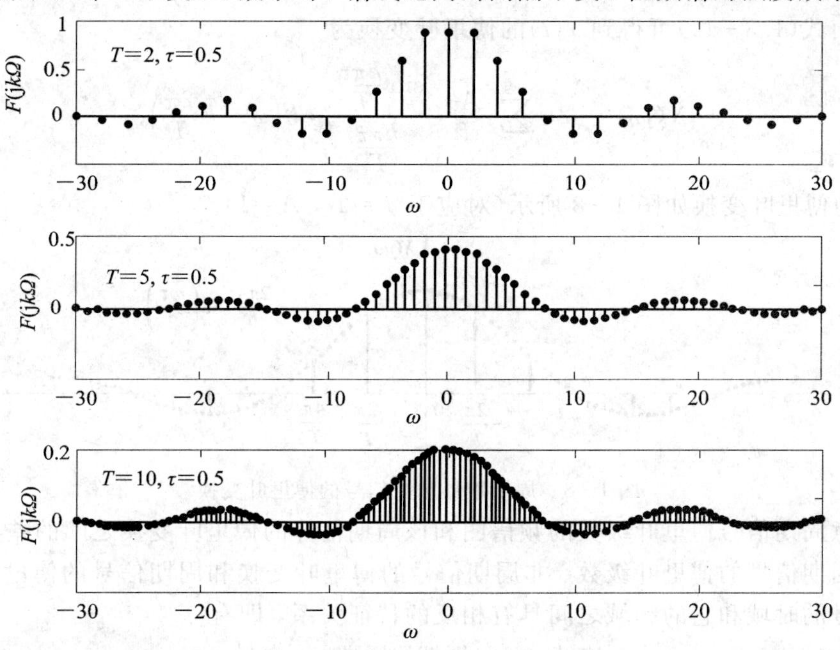

图 1-7　T、τ 变化对谱线间隔的影响

根据上面的分析，对于周期连续信号，其频谱具有如下特点：

(1) 离散性——谱线是离散的而不是连续的，且谱线之间的间隔 $\Omega=2\pi/T$。这种频谱常称为离散频谱。

(2) 谐波性——谱线在频谱轴上的位置是基频的整数倍。

(3) 收敛性——各频谱的高度(即强度)随着谐波次数的增高而逐渐减小，当谐波次数无限增大时，谱线的高度也无限减小。

1.3.4 周期信号的傅里叶变换

一个周期信号 $x(t)$总可以用傅里叶级数展开为各次谐波分量之和，即

$$x(t)=\sum_{k=-\infty}^{+\infty}F(\mathrm{j}k\Omega)\mathrm{e}^{\mathrm{j}k\Omega t}$$

式中

$$F(\mathrm{j}k\Omega)=\frac{1}{T}\int_0^T x(t)\mathrm{e}^{-\mathrm{j}k\Omega t}\,\mathrm{d}t$$

所以周期信号的傅里叶变换为

$$X(\mathrm{j}\omega)=\int_{-\infty}^{+\infty}\Big[\sum_{k=-\infty}^{+\infty}F(\mathrm{j}k\Omega)\mathrm{e}^{\mathrm{j}k\Omega t}\Big]\mathrm{e}^{-\mathrm{j}\omega t}\,\mathrm{d}t=\sum_{k=-\infty}^{+\infty}F(\mathrm{j}k\Omega)\int_{-\infty}^{+\infty}\mathrm{e}^{\mathrm{j}(k\Omega-\omega)t}\,\mathrm{d}t \tag{1.3-13}$$

根据非周期信号傅里叶变换的对称特性和移位特性：$1\leftrightarrow 2\pi\delta(\omega)$，$\mathrm{e}^{\mathrm{j}\omega_c t}\leftrightarrow 2\pi\delta(\omega-\omega_c)$，可得到

$$X(\mathrm{j}\omega)=2\pi\sum_{k=-\infty}^{+\infty}F(\mathrm{j}k\Omega)\delta(\omega-k\Omega) \tag{1.3-14}$$

由式(1.3-14)可见，周期信号的傅里叶变换是由一串冲激序列组成的，各冲激位于各次谐波频率处，且各冲激的强度正比于傅里叶级数的系数。

仍以图1-4所示的周期矩形脉冲信号 $x(t)$ 为例，说明周期信号的傅里叶变换。利用图1-4，由式(1.3-14)可得到 $x(t)$ 的傅里叶变换为

$$X(\mathrm{j}\omega)=2\pi\sum_{k=-\infty}^{+\infty}\frac{A\tau}{T}\,\frac{\sin\frac{k\pi\tau}{T}}{\frac{k\pi\tau}{T}}\cdot\delta\Big(\omega-k\,\frac{2\pi}{T}\Big) \tag{1.3-15}$$

$x(t)$ 的傅里叶变换如图1-8所示(对应于 $T=2\tau$，$A=1$)。

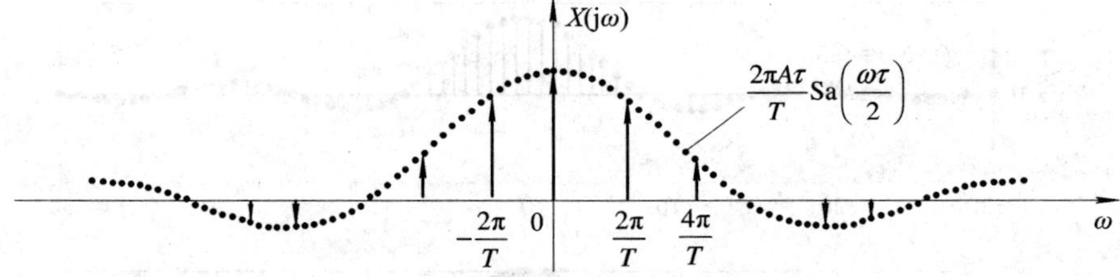

图1-8　周期矩形脉冲信号的傅里叶变换

要注意周期信号傅里叶级数的频谱图和该周期信号的傅里叶变换之间的差异。

根据周期信号的傅里叶级数、非周期信号的傅里叶变换和周期信号的傅里叶变换，可以看出信号的时域和它的频域之间具有相反的特征关系，即有

连续 ↔ 非周期，周期 ↔ 离散

的对应关系。

此外，周期信号的傅里叶变换或傅里叶级数的频谱图上频谱强度等于零点的位置，第一个零点内谱线的根数，谱线之间的间隔，频谱图的频率分辨率等问题都是需要深入了解的。通过这些了解，可以进一步清楚地看到信号的时域和频域之间相反的特征关系。

1.4　连续非周期信号的傅里叶变换

对于上述周期矩形脉冲信号而言，如果信号的周期 T 无限增大，则该周期信号就转化为非周期的单脉冲信号，在此情况下，周期矩形脉冲信号中相邻的两个脉冲之间的距离也就趋于无穷大。这样就意味着在一定的条件下，周期信号可以转化为非周期信号。由于 T 趋于无穷大，周期信号傅里叶级数展开的离散频谱之间的频谱间隔 $2\pi/T$ 就趋于无穷小，因此，周期信号的离散频谱也就变成了连续的频谱。周期 T 与频谱谱线间隔之间的关系可以通过图1-9明确地看出。

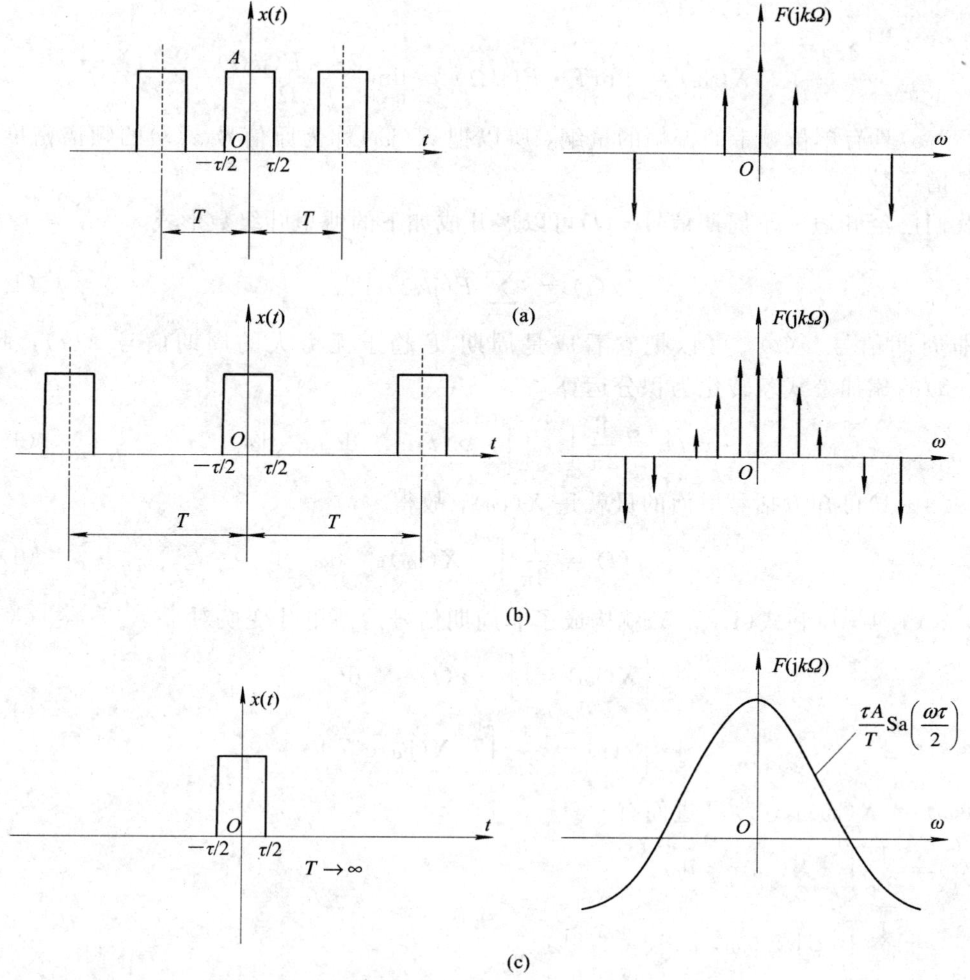

图 1－9　周期 T 与谱线间隔的关系

信号的周期 T 无限增大时，由式(1.3－11)确定的离散频谱的振幅就趋于无穷小。虽然所有谐波的振幅都是无穷小量，但是它们的大小并不同，它们之间仍然存在幅值的相对差别。对于式(1.3－11)，有

$$F(\mathrm{j}k\Omega)=\frac{1}{T}\int_0^T x(t)\mathrm{e}^{-\mathrm{j}k\Omega t}\,\mathrm{d}t$$

把等式的两边同时乘以 T，此时可以清楚地看出：即便 T 趋于无穷大时，$T\cdot F(\mathrm{j}k\Omega)$ 也不趋于 0(这个极限量用符号 $X(\mathrm{j}\omega)$ 来表示)，但离散频谱相邻谱线之间的距离趋于 0，即离散的频谱间隔 Ω 趋于 $\mathrm{d}\omega$，而不连续变量 $n\Omega$ 趋于连续变量 ω，即

$$\Omega\rightarrow \mathrm{d}\omega,\ n\Omega\rightarrow\omega,\ T=\frac{2\pi}{\Omega}\rightarrow\frac{2\pi}{\mathrm{d}\omega}$$

因此，有

$$\begin{aligned}X(\mathrm{j}\omega)&=\lim_{T\rightarrow\infty}T\cdot F(\mathrm{j}k\Omega)=\lim_{T\rightarrow\infty}\int_0^T x(t)\mathrm{e}^{-\mathrm{j}k\Omega t}\,\mathrm{d}t\\&=\lim_{T\rightarrow\infty}\int_{-T/2}^{T/2}x(t)\mathrm{e}^{-\mathrm{j}k\Omega t}\,\mathrm{d}t=\int_{-\infty}^{\infty}x(t)\mathrm{e}^{-\mathrm{j}\omega t}\,\mathrm{d}t\end{aligned}\qquad(1.4-1)$$

因为

$$X(\mathrm{j}\omega)=\lim_{T\to\infty}T\cdot F(\mathrm{j}k\Omega)=\lim_{\Omega\to 0}\frac{2\pi\cdot F(\mathrm{j}k\Omega)}{\Omega}\tag{1.4-2}$$

所以 $X(\mathrm{j}\omega)$具有单位频带的振幅的量纲，所以把 $X(\mathrm{j}\omega)$称为原信号 $x(t)$的频谱密度函数，简称频谱函数。

我们已经知道一个周期信号 $x(t)$可以展开成如下的傅里叶级数形式

$$x(t)=\sum_{k=-\infty}^{+\infty}F(\mathrm{j}k\Omega)\mathrm{e}^{\mathrm{j}k\Omega t}\tag{1.4-3}$$

对于非周期信号 $x(t)$，可以把它看成是周期 T 趋于无穷大的周期信号 $x(t)$，此时式(1.4-3)的累加公式就转化为积分运算

$$x(t)=\frac{1}{2\pi}\int_{-\infty}^{+\infty}\left[\int_{-\infty}^{+\infty}x(t)\mathrm{e}^{-\mathrm{j}\omega t}\,\mathrm{d}t\right]\mathrm{e}^{\mathrm{j}\omega t}\,\mathrm{d}\omega\tag{1.4-4}$$

由式(1.4-1)可知方括号里面的量就是 $X(\mathrm{j}\omega)$，故得

$$x(t)=\frac{1}{2\pi}\int_{-\infty}^{+\infty}X(\mathrm{j}\omega)\mathrm{e}^{\mathrm{j}\omega t}\,\mathrm{d}\omega\tag{1.4-5}$$

因此，式(1.4-1)和式(1.4-5)就构成了非周期信号的傅里叶变换对

$$\begin{cases}X(\mathrm{j}\omega)=\displaystyle\int_{-\infty}^{+\infty}x(t)\mathrm{e}^{-\mathrm{j}\omega t}\,\mathrm{d}t\\ x(t)=\displaystyle\frac{1}{2\pi}\int_{-\infty}^{+\infty}X(\mathrm{j}\omega)\mathrm{e}^{\mathrm{j}\omega t}\,\mathrm{d}\omega\end{cases}\tag{1.4-6}$$

若 $X(\mathrm{j}\omega)=|X(\mathrm{j}\omega)|\mathrm{e}^{-\mathrm{j}\phi(\omega)}$，进而有

$$\begin{aligned}x(t)&=\frac{1}{2\pi}\int_{-\infty}^{+\infty}X(\mathrm{j}\omega)\mathrm{e}^{\mathrm{j}\omega t}\,\mathrm{d}\omega\\&=\frac{1}{2\pi}\int_{-\infty}^{\infty}|X(\mathrm{j}\omega)|\mathrm{e}^{\mathrm{j}(\omega t-\phi(\omega))}\,\mathrm{d}\omega\\&=\frac{1}{2\pi}\int_{-\infty}^{\infty}|X(\mathrm{j}\omega)|\cos(\omega t-\phi(\omega))\mathrm{d}\omega+\mathrm{j}\frac{1}{2\pi}\int_{-\infty}^{\infty}|X(\mathrm{j}\omega)|\sin(\omega t-\phi(\omega))\mathrm{d}\omega\end{aligned}$$

利用正弦和余弦函数的奇偶性，有

$$x(t)=\frac{1}{\pi}\int_{0}^{\infty}|X(\mathrm{j}\omega)|\cos(\omega t-\phi(\omega))\mathrm{d}\omega\tag{1.4-7}$$

从式(1.4-7)可以清楚看出，非周期信号和周期信号一样，也可以分解成许多不同频率的余弦分量，所不同的是，由于非周期信号的 $T\to\infty$，基波频率 $\Omega\to 0$，因此组成信号的分量的频率包含了从零到无穷大之间的所有频率。同时，随着 $T\to\infty$，组成信号的分量的振幅 $\frac{X(\mathrm{j}\omega)\mathrm{d}\omega}{\pi}\to 0$，故它的频谱不能直接用振幅画出，而必须用它的密度函数作出。最后必须指出的是，从理论上讲，非周期信号的傅里叶变换也要满足狄利克雷条件。

因为非周期信号的傅里叶变换对是从周期信号的傅里叶级数推导得到的，所以周期信号的频谱和构成周期信号的一个周期内的非周期信号的频谱具有相关性。

例 1-2　求信号 $x(t)=\begin{cases}A, & |t|<\tau/2\\ 0, & |t|>\tau/2\end{cases}$ 的傅里叶变换。

解　由式(1.4-6)可得

$$X(\mathrm{j}\omega)=\int_{-\infty}^{\infty}x(t)\mathrm{e}^{-\mathrm{j}\omega t}\,\mathrm{d}t=\int_{-\tau/2}^{\tau/2}A\mathrm{e}^{-\mathrm{j}\omega t}\,\mathrm{d}t=A\tau\left[\frac{\sin\frac{\omega\tau}{2}}{\frac{\omega\tau}{2}}\right]=A\tau\,\mathrm{Sa}\left(\frac{\omega\tau}{2}\right)$$

实际上，本例给出的信号 $x(t)$若以 T 作周期延拓就是图 1-4 所示的周期信号。

比较傅里叶变换和周期信号的傅里叶级数展开结果，可以进一步看清周期信号和非周期信号在变换域的差异，同时也可以看出两种变换之间的相关性，而这种相关性正是由于周期信号是非周期信号的周期延拓形成的。

1.5　拉普拉斯变换

一个信号 $x(t)$若满足绝对可积条件，其傅里叶变换就一定存在。而信号不满足绝对可积条件，往往是由于其在 $t\to\infty$ 或 $t\to-\infty$ 的过程中不收敛造成的，这时可以考虑用一个被称为收敛因子的指数函数 $\mathrm{e}^{-\sigma t}$ 去乘信号 $x(t)$，强行使其收敛，即函数 $x(t)\mathrm{e}^{-\sigma t}$ 满足绝对可积的条件，这样就可以进行傅里叶变换了。现在来求 $f(t)=x(t)\mathrm{e}^{-\sigma t}$ 的频谱函数，并以 $F(\mathrm{j}\omega)$表示，于是

$$F(\mathrm{j}\omega)=\int_{-\infty}^{\infty}x(t)\mathrm{e}^{-\sigma t}\,\mathrm{e}^{-\mathrm{j}\omega t}\,\mathrm{d}t=\int_{-\infty}^{\infty}x(t)\mathrm{e}^{-(\sigma+\mathrm{j}\omega)t}\,\mathrm{d}t \tag{1.5-1}$$

如果令 $s=\sigma+\mathrm{j}\omega$，再用 $X(s)$来表示这个频谱函数，则有

$$X(s)=\int_{-\infty}^{+\infty}x(t)\mathrm{e}^{-st}\,\mathrm{d}t \tag{1.5-2}$$

再对 $X(s)$求其傅里叶反变换，得

$$x(t)=\frac{1}{2\pi}\int_{-\infty}^{+\infty}X(s)\mathrm{e}^{\mathrm{j}\omega t}\,\mathrm{d}\omega$$

考虑到 $s=\sigma+\mathrm{j}\omega$，再将变量由 ω 变成 s，并改变积分的上下限，上式就成为

$$x(t)=\frac{1}{2\pi\mathrm{j}}\int_{\sigma-\mathrm{j}\infty}^{\sigma+\mathrm{j}\infty}X(s)\mathrm{e}^{st}\,\mathrm{d}s \tag{1.5-3}$$

由式(1.5-2)和式(1.5-3)组成的变换对，称为拉普拉斯变换对。通常 s 称为复频率，并把 $X(s)$看成是信号 $x(t)$的复频谱。拉普拉斯变换实际上扩大了傅里叶变换的应用范围，可看成是傅里叶变换在复变数域中的推广。根据傅里叶变换和拉普拉斯变换的定义式，当用傅里叶变换对信号进行频域分析时，频谱反映了实际的频谱强度或频谱之间的相对强弱，而用拉普拉斯变换进行频域分析时，实际的频谱被因子 $\mathrm{e}^{-\sigma t}$ 加权了，傅里叶变换的频率轴映射到 S 复平面的虚轴上了。如果知道了信号的拉普拉斯变换，只需将拉普拉斯变换式中的 $s\to\mathrm{j}\omega$，就得到了该信号的傅里叶变换。

1.6　信号的时频特性

对信号的分析过程中，如果不经过任何变换，所涉及的变量都是时间 t，这种对信号的

分析方法就是时域分析法。系统分析过程中，通常把信号在时域内分解为冲激函数或阶跃函数之和，求得每个单元的系统响应，然后利用叠加积分的方法求得系统的全响应。频域分析法是将信号分解为一系列不同幅度、不同频率的正弦函数，通过求每一正弦函数的响应，再进行叠加，然后转换到时域，来求得系统的全响应的。

1.6.1　信号的时域特性和频域特性之间的关系

我们熟悉的是信号幅度随着时间变化而变化的表示方式，比如正弦信号的幅度随着时间按正弦函数的规律变化；另一方面，对于正弦信号，如果知道其振幅、频率和相位，则正弦信号的波形也唯一确定。根据这个原理和傅里叶级数理论，满足一定条件的周期信号都可以分解为不同频率的正弦分量的线性组合，从而可以用各个正弦分量的频率—幅度、频率—相位来表示周期信号，这种描述方式就称为周期信号的频谱表示(前者称为幅度频谱，后者称为相位频谱)。随着对信号研究的深入，我们将周期信号的频谱表示又推广到非周期信号的频谱表示，即通常的傅里叶变换。傅里叶变换为信号的时域与频域架设了一道桥梁。频谱密度函数的特性充分揭示了信号的时域特性与其频域特性之间的内在关系，如：时域的时移对应于频域的相移，时域的相移对应于频域的频移；时域信号的持续时间越长，对应的频域的带宽越窄；时域的卷积对应于频域的乘积等。充分认识和利用傅里叶变换的特性，对信号和系统的频域分析是非常重要的。

实际上，时域与频域之间存在着映射关系，在连续与非周期、离散与周期、时间与频率、乘积与卷积、抽样与延拓等方面形成了时—频的对偶性。

1.6.2　频域分析法的特点

频域分析法有下列优点：

(1) 可以将时域中的线性微分方程转换成频域中的代数方程，从而简化了系统响应的求解过程。

(2) 信号的频谱具有明确的物理意义，在许多只需定性分析的问题中用频谱的概念来说明是很方便的。

但是，频域分析法也存在以下不足：

(1) 频域分析法虽然避免了线性微分方程的求解和卷积积分的计算，但是必须增加两次积分变换，即在输入端进行一次傅里叶正变换，在输出端进行一次傅里叶反变换，而这两次积分变换的求解往往并不很容易。

(2) 傅里叶变换的运用一般要受绝对可积条件的约束，而许多信号往往是不符合该条件的。这时，从极限的观点可以求解上述信号中的一些。如单位阶跃信号 $\varepsilon(t)$，其傅里叶变换仍然存在；而另一些信号，如单边指数信号 $e^{\sigma t}\varepsilon(t)(\sigma>0)$，则不存在傅里叶变换。

(3) 频域分析法只能求解系统的零状态响应。

因此，在分析连续时间系统的响应问题时，更多地需要使用复频域分析法，即拉普拉斯变换法。拉普拉斯变换法有下列优点：

(1) 对线性系统的微分方程进行变换时，可以自动引入初始条件，求系统的全响应。

(2) 对信号的适应性比傅里叶变换强。

1.7　MATLAB 实现

1.7.1　利用 MATLAB 进行周期信号的傅里叶级数分解

例 1-3　试求如图 1-10 所示周期信号 $f(t)$ 的傅里叶级数，并观察傅里叶级数与原波形的关系。

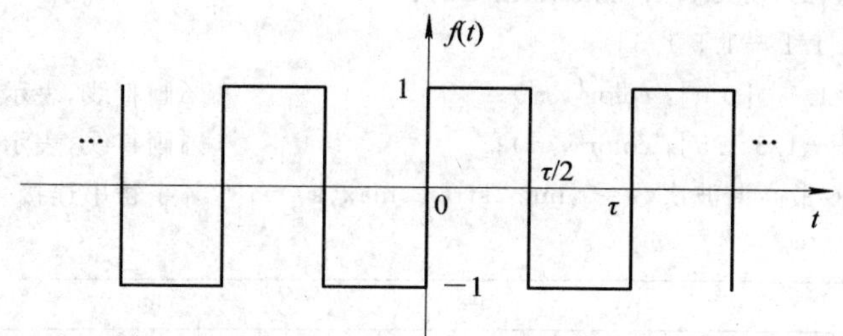

图 1-10　例 1-3 的周期信号 $f(t)$

解　信号的周期 $T=\tau$，基波频率 $\Omega=\frac{2\pi}{T}=\frac{2\pi}{\tau}$，把 $f(t)$ 在 $(0,\ T)$ 内展开成三角形式的傅里叶级数

$$f(t)=\frac{X_0}{2}+\sum_{k=1}^{+\infty}[X_1(\mathrm{j}k\Omega)\cos k\Omega t+X_2(\mathrm{j}k\Omega)\sin k\Omega t]$$

上式中各个系数的值分别如下

$$X_0=\frac{2}{T}\int_0^T x(t)\mathrm{d}t=\frac{2}{\tau}\left(\int_0^{\tau/2}1\cdot\mathrm{d}t+\int_{\tau/2}^{\tau}(-1)\cdot\mathrm{d}t\right)=0$$

$$X_1(\mathrm{j}k\Omega)=\frac{2}{T}\int_0^T x(t)\cos k\Omega t\ \mathrm{d}t=\frac{2}{\tau}\left[\int_0^{\tau/2}\cos k\Omega t\ \mathrm{d}t-\int_{\tau/2}^{\tau}\cos k\Omega t\ \mathrm{d}t\right]=0$$

$$X_2(\mathrm{j}k\Omega)=\frac{2}{T}\int_0^T x(t)\sin k\Omega t\ \mathrm{d}t=\frac{2}{\tau}\left[\int_0^{\tau/2}\sin k\Omega t\ \mathrm{d}t-\int_{\tau/2}^{\tau}\sin k\Omega t\ \mathrm{d}t\right]$$

$$=\begin{cases}\frac{4}{k\pi}, & n\text{ 为奇数}\\ 0, & n\text{ 为偶数}\end{cases}$$

所以 $f(t)$ 在 $(0,\ T)$ 内可表示为

$$f(t)=\frac{4}{\pi}\left(\sin\Omega t+\frac{1}{3}\sin 3\Omega t+\frac{1}{5}\sin 5\Omega t+\cdots\right)$$

应用 MATLAB 可以形象地观察信号的傅里叶级数展开与原波形的关系。利用下面给出的程序（$T=1$）可以观察本例。从图 1-11 的结果可以清楚地看出，随着信号展开中包含的谐波最高次数的增大，仅由信号的傅里叶级数展开的有限项高次谐波合成的信号与原信号之间的差别越来越小。

MATLAB 程序如下：

```
%例 1-3 的傅里叶级数，最高谐波次数分别为 7、21 和 41 时的波形比较
n_max = [7 21 41];                              %最高谐波次数：7，21，41
N = length(n_max);                              %计算 N 次
```

```
t = -1.1:.002:1.1;
omega_0 = 2 * pi;                                   %基波频率为 2
for k = 1:N
n = [];
n = [1:2:n_max(k)];                                 %n=1,3,5 等
b_n = 4./(pi * n);                                  %计算傅里叶系数 b_n
x = b_n * sin(omega_0 * n' * t);                    %计算前几项的部分和
subplot(N,1,k),plot(t,x, 'linewidth', 2);
axis([-1.1 1.1 -1.5 1.5]);
line([-1.1 1.1],[0 0],'color','r');                 %画直线,表示横轴
line([0 0],[-1.5 1.5],'color','r');                 %画直线,表示纵轴
bt = strcat('最高谐波次数=',num2str(n_max(k)));      %字符串连接
end;
```

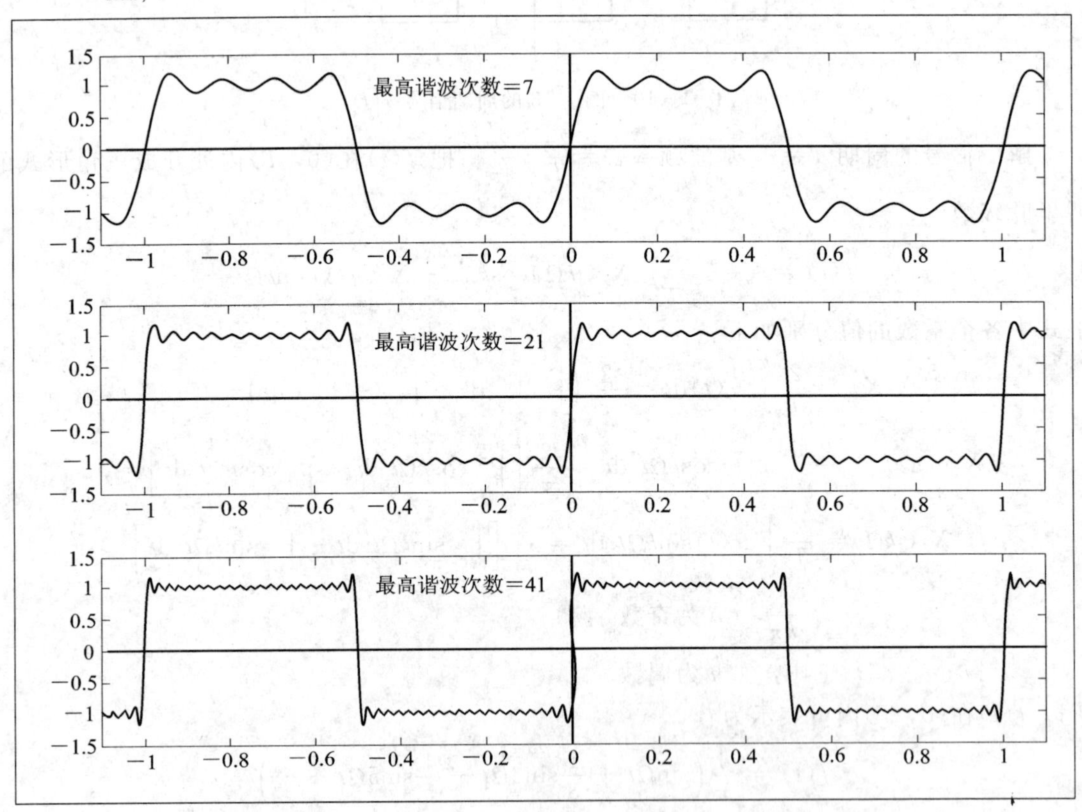

图 1-11 例 1-3 的 7 次谐波、21 次谐波和 41 次谐波合成信号的比较

1.7.2 利用 MATLAB 进行周期信号的频谱分析

下面通过一个例子来说明如何利用 MATLAB 观察周期信号的傅里叶级数频谱。

例 1-4 求如图 1-12 所示信号的指数形式的傅里叶级数的复系数 $F(n)$，并绘制它的单边幅度频谱、双边幅度频谱以及相位频谱。

解 基波频率 $\Omega=\frac{2\pi}{T}$，把 $f(t)$ 展开成三角形式的傅里叶级数为

$$f(t)=\sum_{k=-\infty}^{+\infty}F(\mathrm{j}k\Omega)\mathrm{e}^{\mathrm{j}k\Omega t}$$

$$F(\mathrm{j}k\Omega)=\frac{1}{T}\int_0^T f(t)\mathrm{e}^{-\mathrm{j}k\Omega t}\,\mathrm{d}t=\frac{1}{T}\int_0^\tau \mathrm{e}^{-\mathrm{j}k\Omega t}\,\mathrm{d}t=\mathrm{e}^{-\mathrm{j}n\pi\tau/T}\cdot\left[\frac{\sin(n\pi\tau/T)}{n\pi}\right]$$

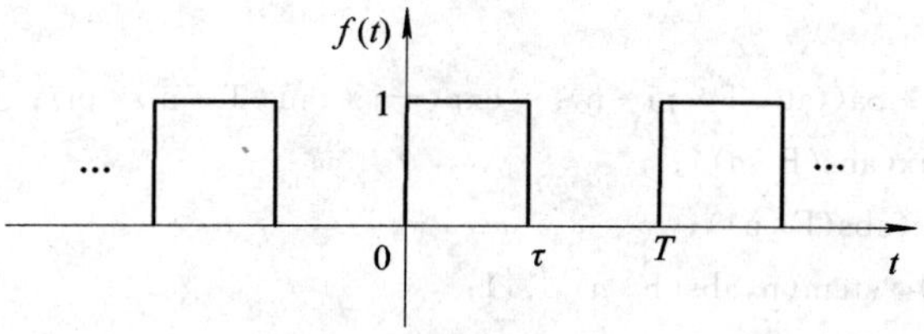

图 1 - 12

(1) 绘制单边幅度频谱和相位频谱的 MATLAB 程序如下：

```
tau_T = 1/2;                              %占空比 1/2
omega_0 = 2 * pi;                         %基波频率
n0 = 0; n1= 15;
n = n0:n1;
F_n = tau_T * Sa(tau_T * pi * n). * exp(-j * tau_T * n. * pi);
F_n = 2 * F_n;
Fn_max = max(abs(F_n));
Fn_min = min(abs(F_n));
subplot(2,1,1), stem(n,abs(F_n),'.');
axis([n0 n1 Fn_min-0.1 Fn_max+0.1]);
line([n0 n1],[0 0],'color','r');
title('单边幅度频谱');
subplot(2,1,2), stem(n,angle(F_n),'.');
axis([n0 n1 -4 4]);
title('单边相位频谱');
```

单边频谱图如图 1 - 13 所示。

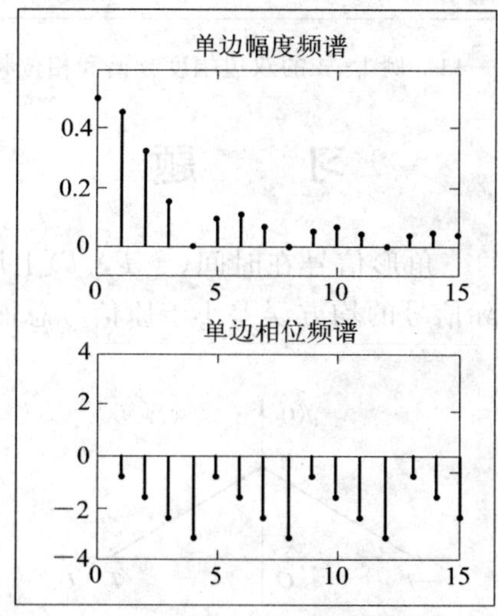

图 1 - 13　例 1 - 4 的单边幅度频谱和相位频谱

(2) 绘制双边幅度频谱和相位频谱的 MATLAB 程序如下：

```
tau_T = 1/4;
omega_0 = 2 * pi;
n0 = -15;n1= 15;
n = n0:n1;
F_n = tau_T * Sa(tau_T * pi * n). * exp(-j * tau_T * n. * pi);
Fn_max = max(abs(F_n));
Fn_min = min(abs(F_n));
subplot(2,1,1), stem(n,abs(F_n),'.');
axis([n0 n1 Fn_min-0.1 Fn_max+0.1]);
line([n0 n1],[0 0],'color','r');
title('双边幅度频谱');
subplot(2,1,2),stem(n,angle(F_n),'.');
title('双边相位频谱');
```

双边频谱图如图 1-14 所示。

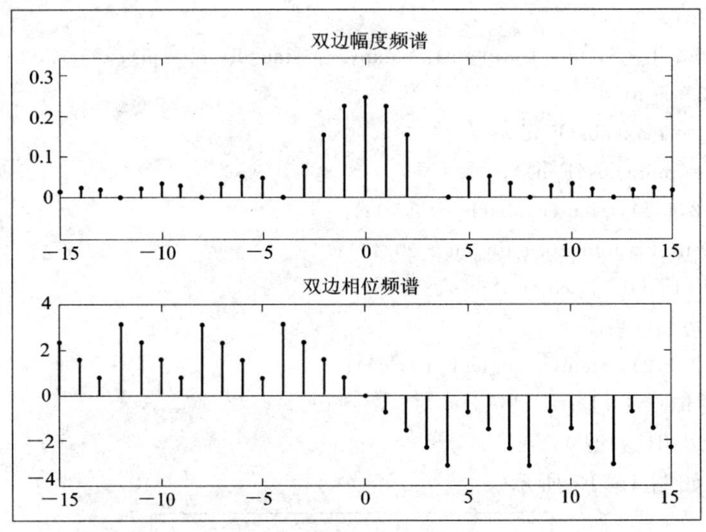

图 1-14　例 1-4 的双边幅度频谱和相位频谱

习　题

1.1　将题图 1-1 所示的三角形信号在时间$(-T, T)$上展开为有限项的三角傅里叶级数，其中 $T=\tau$，使其与实际信号的均方误差小于原信号总能量的 1%，并写出此有限项的三角傅里叶级数表达式。

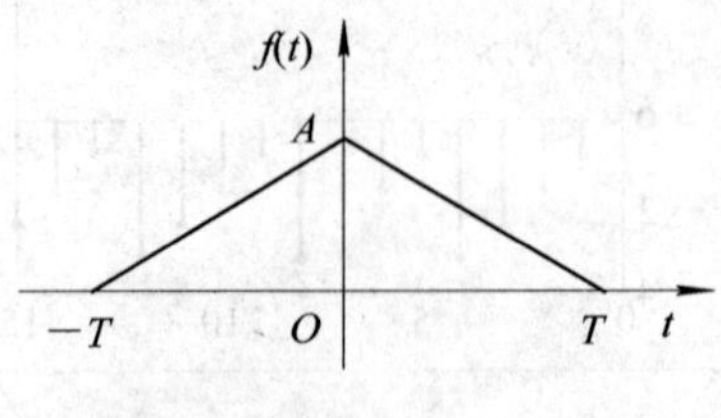

题图 1-1

1.2 已知 $f_1(t)=\cos t+\sin t$，$f_2(t)=\cos t$，求 $f_1(t)$在 $f_2(t)$上的分量系数 C_{12}。

1.3 求下列信号的傅里叶变换。

(1) $f(t)=\dfrac{\sin[2\pi(t-4)]}{\pi(t-4)}$ (2) $f(t)=\dfrac{2\alpha}{\alpha^2+t^2}$

(3) $f(t)=\left[\dfrac{\sin 2\pi t}{2\pi t}\right]^2$ (4) $f(t)=\sum\limits_{n=-\infty}^{\infty}\delta(t-nT)$

1.4 已知 $f(t)$的傅里叶变换为 $F(\mathrm{j}\omega)$，将 $f(t)$按照题图 1-2 所示的波形关系构成周期信号 $f_1(t)$，求此周期信号的傅里叶变换。

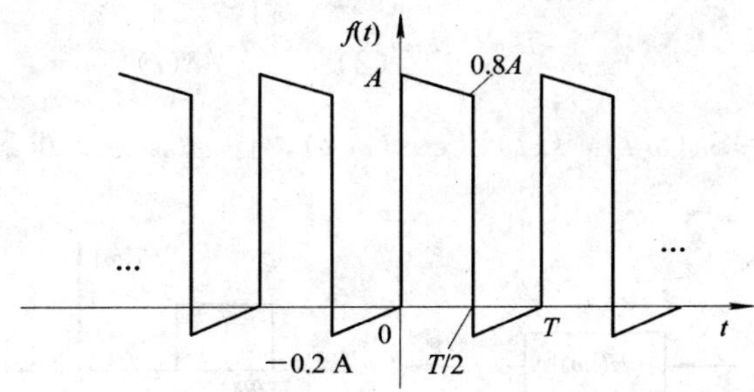

题图 1-2

1.5 利用 MATLAB 绘制如题图 1-3 所示周期信号的双边幅度频谱图和双边相位频谱图。

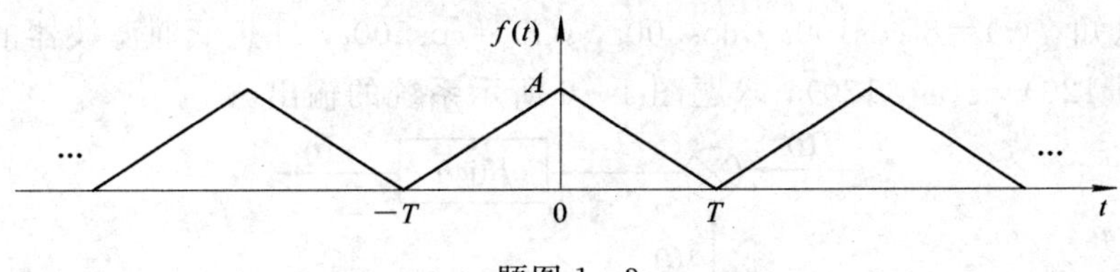

题图 1-3

1.6 利用对称特性求下列傅里叶变换对应的时间函数。

(1) $F(\mathrm{j}\omega)=\tau\dfrac{\sin(\omega\tau/2)}{\omega\tau/2}$ (2) $F(\mathrm{j}\omega)=\dfrac{1}{(\alpha+\mathrm{j}\omega)^2}$

(3) $F(\mathrm{j}\omega)=-\dfrac{1}{\omega^2}$ (4) $f(\mathrm{j}\omega)=\dfrac{2}{\alpha^2+\omega^2}$

1.7 求题图 1-4 所示的两个周期信号的傅里叶级数展开式，绘出其频谱图并作比较，说明其差别所在。

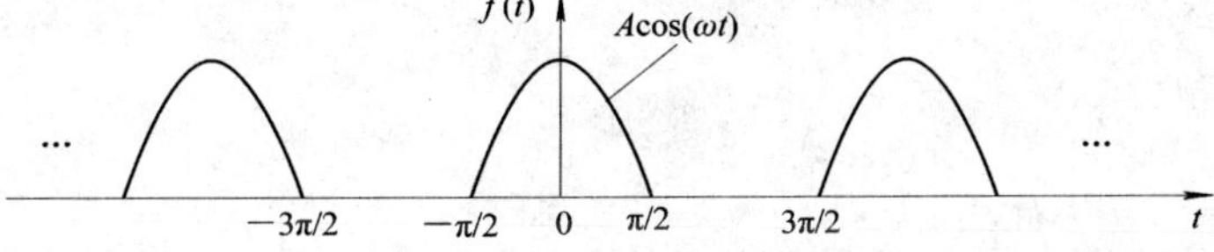

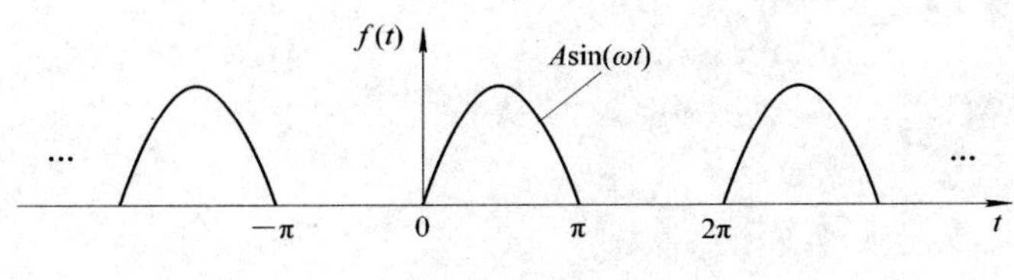

题图 1-4

1.8　函数 $f(t)=A\cos(2\pi t/T)$ 在区间 $(0, T/2)$ 上展开为傅里叶级数时，仅仅含有余弦项还是仅仅含有正弦项？或是两者都含有？如果把区间改成 $(-T/4, T/4)$ 又是什么情况？

1.9　用函数 $f(t)$ 的傅里叶变换 $F(\mathrm{j}\omega)$ 表示下列时间信号的傅里叶变换。

(1) $tf(2t)$　　　　(2) $(t-2)f(t)$

(3) $(t-2)f(-2t)$　　　　(4) $t\dfrac{\mathrm{d}f(t)}{\mathrm{d}t}$

1.10　求下列信号的傅里叶变换。

(1) $\dfrac{\sin t\cdot\sin 2t}{t^2}$　　　　(2) $\mathrm{e}^{-(2+2t)}\delta(t)$

1.11　已知 $f(t)=\mathrm{Sa}(\omega_c t)$，$s(t)=\cos(\omega_0 t)$，且 $\omega_0\gg\omega_c$。求题图 1-5 所示系统的输出。

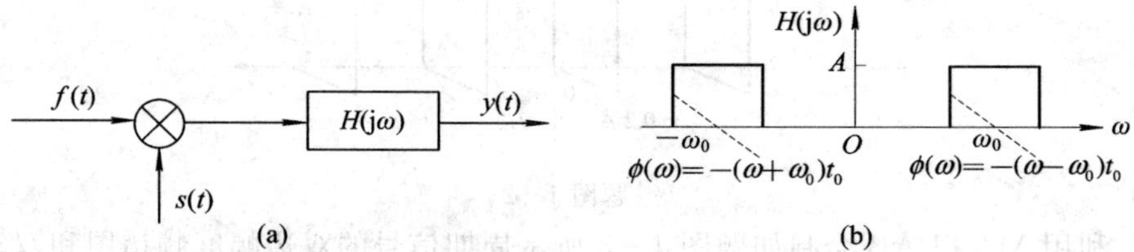

题图 1-5

1.12　已知 $f(t)=8\cos 100t\cdot\cos 500t$，$s(t)=\cos 500t$，理想低通滤波器的系统函数为 $H(\mathrm{j}\omega)=\varepsilon(\omega+120)-\varepsilon(\omega-120)$，求题图 1-6 所示系统的输出。

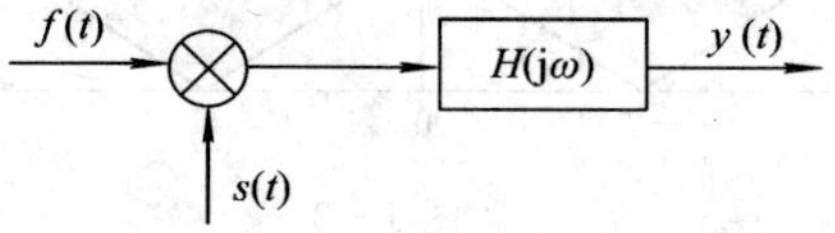

题图 1-6

1.13　一个因果线性时不变系统的系统函数为 $H(\mathrm{j}\omega)=-2\mathrm{j}\omega$，求系统对下列信号的响应。

(1) $f(t)=\mathrm{e}^{\mathrm{j}t}$　　　　(2) $F(\mathrm{j}\omega)=\dfrac{1}{\mathrm{j}\omega(\mathrm{j}\omega+6)}$

第 2 章　模拟信号的数字化

自然界中的信号，如语音信号、图像信号、地震信号等都是模拟信号，即连续时间与连续幅度信号。数字信号处理的目的是借助计算机的手段对这些模拟信号进行分析与处理。我们知道，目前的计算机或是如 FPGA 以及 DSP 等数字器件不能直接处理模拟信号，只能对离散的数字信号进行处理。因此，如果要利用数字器件处理模拟信号，首先要对模拟信号进行离散(数字)化。模拟信号的离散化包括两个方面：连续时间的离散化与连续幅度的离散化。连续时间的离散化称为采样(抽样)；由采样信号恢复模拟信号称为内插。连续幅度的离散化称为量化；由量化信号恢复模拟信号称为反量化。本章主要讨论模拟信号的采样(内插)与量化(反量化)两方面的内容。

2.1　采　　样

首先请读者思考两个问题：

(1) 从时间轴上看，模拟信号经采样后显然会丢失大量时间点上的信号。那么，用采样后的信号是否能完全表征原来的模拟信号？换言之，我们能否由采样信号完全恢复出原始的模拟信号？

(2) 模拟信号幅度的量化同样会导致原模拟信号在幅度上的损失，我们如何尽量减小这些损失，并使得这些损失能在我们可接受的范围之内呢？

首先，让我们看两个简单的模拟信号采样的例子。

例 2-1　对于一条连续的有无穷多点的直线信号，回答两个问题：

(1) 是否可以通过有限的采样点表征原直线信号？

(2) 如果可以，如何采样？

解　一条直线可由任意不同的两点完全确定，因此可以通过两个不同的采样点表征原直线信号。采样时，随机采集两个不同的样点即可，如图 2-1 所示。

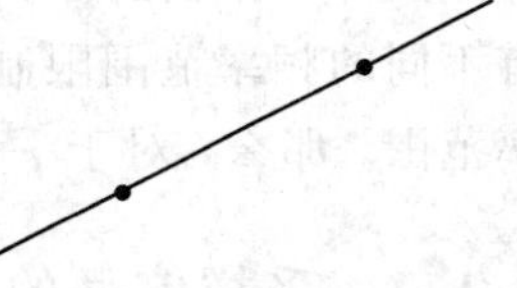

图 2-1　直线信号的采样

例 2-2　对于一个有无穷多点的圆周信号，回答两个问题：

(1) 是否可以利用有限的采样点表征原圆周信号？

(2) 如果可以，如何采样？

解　(1) 根据三个不同的点可以确定一个圆的原理，可以利用三个不同的采样点来表征原圆周信号。

(2) 采样时，在圆上随机采集三个不同的样点即可，方法如图 2-2 所示。

从上述两个特例我们可以得出如下重要的启示：当对模拟信号加以某些限制时，我们就有可能用离散信号来表征原始的模拟信号。

例 2-1 的限制是信号为直线，也就是一次多项式；例 2-2 的限制是信号为圆周，也就是二次多项式。事实上，我们知道，对于任意 n 次多项式表示的模拟曲线信号，我们只需随机采集 $n+1$ 个不同的样点即可完全表征原始的模拟曲线信号。

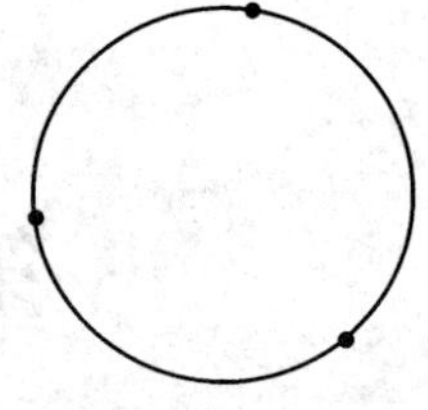

图 2-2　圆周信号的采样

接下来的问题是：上述结论是否具有普遍意义呢？也就是说，我们能否对实际的模拟信号加以限制？如果能，又能对模拟信号加以什么样的限制？在这些限制下，如何进行采样，从而使得采样后的离散信号能完全表征原始的模拟信号？

2.1.1　模拟信号的特性限制

我们知道，自然界中存在的最广泛的声、光、电等信号都具有一个共同的特性：波动性。简谐振荡信号是一种最简单、最常见的波动信号。从数学上看，简谐振荡信号是一种正弦信号，振幅、相位、频率是正弦信号的三要素。

我们先直观分析一下能够对波动信号的哪些要素加以限制。以音乐会为例，坐在前排和后排的听众感觉到的音乐是相同的，但是我们知道，到达前排和后排的音乐信号的音量(振幅)和到达的时间先后(相位)是不同的，也就是说，不同范围的振幅和相位并没有影响听众欣赏音乐。这个现象意味着：如果我们要对波动信号的要素加以限制，振幅和相位范围一定不是要加以限制的主要要素。如果要对信号的特性加以限制，最合理的做法是对信号的频率范围加以限制。

事实表明，对待处理的模拟信号的频率范围加以限制是合理的。仍以音乐信号为例，大提琴和小提琴的基本形状和发声原理都是一样的，但是听起来却不同，这主要是因为大提琴和小提琴产生声音的振动弦长和共鸣腔大小是不同的，导致产生的乐声的频率范围不同，所以两者音色不同。对不同的信号，的确具有不同的频率范围。如人耳能听到的音频信号的频率范围为 20 Hz～20 kHz；20 kHz 以上为超声，20 Hz 以下为次声，超声和次声都是人耳听不到的。事实上，不仅声音信号，其他信号如无线电波、光、量子射线等，均具有不同的频率范围限制。由此我们可以得出如下结论：对模拟信号合理的限制是限制其频率范围。那么，对于一个频率范围受限的模拟信号，能否用离散的采样信号来完全表征呢？

2.1.2　采样信号的时频特性

用离散的采样信号完全表征原始的模拟信号，意味着在时间上原始模拟信号的连续时域波形可以由离散信号无失真地恢复，或等价地，原始模拟信号的连续频谱可以由离散信号的频谱无失真地恢复。既然是对模拟信号的频率范围进行限制，我们就从频域的角度来分析模拟信号的无失真采样问题。

假定图 2-3 的(a)、(b)分别是原始模拟信号与其采样后的信号的时域波形，图 2-3(a1)是原始信号的频谱。问：图 2-3 中 的(b1)、(b2)、(b3)哪个图对应于采样信号的频谱呢？其中 f_m 表示原始信号的最大频率，f_s 表示采样周期频率。

这个问题并不难回答，学过信号与系统的读者一定知道：图 2-3(b3)对应于采样信号的频谱。

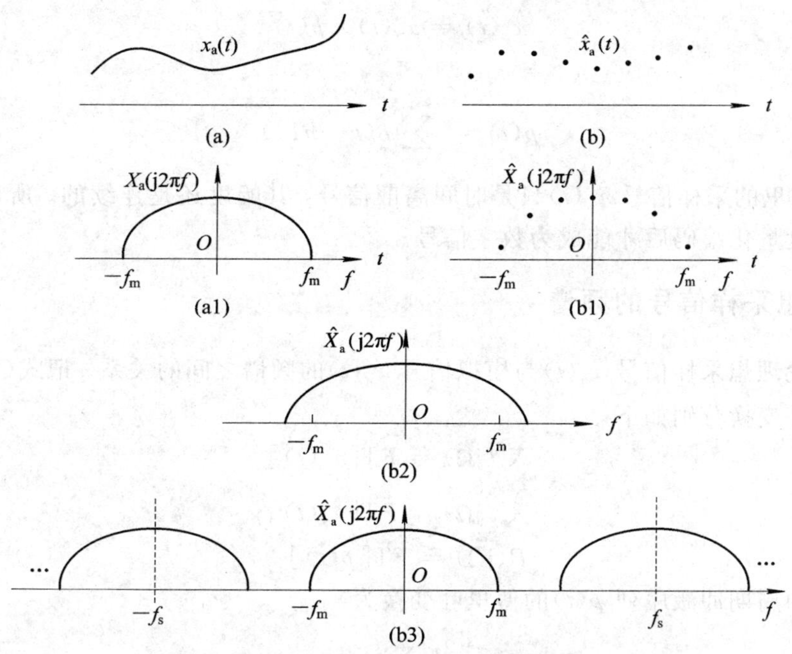

图 2-3　原始信号和采样信号的时域波形和频谱图

为了加深读者的印象，在这里我们给出另外一条定性的思路来回答这个问题。必须牢记：信号在时域上和频域上往往具有相反的特性，服从著名的测不准原理：$\Delta t \cdot \Delta\omega \geqslant 1/2$。测不准原理定性的解释是：如果信号在时域上具有"窄"的特性，则在频域上一定具有"宽"的特性。从时域上看，采样信号只保留了原始模拟信号在采样点处的信号，把其他位置的信号完全舍弃。每个采样点信号在时域上具有"无穷窄"的分布特性，因此在频域上必然相反，采样信号的频谱具有"无穷宽"的分布特性。图 2-3 (b1)、(b2)、(b3)中只有图 2-3 (b3)满足这一特性。因此，图 2-3(b3)对应于采样信号的频谱。

定性上，频带受限模拟信号和其采样后的信号具有不同的时—频特性，表现方式如下：

模拟信号：时域无限(连续时间)，频域的频带受限；

采样信号：时域受限(离散样点)，频域无限(频带周期无限重复)。

下面我们讨论如何对频带受限模拟信号进行无失真采样。

2.2　频带受限信号的无失真采样

2.2.1　理想采样

设 $x_a(t)$是一个连续时间模拟信号，假定对其进行理想采样，在 $t=nT_s$ 时采样得到的信号用 $\hat{x}_a(t)$表示，T_s 是采样周期，n 取整数。

数学上，可以把采样过程描述为连续时间信号 $x_a(t)$ 和一个由周期为 T_s 的理想冲激函数 $\delta(t)$ 组成的周期冲激序列 $p(t)$ 的乘积。这样就可将理想采样表示为

$$\hat{x}_a(t) = x_a(t) \cdot p(t) \tag{2.2-1}$$

式中，$p(t)$ 为

$$p(t) = \sum_{n=-\infty}^{\infty} \delta(t - nT_s) \tag{2.2-2}$$

注意，这里的采样信号 $\hat{x}_a(t)$ 只是时间离散信号，其幅度还是连续的。所以信号 $\hat{x}_a(t)$ 还要经过幅度量化编码后才能成为数字信号。

2.2.2　理想采样信号的频谱

下面讨论理想采样信号 $\hat{x}_a(t)$ 与模拟信号 $x_a(t)$ 的频谱之间的关系。记式(2.2-1)中各信号的傅里叶变换分别如下

$$X_a(j\Omega) = \mathrm{FT}[x_a(t)]$$

$$\hat{X}_a(j\Omega) = \mathrm{FT}[\hat{x}_a(t)]$$

$$P(j\Omega) = \mathrm{FT}[p(t)]$$

式(2.2-2)中周期冲激序列 $p(t)$ 的傅里叶变换为

$$P(j\Omega) = \frac{2\pi}{T_s}\sum_{k=-\infty}^{\infty} \delta(j\Omega - jk\Omega_s) \tag{2.2-3}$$

式中，$\Omega_s = \dfrac{2\pi}{T_s}$，称为采样角频率，单位为弧度/秒。

根据傅里叶变换的卷积定理性质：两信号在时域相乘的傅里叶变换等于两信号分别的傅里叶变换的卷积，利用式(2.2-1)可得出理想采样信号 $\hat{x}_a(t)$ 的傅里叶变换为

$$\begin{aligned}\hat{X}_a(j\Omega) &= \mathrm{FT}[x_a(t) \cdot p(t)] = \frac{1}{2\pi}[X_a(j\Omega) * P(j\Omega)] \\ &= \frac{1}{2\pi} \cdot \frac{2\pi}{T_s}\int_{-\infty}^{\infty} X_a(j\theta)\sum_{k=-\infty}^{\infty}\delta(j\Omega - jk\Omega_s - j\theta)\,d\theta \\ &= \frac{1}{T_s}\sum_{k=-\infty}^{\infty}\int_{-\infty}^{\infty} X_a(j\theta)\delta(j\Omega - jk\Omega_s - j\theta)\,d\theta \\ &= \frac{1}{T_s}\sum_{k=-\infty}^{\infty} X_a(j\Omega - jk\Omega_s)\end{aligned} \tag{2.2-4}$$

式(2.2-4)表明，连续时间信号经过理想采样后，采样信号的频谱 $\hat{X}_a(j\Omega)$ 是原模拟信号的频谱 $X_a(j\Omega)$ 沿频率轴每间隔采样角频率 Ω_s 一次，或者说采样信号的频谱 $\hat{X}_a(j\Omega)$ 是原模拟信号的频谱 $X_a(j\Omega)$ 以 Ω_s 为周期的周期扩展，把这称为频谱的周期延拓。也就是说，采样信号的频谱 $\hat{X}_a(j\Omega)$ 包括原信号的频谱和无限多个经过平移的原信号频谱，这些频谱都乘以系数 $1/T_s$，如图 2-4 所示。

设原带限信号 $x_a(t)$ 的最高角频率为 Ω_c，其频谱如图 2-4(a)所示，称为基带频谱。采样信号的频谱和采样频率之间存在怎样的关系呢？什么时候采样信号能够完全不失真地恢复出原始信号呢？

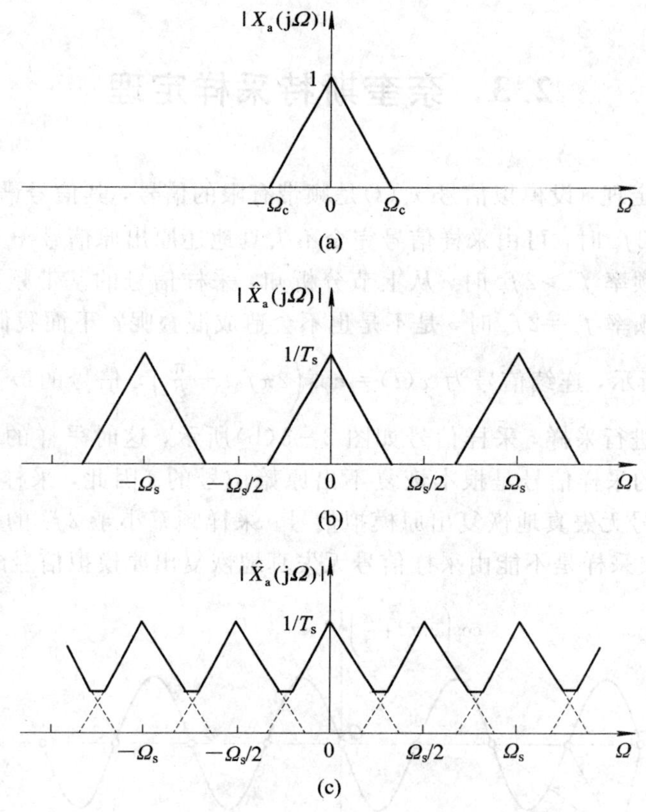

图 2-4　采样信号的频谱

由图 2-4 可以看出：

(1) 当 $\Omega_s-\Omega_c>\Omega_c$，即 $\Omega_s>2\Omega_c$ 时，$\hat{X}_a(j\Omega)$的周期延拓部分不会重叠，如图 2-4(b)所示。此时，在每个整数倍的 Ω_s 上，仍保持一个与 $X_a(j\Omega)$完全一样的副本(附加一个幅度因子 $1/T_s$)。这样，$X_a(j\Omega)$就可以用一个理想低通滤波器从 $\hat{X}_a(j\Omega)$中恢复出来。

(2) 当 $\Omega_s-\Omega_c\leqslant\Omega_c$，即 $\Omega_s\leqslant2\Omega_c$ 时，$\hat{X}_a(j\Omega)$ 的周期延拓部分会互相重叠，重叠部分的频率成分的幅值与原信号的不同，这种现象称为混叠现象，如图 2-4(c)所示。这时，$X_a(j\Omega)$就不能用理想低通滤波器从 $\hat{X}_a(j\Omega)$中恢复出来。

由上述分析可知：

(1) 模拟带限信号经理想采样后信号的频谱是原信号基带频谱的周期延拓，周期为 Ω_s，但频谱的幅度有 $1/T_s$ 的加权。因此除了幅度的区别外，每一个延拓的谱分量都和原基带频谱分量相同。

(2) 对模拟带限信号，其采样信号的频谱 $\hat{X}_a(j\Omega)$可能会发生混叠现象。如果原信号不是带限信号，则混叠必然存在。

(3) 对模拟带限信号，只有在其采样信号的频谱 $\hat{X}_a(j\Omega)$不发生混叠时，才能够从采样信号频谱中恢复原信号的频谱。

由此引入了著名的奈奎斯特(Nyquist)采样定理。

2.3 奈奎斯特采样定理

奈奎斯特采样定理：设模拟信号 $x_a(t)$是频带有限的信号，其信号谱的最高频率为 f_c，则当采样频率 $f_s>2f_c$ 时，可由采样信号完全不失真地还原出原信号 $x_a(t)$。

思考：当采样频率 $f_s>2f_c$ 时，从上节分析知，采样信号的基带频谱的平移不会发生混叠。那么当采样频率 $f_s=2f_c$ 时，是不是也不会造成混叠呢？下面我们看一个例子。

如图 2-5(a)所示，连续信号为 $x(t)=\cos\left(2\pi f_0 t+\dfrac{\pi}{2}\right)$，信号的最高频率 $f_c=f_0$，对其以频率 $f_s=2f_0$ 进行采样，采样信号如图 2-5(b)所示，这时采样的结果均为零值。显然，由完全为零值的采样信号是根本恢复不出原始信号的。因此，采样频率必须大于 $2f_c$ 才能保证由采样信号无失真地恢复出原模拟信号。采样频率小于 $2f_c$ 的采样通常称为欠采样。一般情况下，欠采样是不能由采样信号无失真地恢复出原模拟信号的。

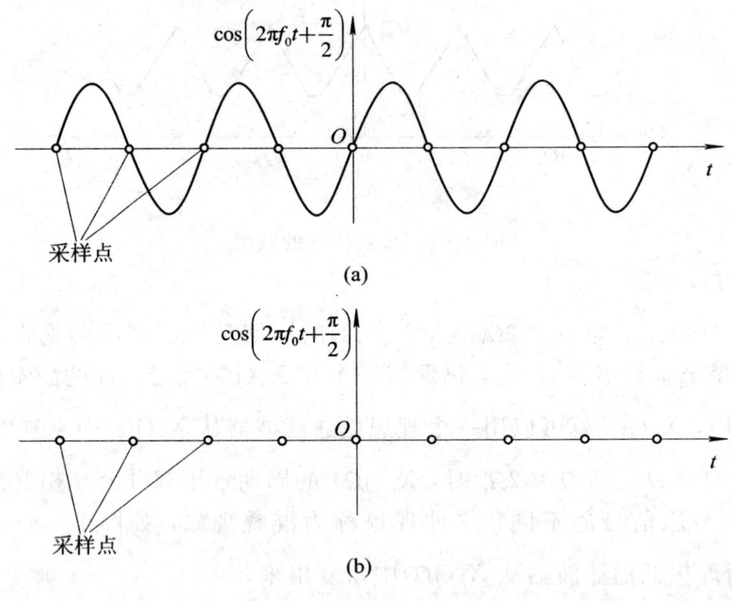

图 2-5　$f_s=2f_c$ 的采样

2.4 带通信号采样定理

若模拟信号 $x_a(t)$的频谱 $X_a(j\Omega)$是一窄带信号，即信号的频谱范围位于最高角频率 Ω_h(或频率 f_h)和最低角频率 Ω_l(或频率 f_l)之间，如图 2-6(a)所示，则把这样的信号称为带通信号。

思考：要从采样信号中无失真地恢复出带通信号，对信号的采样频率是否必须满足 $\Omega_s>2\Omega_h$？

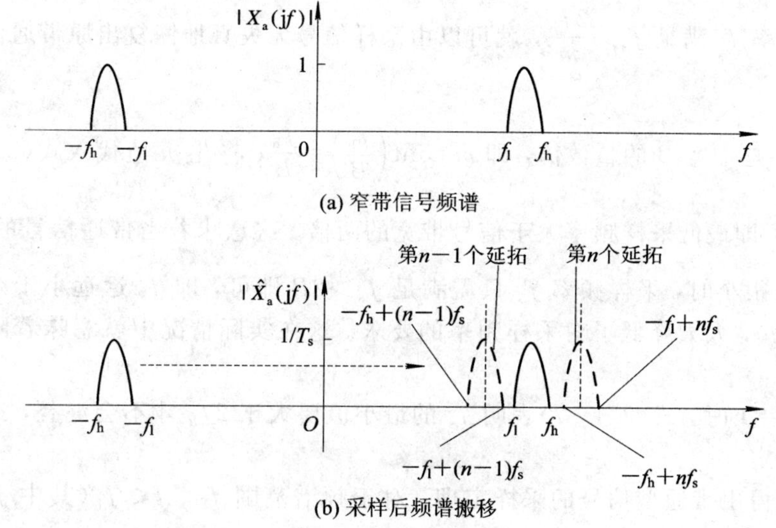

图 2-6　窄带信号的采样频谱

信号时域采样造成信号基带频谱在频域上的周期延拓，只要我们能保证采样后信号的基带频谱在频域的周期延拓不发生混叠，就可以恢复出原信号。原信号为实信号时，信号傅里叶变换的频谱关于纵轴对称，如图 2-6(a)所示。采样后信号频谱在$\pm nf_s$上周期延拓，负半轴的频谱经延拓后，有可能与正半轴的频谱发生混叠(或反之)，这种情况是我们要避免的。若原信号的负半轴频谱经过$(n-1)f_s$以及nf_s延拓后靠近原信号频谱的正半轴频谱，则只有当这两个延拓部分分别位于原信号正半轴频谱的两边且与原信号频谱不相交(如图 2-6(b)所示)时，才能够保证不发生混叠现象。因此不发生混叠的条件为

$$-f_l+(n-1)f_s<f_l \tag{2.4-1}$$

$$-f_h+nf_s>f_h \tag{2.4-2}$$

由式(2.4-1)及式(2.4-2)可得

$$\frac{2f_h}{n}<f_s<\frac{2f_l}{n-1} \tag{2.4-3}$$

即

$$\frac{2f_h}{n}<\frac{2f_l}{n-1} \tag{2.4-4}$$

由此不难得出，n必须满足

$$n<\frac{f_h}{f_h-f_l}=\frac{f_h}{B} \tag{2.4-5}$$

式(2.4-5)中，$B=f_h-f_l$，通常称为信号带宽。由于n为整数，式(2.4-5)表明，n的最大取值如下

$$m=\text{int}\left(\frac{f_h}{B}\right) \tag{2.4-6}$$

其中 int(・)为取整函数。将n的最大值代入式(2.4-3)，可得出最小采样频率f_s满足

$$f_s>\frac{2f_h}{m} \tag{2.4-7}$$

即只要采样频率 f_s 满足 $f_s>\frac{2f_h}{m}$，就可以由采样信号无失真地恢复出原带通信号。

讨论：

(1) 若 f_h 是带宽 B 的整数倍，即 $m=\text{int}\left(\frac{f_h}{B}\right)=\frac{f_h}{B}$，将此 m 值代入式(2.4-7)，可知 $f_s>\frac{2f_h}{m}=2B$，即最低采样频率大于信号带宽的两倍。这意味着当带通信号的最大频率 f_h 很高而带宽 B 很小时，采样频率 f_s 只需满足 $f_s>2B$ 即可，即 f_s 远远小于奈奎斯特采样定理要求的 $2f_h$，大大降低了对采样频率的要求。这在实际情况中就意味着降低了采样系统的成本。

(2) 当 $m=1$ 时，式(2.4-7)表明 f_s 的最小值要大于 $2f_h$ 才不会混叠，此时正好对应奈奎斯特采样定理。

由此我们得出带通型信号的采样定理：对于频谱范围 $f_l\leqslant f\leqslant f_h$(其中 $f_l>0$)的带通型信号，当采样频率满足 $f_s>\frac{2f_h}{m}$时，能保证信号采样后不发生混叠。其中，f_l 为信号的最低频率，f_h 为信号的最高频率，m 为不超过$\frac{f_h}{B}$的最大整数，$B=f_h-f_l$ 为信号带宽。

实际中遇到的许多信号都是带通信号。例如，一个蜂窝电话在 900 MHz 频段上占 30 kHz带宽，根据以上推导，如果在采样前对信号进行窄带带通滤波，只需要比 60 kHz 略高的采样频率而非 1.8 GHz，就可以恢复信号。

窄带信号的采样与恢复过程如图 2-7 所示。有两种采样方式：图 2-7(a)是对窄带信号直接采样，按照带通型采样定理确定采样的最低频率；图 2-7(b)是先对窄带信号进行频域的频移处理，把信号变换为基带信号，然后利用奈奎斯特采样定理确定采样的最低频率，对窄带信号进行采样，这是一种间接方式。由于采样方式的不同，信号重建过程中采用的滤波器也不相同。关于信号的内插恢复原理就是下节要讲的内容。

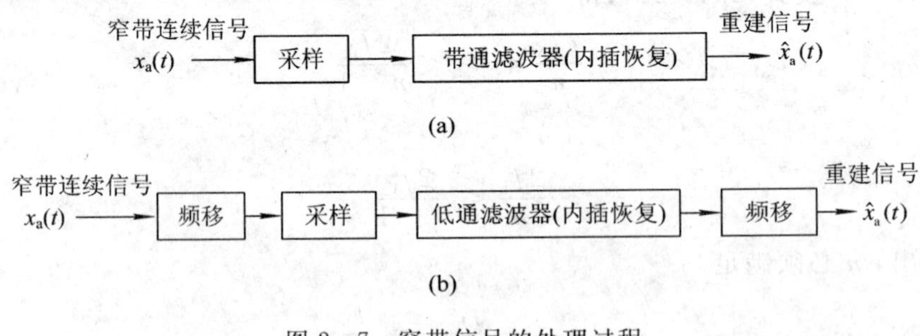

图 2-7 窄带信号的处理过程

2.5 采样信号的内插

前面已经指出，如果理想采样满足奈奎斯特定理，即采样频率大于模拟信号最高频率的两倍，采样信号的频谱就不会发生混叠，且采样信号 $\hat{x}_a(t)$的频谱与模拟信号 $x_a(t)$的频谱之间具有如下关系

$$X_a(j\Omega)=\begin{cases}X_a(j\Omega), & |\Omega|<\dfrac{\Omega_s}{2}\\ 0, & |\Omega|\geqslant\dfrac{\Omega_s}{2}\end{cases} \tag{2.5-1}$$

$$\hat{X}_a(j\Omega)=\frac{1}{T_s}X_a(j\Omega),\quad |\Omega|<\frac{\Omega_s}{2} \tag{2.5-2}$$

故将采样信号通过频率特性为

$$H(j\Omega)=\begin{cases}T_s, & |\Omega|<\dfrac{\Omega_s}{2}\\ 0, & |\Omega|\geqslant\dfrac{\Omega_s}{2}\end{cases} \tag{2.5-3}$$

的理想低通滤波器就可滤出原始模拟信号的频谱，即

$$\hat{X}_a(j\Omega)H(j\Omega)=X_a(j\Omega) \tag{2.5-4}$$

因此，在该滤波器的输出端就能得到原始模拟信号

$$y_a(t)=x_a(t) \tag{2.5-5}$$

从而完成信号的恢复，通常把这个过程称为信号的恢复或重建。下面讨论如何由采样值恢复原始模拟信号 $x_a(t)$，即信号恢复的时域描述。式(2.5－3)的理想低通滤波器的冲击响应为

$$h(t)=\frac{1}{2\pi}\int_{-\infty}^{\infty}H(j\Omega)e^{j\Omega t}\,d\Omega=\frac{1}{2\pi}\int_{-\Omega_s/2}^{\Omega_s/2}T_s e^{j\Omega t}\,d\Omega=\frac{\sin(\Omega_s t/2)}{\Omega_s t/2}=\frac{\sin(\pi t/T_s)}{\pi t/T_s} \tag{2.5-6}$$

由于 $y_a(t)=\hat{x}_a(t)*h(t)=x_a(t)$，因此理想低通滤波器的输出 $y_a(t)$为

$$\begin{aligned}y_a(t)&=\int_{-\infty}^{\infty}\hat{x}_a(\tau)h(t-\tau)d\tau\\&=\int_{-\infty}^{\infty}\Big[\sum_{n=-\infty}^{\infty}x_a(\tau)\delta(\tau-nT_s)\Big]h(t-\tau)d\tau\\&=\sum_{n=-\infty}^{\infty}\int_{-\infty}^{\infty}x_a(\tau)h(t-\tau)\delta(\tau-nT_s)d\tau\\&=\sum_{n=-\infty}^{\infty}x_a(nT_s)h(t-nT_s)\\&=\sum_{n=-\infty}^{\infty}x_a(nT_s)\frac{\sin[\pi(t-nT_s)/T_s]}{\pi(t-nT_s)/T_s}\end{aligned} \tag{2.5-7}$$

式(2.5－7)中的 $h(t-nT_s)$称为内插函数，即

$$h(t-nT_s)=\frac{\sin[\pi(t-nT_s)/T_s]}{\pi(t-nT_s)/T_s} \tag{2.5-8}$$

$h(t-nT_s)$的特点为：在采样点 nT_s 上，函数值为1，而在其余采样点上，函数值为0。它的波形如图2－8所示。

式(2.5－7)就称为内插公式，它表明只要采样频率高于两倍信号的最高频率，模拟信号就可以由它的采样值代替，而不会丢掉任何信息，即模拟信号完全可以由它的采样值来表述。注意，在内插公式中的每一个采样点上，只有该采样值所对应的内插函数为1，从而

保证了重建信号在各采样点上信号值不变，而采样点之间的信号值则是由所有采样值对应的内插函数的波形延伸叠加而成的，这实际上是不可能实现的，原因在于理想低通滤波器的冲击响应是非因果的，所以这里的内插公式只具有理论意义。

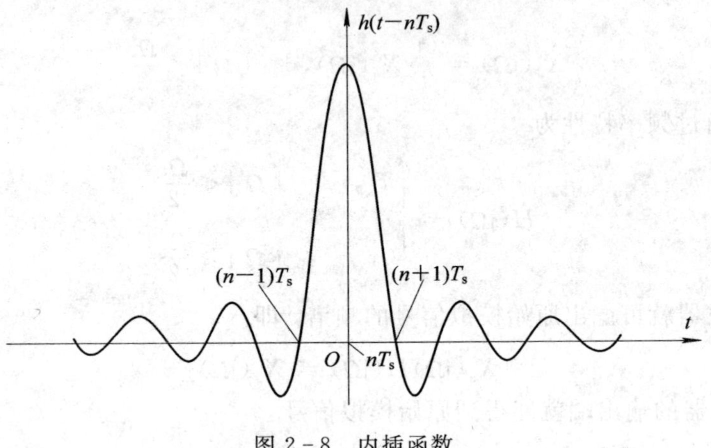

图 2-8　内插函数

2.6 量　化

如图 2-9 所示，模拟信号进行采样以后，其采样值还是随信号幅度连续地变化，即采样值可以取无穷多个可能值。如果用 b 位二进制数字信号来代表该样值的大小，以进行数

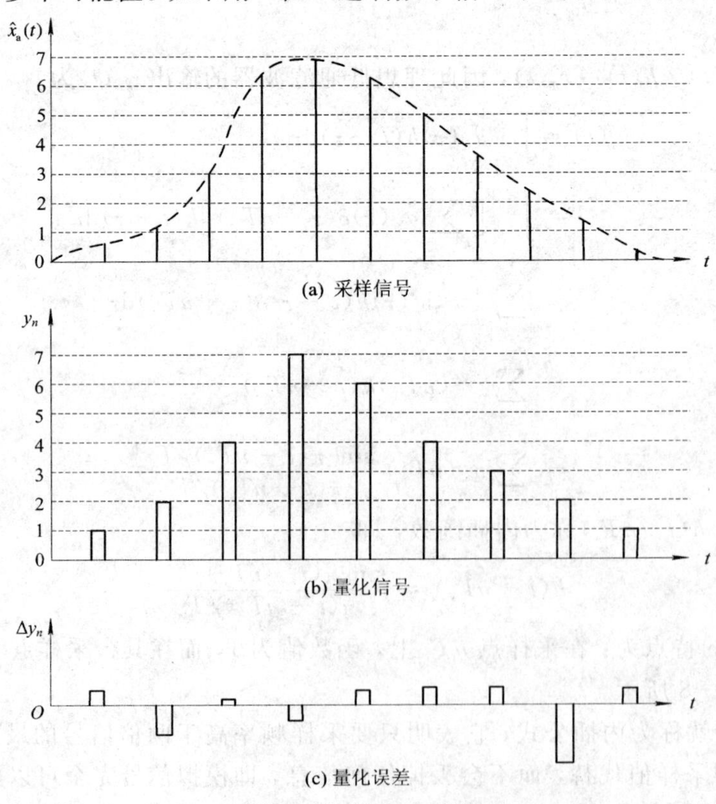

图 2-9　量化示意图

字处理，那么 b 位二进制信号只能同 $M=2^b$ 个电平样值相对应，而不能同无穷多个电平值相对应。这样一来，采样值必须划分成 M 个离散电平，此电平被称做量化电平。b 称为量化比特，b 越高，量化精度越高，但是由于数据的增加，实际处理难度也随之增加。

信号的采样是对时间进行数字化，在采样满足一定条件下由采样信号可以无失真地恢复原始信号；信号的量化是在幅度上对采样信号进行数字化，从而把信号幅度的任意取值转换为有限值表示。因此，信号量化过程中引入的量化误差，造成量化信号无法无失真地恢复采样信号。

量化过程是模拟信号数字化处理的关键环节，量化器的性能直接影响量化后数字信号的处理结果，且与量化的方法有关。量化方法通常有均匀量化和非均匀量化，不同的量化方法用量化误差来衡量其性能。下面我们在首先讨论量化器的模型基础上，讲述量化器的性能、常用的均匀量化方法和有关实现问题。

2.6.1　量化器的模型

量化是把信号在幅度域上的连续取值变换为幅度域上的离散取值的过程。量化过程是一个近似表示的过程，即把允许在无限多个数值中取值的模拟信号转化为仅在有限个数值中取值的离散信号的近似过程。从信号数据取值的变化上看，量化器是把信号的变化从无限状态转换为有限状态的过程。量化器的数学模型如图 2－10 所示，图中采样后的信号 $\hat{x}_a(t)$ 经过量化后输出为 y_n，信号 y_n 就是时间和幅度均离散的信号，即第 3 章讨论的序列信号。

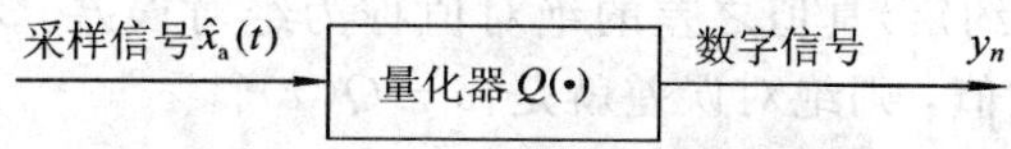

图 2－10　量化器的数学模型

若信号 x 量化后形成的离散点用集合 $C=\{y_1, y_2, \cdots, y_M\}$ 表示，且满足 $\{y_1<y_2<\cdots<y_M\}$；采样信号 x 的最大取值范围为区间 $R=[x_{\min}, x_{\max}]$，且 $-\infty\leqslant x_{\min}<x_{\max}\leqslant\infty$，则 M 点的量化就相当于把区间 $[x_{\min}, x_{\max}]$ 划分为 M 个区段 R_i，且 $R_i=(m_{i-1}, m_i]$，$i=1,2,\cdots, M-1, M$，即 R_i 为半开半闭区间。显然，区间的划分要满足

$$\bigcup_i R_i = R,\quad R_i \cap R_j = \varnothing \quad (i\neq j) \tag{2.6-1}$$

不同的分段方法及采样信号的样值大小决定了量化器的输出，因此我们采用记号 $Q=\{(y_i, R_i), i=1, 2, \cdots, M\}$ 来表示这种关系。

一个正规的量化器还应满足如下条件：

(1) 每个分段 R_i 都是一个连续的区间，可以是开的或半开半闭的；

(2) 每个区间上的量化值 $y_i\in R_i=(m_{i-1}, m_i]$。

我们把每个分段的边界点 m_i 称为分层电平或判决点。正规量化器的分层电平 m_i 及量化输出 y_i 满足如下关系

$$x_{\min} = m_0 < y_1 < m_1 < y_2 < m_2 < \cdots < y_M < m_M = x_{\max} \tag{2.6-2}$$

图 2－11 表示了这种关系。图中的阶梯曲线是量化的典型曲线，当输入信号在区间 $(m_{i-1}, m_i]$ 内时，量化输出为 y_i，并且 $y_i\in R_i=(m_{i-1}, m_i]$。

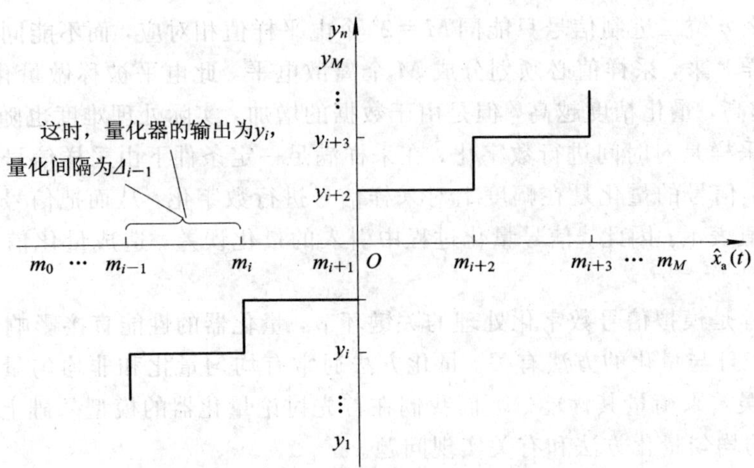

图 2-11 正规量化器的典型量化曲线图

2.6.2 量化器的性能

量化器的功能就是将输入信号采样值用有限精度的离散值来代替，因此不可避免地要引起信号失真。因为一般量化样本 y 不同于样本的真值 x，量化是将一个区间上的所有数值近似用一个数代替，所以量化会引起量化误差。由于这种误差的影响相当于干扰或噪声，故又称为量化噪声。

1. 绝对误差

测量结果与被测量(约定)真值之差的绝对值称为绝对误差。若用 $Q(x)$ 表示量化后的数值，x 表示它的精确数值，则绝对误差就是 $|x-Q(x)|$。

量化器的性能还可以用失真度来衡量。最常用的失真测度是平方误差，定义为

$$d(x,\ Q(x)) = |\ x - Q(x)\ |^2 \tag{2.6-3}$$

更为一般的失真测度是乘幂误差，定义如下

$$d_m(x,\ Q(x)) = |\ x - Q(x)\ |^m \tag{2.6-4}$$

其中，$m=1$ 时式(2.6-4)即为绝对误差，$m=2$ 时式(2.6-4)即为式(2.6-3)的平方误差，这两种情形应用得最为广泛。

通常输入信号是一个随机变量，相应地每个输入值的量化误差也是一个随机变量。量化器的性能指标应是描述所有输入值的量化误差引起的总的失真效应，因此常采用统计平均的方法来解决这类问题。

假设输入信号用随机过程 X 描述，其概率密度函数为 $p(x)$，则输入信号的量化误差的数学期望为

$$D = E[(X - Q(X))^2] = \sum_{i=1}^{M} \int_{R_i} (x - y_i)^2 p(x) \mathrm{d}x \tag{2.6-5}$$

式中的 y_i 为区间 R_i 上的量化值，此时的性能测度又称为均方误差，可写为

$$D = \sum_{i=1}^{M} \int_{m_{i-1}}^{m_i} (x - y_i)^2 p(x) \mathrm{d}x \tag{2.6-6}$$

2. 相对误差

测量的绝对误差与被测量(约定)真值之比称为相对误差。用 $Q(x)$ 表示量化后的数值，

x 表示它的精确数值，即量化前的采样信号值，则相对误差就是 $|x-Q(x)|/x$。

信噪比是另一个常用的量化器性能测度，定义为

$$\text{SNR} = 10 \lg \frac{E[(X-E(X))^2]}{D} \tag{2.6-7}$$

式中，$E[(X-E(X))^2]$ 是信号方差，D 是均方误差，SNR 的单位是分贝(dB)。

式(2.6-7)也可写成

$$\text{SNR} = 10 \lg \frac{\sigma_x^2}{\sigma_e^2} \tag{2.6-8}$$

式中，σ_x^2 为信号功率，$\sigma_e^2=D$ 为噪声功率。可见，SNR 也是一种相对失真测度，它在实际应用中更有意义。

2.6.3 均匀量化

把输入信号的取值域按等距离分割的量化称为均匀量化。

1. 均匀量化的量化电平

设采样信号 $x\in R_i=(m_{i-1}, m_i]$，信号 x 的概率密度函数为 $p(x)$，则量化输出为 y_i 时的量化噪声为

$$D = \sum_{i=1}^{M} \int_{m_{i-1}}^{m_i} (x-y_i)^2 p(x)\,\mathrm{d}x$$

为了使量化噪声最小，令 $\frac{\partial D}{\partial y_i}=0$，得

$$\int_{m_{i-1}}^{m_i} y_i p(x)\,\mathrm{d}x = \int_{m_{i-1}}^{m_i} x p(x)\,\mathrm{d}x \tag{2.6-9}$$

进一步，有

$$y_i = \frac{\int_{m_{i-1}}^{m_i} x p(x)\,\mathrm{d}x}{\int_{m_{i-1}}^{m_i} p(x)\,\mathrm{d}x} \tag{2.6-10}$$

式(2.6-10)意味着，量化输出 y_i 应是每个量化间隔的重心位置。若输入信号 x 是均匀分布的，则根据式(2.6-10)，有

$$y_i = \frac{m_i + m_{i-1}}{2} \tag{2.6-11}$$

式(2.6-11)表明：输入采样信号均匀分布时，要使量化噪声最小，则最佳量化值就是取各个区间的中点。通常把每个量化值称为量化电平。

2. 均匀量化的量化噪声

均匀量化器是一个正规量化器。当输入信号位于区间[a, b]的有界范围内，即 $x_{\min}=a$，$x_{\max}=b$，区间大小为 $B=b-a$ 时，假定信号量化电平数为 M，则每个量化区间的长度为 $\Delta=B/M$。所以，信号的概率密度函数为 $p(x)=1/B$，信号的平均量化误差为

$$\begin{aligned} D_1 &= \int_a^b (x-Q(x))p(x)\,\mathrm{d}x = \sum_{i=1}^{M}\int_{m_{i-1}}^{m_i}(x-y_i)\cdot\frac{1}{B}\mathrm{d}x \\ &= \frac{1}{B}\sum_{i=1}^{M}\left[\frac{1}{2}(m_i^2-m_{i-1}^2)-y_i(m_i-m_{i-1})\right] \end{aligned} \tag{2.6-12}$$

将式(2.6-11)代入式(2.6-12)，可得 $D_1=0$，即均匀量化的平均量化误差等于零。

在均匀量化时的量化噪声功率为

$$\begin{aligned} D_2 &= \sum_{i=1}^{M}\int_{m_{i-1}}^{m_i}(x-y_i)^2 p(x)\mathrm{d}x = \sum_{i=1}^{M}\int_{m_{i-1}}^{m_i}(x-y_i)^2\ \frac{1}{B}\mathrm{d}x \\ &= \frac{1}{B}\sum_{i=1}^{M}\left[\frac{1}{3}(m_i^3-m_{i-1}^3)-y_i(m_i^2-m_{i-1}^2)+y_i^2(m_i-m_{i-1})\right] \\ &= \frac{\Delta}{B}\sum_{i=1}^{M}\left[\frac{1}{3}(m_i^2+m_i m_{i-1}+m_{i-1}^2)-\frac{1}{4}(m_i+m_{i-1})^2\right] \\ &= \frac{1}{B}\sum_{i=1}^{M}\frac{\Delta^3}{12}=\frac{\Delta^2}{12} \end{aligned} \tag{2.6-13}$$

若量化电平 M 用 b 位的二进制数表示，即 $M=2^b$，则有

$$D_2=\frac{\Delta^2}{12}=\frac{B^2}{12}\cdot\frac{1}{2^{2b}} \tag{2.6-14}$$

由式(2.6-14)可见，在用二进制数表示量化电平时，若量化样本的字长增加一位，则量化噪声功率降低为原来的1/4，因此在信号功率相同的情况下，量化器的信号功率与量化噪声功率的比值(称为量噪比)提高 6 dB。所以在实际应用中，为了降低量化误差的影响，通常选用高位的 A/D 转换器。

上述均匀量化的主要缺点是，无论采样值大小如何，量化噪声的均方根值，即噪声功率都固定不变。因此，当信号较弱时，信号的量噪比就很小。通常，把满足量噪比要求的输入信号取值范围定义为信号的动态范围。可见，均匀量化的信号动态范围将受到极大的限制。为了克服这个缺点，实际中常常采用非均匀量化。

例 2-3(量化效应)　在 -2 V 和 2 V 之间变化的采样信号用 b 位量化。b 取何值时可以保证量化误差的均方根小于 5 mV?

解　信号的动态范围是

$$B=2-(-2)=4\ \mathrm{V}$$

由式(2.6-13)可得信号量化的均方根误差 σ 为

$$\sigma=\sqrt{D_2}=\frac{\Delta}{\sqrt{12}}$$

若 $\sigma=0.005$ V，则由式(2.6-14)可得到

$$2^{2b}=\frac{B^2}{12\sigma^2}=\frac{16}{12\times 0.005^2}$$

$$b=7.85$$

对结果取整，得 $b=8$。

所以 b 至少为 8 时，量化器的量化误差才满足要求。

2.7　采样和量化的工程实现

在诸如数字计算机和其他一些数字系统中，离散时间信号是以数字的形式给出的。用于实现 A/D 转换的器件就称为模拟/数字(A/D)转换器，它集成了采样、量化和编码，可

以把模拟信号转化为数字信号；而实现 D/A 转换的器件就称为数字/模拟(D/A)转换器。如图 2-12 所示，实际模拟信号经过模拟/数字(A/D)转换器，变成数字信号。数字信号通过数字信号处理系统，得到想要转换的数字信号后，再经过数字/模拟(D/A)转换器，把数字信号转化为模拟信号输出。

A/D转换器 → 数字信号处理系统 → D/A转换器

图 2-12　采样和量化的工程实现

在实际处理系统中，选取 A/D 转换器时，主要考虑的性能指标有量化精度和转换率。量化精度通常用 A/D 转换器的位数衡量，即每个量化电平用多少二进制比特数来表示。目前，A/D 转换器常用的位数有 8 位、12 位、16 位，随着位数的增加，量化误差虽然减少了，但 A/D 转换器的价格却越来越贵。转换率主要指转换器单位时间内完成数据采集并数字化的次数，从实时性考虑，一般希望转换率越高越好，但同样会增加转换器的成本。所以实际应用中，要综合多方面要求选取。一般信号在采样时，由于需要满足奈奎斯特采样定理，这就决定了信号的转换率必须大于采样率。例如音乐信号的带宽为 20 kHz，量化噪声为 48 dB，那么我们怎么选取音乐信号数字化的 A/D 转换器呢？首先根据采样定理，我们选择的转换率必须大于 40 kHz，采样时间要小于 1/40 ms。然后根据量化噪声的限制，我们决定采用 16 位的 A/D 来量化信号。

2.8　MATLAB 实现

2.8.1　模拟信号的数字化

为了更好地理解采样定理和模拟信号的数字化，下面我们举一个例子。

例 2-4　已知模拟信号 $x_a(t)=e^{-1000|t|}$，完成以下问题：

(1) 画出其波形，求其连续傅里叶变换并画图。

(2) 若采样频率 $f_s=5000$ Hz，试画出采样信号 $x_1(n)$的波形及其傅里叶变换的频谱图。

(3) 若采样频率 $f_s=2500$ Hz，试画出采样信号 $x_2(n)$的波形及其傅里叶变换的频谱图，并同(2)进行比较。

解　(1) 严格地说，MATLAB 是数值计算软件，所以用它来进行模拟信号的分析计算存在困难。但是如果采用时间间隔足够小的致密网格对模拟信号进行分割，就可在足够长的时间区间内得到一条平滑的曲线来逼近原来的模拟信号，这样就可对模拟信号进行高精度的近似计算和分析。

信号 $x_a(t)=e^{-1000|t|}$ 的连续傅里叶变换为

$$X_a(j\Omega)=\int_{-\infty}^{0}e^{1000t}e^{-j\Omega t}dt+\int_{0}^{\infty}e^{-1000t}e^{-j\Omega t}dt=\frac{0.002}{1+(\Omega/1000)^2}$$

注意到当 $t=0.005$ 时，$e^{-1000t}\approx 0$，故可用 $-0.005\leqslant t\leqslant 0.005$ 之间的有限长信号来近似原来的模拟信号 $x_a(t)$，同时由上式可知，当 $\Omega\geqslant 2\pi\times 2000$ 时，$X_a(j\Omega)=1.27\times 10^{-5}\approx 0$，故取

$$\Delta t = 5 \times 10^{-5} \ll \frac{1}{2 \times 2000} = 25 \times 10^{-5}$$

有

$$X_a(\mathrm{j}\Omega) \approx \sum_m x_a(m\Delta t)\mathrm{e}^{-\mathrm{j}\Omega m \Delta t}$$

这样就可以利用 $x_a(m\Delta t)$ 仿真 $x_a(t)$，m 取整数。

MATLAB 程序如下：

```
dt = 0.00005; t = -0.005:dt:0.005;
xa = exp(-1000 * abs(t));
wmax = 2 * pi * 2000; K=500; k=0:1:K; W=k * wmax/K;
Xa=xa * exp(-j * t' * W) * dt;
Xa = real(Xa);
W = [-fliplr(W),W(2:501)];
Xa = [fliplr(Xa),Xa(2:501)];
figure(1);
subplot(2,1,1); plot(t * 1000,xa);
xlabel('t in msec'); title('analog signal');ylabel('xa(t)');
subplot(2,1,2); plot(W/(2 * pi * 1000),Xa * 1000);
```

程序运行结果如图 2-13 所示。

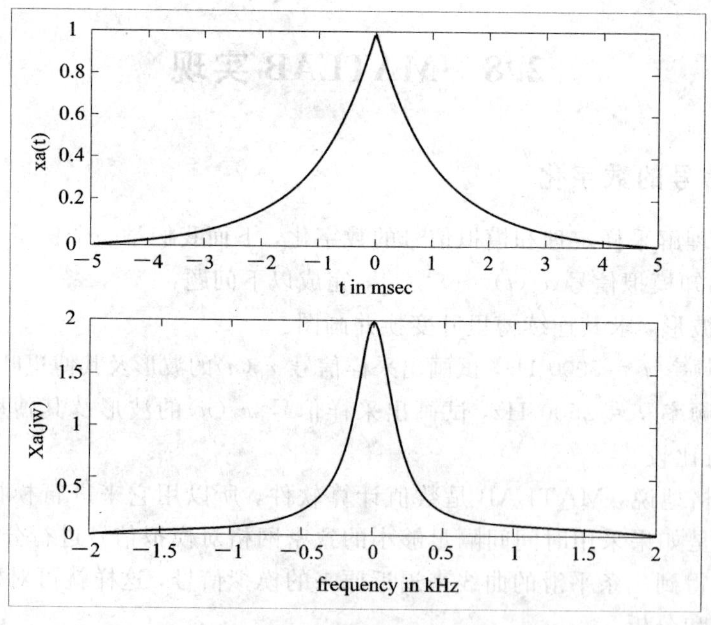

图 2-13　模拟信号及其傅里叶变换的频谱图

(2) 由(1)的分析可知，该模拟信号的带宽是 2000 Hz，那么根据奈奎斯特采样定律知道，采样频率至少应为 4000 Hz，给定的采样频率显然大于 4000 Hz，所以采样后频谱不会发生混叠的现象。

MATLAB 程序如下：

```
ts=0.0002;n= -25:1:25;
```

```
x=exp(-1000*abs(n*ts));
K=500;k=0:1:K;w=pi*k/K;
X=x*exp(-j*n'*w);X=real(x);
w=[-fliplr(w),w(2:k+1)];X=[fliplr(X),X(2:k+1)];
subplot(2,1,1);stem(n*t*100,x);
subplot(2,1,2);plot(n/(8*pi),X);
```

程序运行结果如图 2-14 所示。

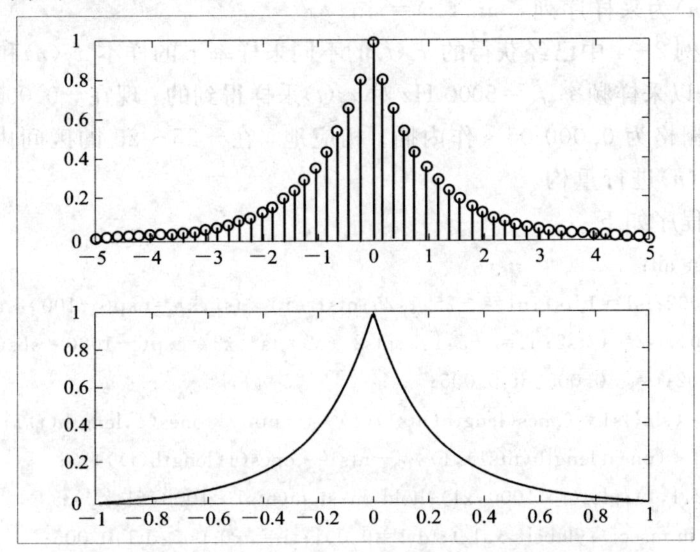

图 2-14　$f_s=5000$ Hz 时的采样信号及其频谱图

(3) 采样频率 $f_s=2500$ Hz，显然低于采样定理要求的最低采样频率，采样信号的频谱发生混叠。MATLAB 程序和(2)的类似，读者自行去实验，这里只给出它的结果，如图 2-15 所示。

比较(2)和(3)的运行结果发现，采样频率不满足采样定理导致频谱的混叠，信号的频谱被展宽了。

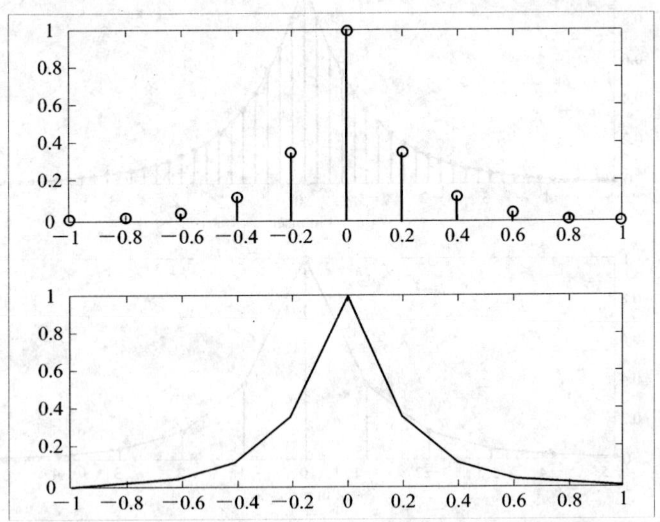

图 2-15　$f_s=2500$ Hz 时的采样信号及其频谱图

2.8.2 由采样信号重构模拟信号

由采样定理和例 2-4 可以清楚地看到，对有限带宽信号 $x_a(t)$以高于它的奈奎斯特采样频率进行采样，就可以从采样序列 $x(n)$中重构原来的模拟信号。重构过程可以采用公式

$$x_a(t)=\sum_{n=-\infty}^{\infty}x(n)\mathrm{sinc}([\pi F_s(t-nT_s)])$$

进行，上式中 $x(n)$为采样序列，$\mathrm{sinc}(x)=\sin x/x$。

例 2-5 对例 2-4 中已经获得的 $x_a(t)$的不同采样率下的样本 $x_1(n)$和 $x_2(n)$进行重构。

解 $x_1(n)$是以采样频率 $f_s=5000$ Hz 对 $x_a(t)$采样得到的，现在−0.0005 s～0.0005 s 的时间区间内采用栅格为 0.000 05 s 作内插。相应地，在−25～25 的区间内给出 $x_2(n)$，用同样的方法对 $x_2(n)$进行重构。

相应的重构程序如下：

```
clear,close all;
ts1=0.0002;fs1=1/ts1;n1=-25:1:25;nts1=n1*ts1;x1=exp(-1000*abs(nts1));
ts2=0.001;fs2=1/ts2;n2=-5:1:5;nts2=n2*ts2;x2=exp(-1000*abs(nts2));
dt=0.0002;t=-0.005:dt:0.005;
xa1=x1*(sin(fs1*(ones(length(nts1),1)*t-nts1'*ones(1,length(t))))/
    (fs1*(ones(length(nts1),1)*t-nts1'*ones(1,length(t)))));
subplot(2,1,1);plot(t*1000,x1);hold on;stem(nts1*1000,x1,'.');
xlabel('t in msec');ylabel('xa1'); dt1=0.001;t1=-0.005:dt1:0.005;
xa2=x2*sin(fs2*(ones(length(nts2),1)*t1-nts2'*ones(1,length(t1))))/
    (fs2*(ones(length(nts2),1)*t1-nts2'*ones(1,length(t1))));
subplot(2,1,2);plot(t1*1000,x2);hold on;stem(nts2*1000,x2,'.');
xlabel('t in msec');ylabel('xa2');
```

该程序的运行结果如图 2-16 所示。

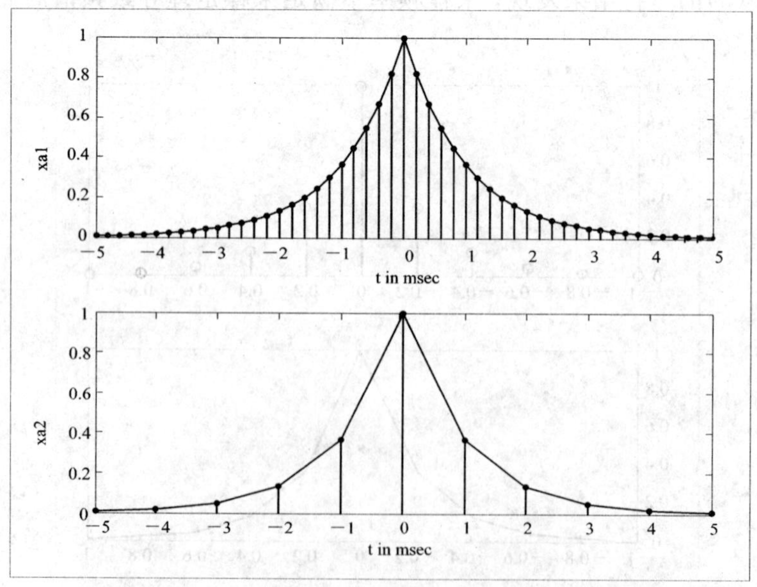

图 2-16　由采样信号重构原信号

习　题

2.1　一模拟信号 $x(t)=3\sin(100\pi t)$，设采样频率 $f_s=300$ 样值/s。

(1) 求信号 $x_a(t)$的周期；

(2) 计算采样信号 $\hat{x}_a(t)=x_a(nT_s)$一个周期内的样值。

2.2　若离散时间信号为 $2\cos(2\pi n/3)$，采样率为 3000 Hz，写出对应的模拟信号的表达式。

2.3　已知一理想采样系统，采样频率 $\Omega_s=6\pi$，采样信号经过理想低通滤波器 $H_a(j\Omega)$还原，其中

$$H_a(j\Omega)=\begin{cases}\dfrac{1}{2}, & |\Omega|<2\pi\\ 0, & |\Omega|\geqslant 2\pi\end{cases}$$

现有已知两个输入信号分别为 $x_{1a}(t)=\cos 2\pi t$ 和 $x_{2a}(t)=\cos 5\pi t$，那么采样信号经上述低通滤波器还原后产生的对应输出 $y_{1a}(t)$和 $y_{2a}(t)$有没有失真，为什么？

2.4　已知模拟信号为

$$x_a(t)=[1+\cos(300\pi t)]\cos(1400\pi t)$$

对其进行频谱分析，要求能分辨其所有频率，那么采样频率至少应为多少？

2.5　用不同的采样频率对 $x(t)=e^{-100|t|}$ 采样，比较所得采样信号的频谱。

(1) 采样频率 $f_s=500$ Hz；

(2) 采样频率 $f_s=100$ Hz。

2.6　在−4 V 和 4 V 之间变化的采样信号用 b 位二进制数进行量化编码，则 b 取何值时可以保证量化误差的均方根小于 3 mV？

2.7　有一调幅信号为

$$x(t)=[1+\cos(2\pi\times 100t)]\cos(2\pi\times 600t)$$

对其进行频谱分析，要求能分辨 $x(t)$的所有频率分量，问：

(1) 采样频率至少应取多少？

(2) 采样的时间间隔为多少秒？

(3) 采样的点数应为多少？

第 3 章　离散时间信号与系统

本章主要讲述时域离散信号的基本概念、典型信号和离散信号的基本运算方法。在此基础上，介绍线性时不变系统的分析描述方法和系统的性质，以及线性常系数差分方程的求解方法。最后介绍利用 MATLAB 表示信号、实现信号的基本运算以及线性时不变系统求解的方法。

3.1　时域离散信号

离散时间信号可由对模拟信号 $x(t)$的采样获得。对模拟信号 $x(t)$进行等间隔采样，若采样间隔为 T，就可以得到只在均匀间隔的离散时间 nT 点上取值的信号(n 为整数)，即

$$x(nT) = x(t)\big|_{t=nT}, \quad -\infty < n < +\infty \tag{3.1-1}$$

由于实际的信号处理通常是非实时的，按照时间顺序采集得到的数字序列先存放在存储器中，以供分析处理时随时取用，因此 $x(nT)$可以看做有序的一组数据，nT 仅是表示数据在序列中前后位置的顺序，可以直接用 $x(n)$表示第 n 个时间点的序列值。这样离散时间信号就可以用下式表示为

$$x = \{x(n)\}, \quad -\infty < n < +\infty \tag{3.1-2}$$

常常直接用 $x(n)$表示离散时间信号——序列。离散时间信号也可以用图形来描述，如图 3-1 所示。图中纵向线段的长短表示各序列值的大小，横轴代表离散时间点。注意，横轴虽然为连续直线，但 $x(n)$仅在 n 取整数的时间点上才有定义；而 n 取非整数时，$x(n)$没有定义。

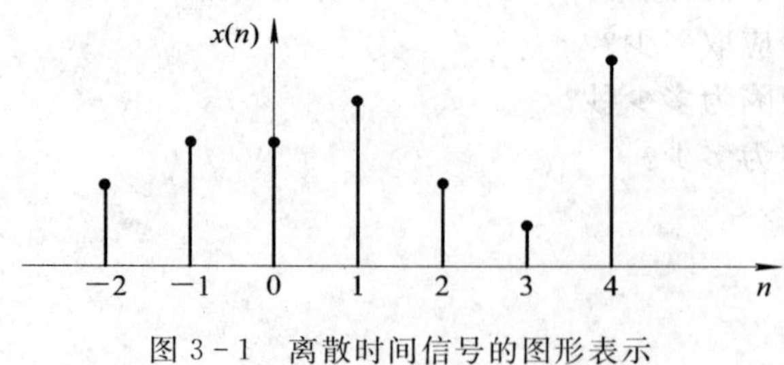

图 3-1　离散时间信号的图形表示

3.2　常用的典型序列

下面介绍一些在时域离散信号和系统的分析中常用的几种典型信号(序列)。

1. 单位采样序列 $\delta(n)$

单位采样序列定义为

$$\delta(n)=\begin{cases}1, & n=0\\ 0, & n\neq 0\end{cases} \tag{3.2-1}$$

单位采样序列如图 3-2 所示。

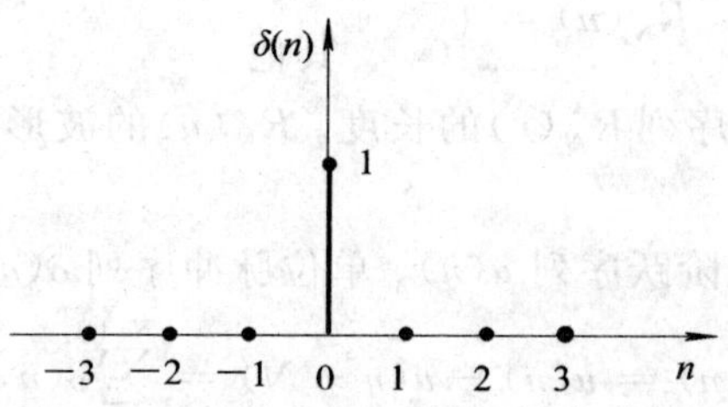

图 3-2　单位采样序列

单位采样序列也可以称为单位脉冲序列，其特点是仅在 $n=0$ 时取值为 1，其他时候均为零，既简单又易计算。$\delta(n)$在离散序列处理中的作用类似于模拟信号和系统中的单位冲激函数 $\delta(t)$。但是 $\delta(t)$是在 $t=0$ 时脉宽趋于 0，幅值趋于无穷大，对时间 t 的面积积分为 1 的信号，是极限概念的信号，是一个理想化的信号，并非现实的信号；而在 $t\neq 0$ 时 $\delta(t)$取值为零。

2. 单位阶跃序列 $u(n)$

单位阶跃序列定义为

$$u(n)=\begin{cases}1, & n\geqslant 0\\ 0, & n<0\end{cases} \tag{3.2-2}$$

单位阶跃序列如图 3-3 所示。

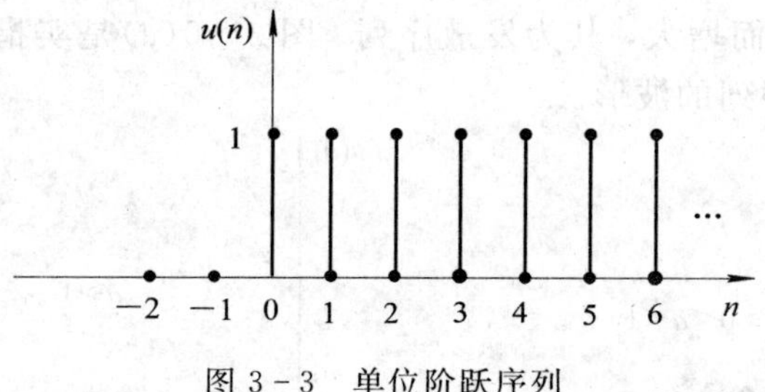

图 3-3　单位阶跃序列

单位阶跃序列类似于模拟信号中的单位阶跃函数 $u(t)$。但 $u(t)$在阶跃点 $t=0$ 时不给予定义；而单位阶跃序列 $u(n)$在 $n=0$ 时定义 $u(0)=1$，它的特点是只有当 $n\geqslant 0$ 时，它才取非零值 1，当 $n<0$ 时，均取零值。

$\delta(n)$与 $u(n)$之间有如下关系

$$\delta(n)=u(n)-u(n-1) \tag{3.2-3}$$

$$u(n)=\sum_{k=0}^{\infty}\delta(n-k)=\delta(n)+\delta(n-1)+\delta(n-2)+\cdots \tag{3.2-4}$$

令 $n-k=m$，代入式(3.2-4)可得到 $u(n)$的另一种表示形式

$$u(n)=\sum_{m=-\infty}^{n}\delta(m) \tag{3.2-5}$$

式(3.2-3)表明，单位脉冲序列是单位阶跃序列的一阶后向差分；式(3.2-5)表明，单位阶跃序列是对单位脉冲序列的累加。

3. 矩形序列 $R_N(n)$

矩形序列定义为

$$R_N(n)=\begin{cases}1, & 0\leqslant n\leqslant N-1\\0, & \text{其他}\end{cases} \tag{3.2-6}$$

式(3.2-6)中，N 称为矩形序列 $R_N(n)$ 的长度。$R_N(n)$ 的波形如图 3.4 所示，它与连续时间信号中的矩形脉冲类似。

矩形序列 $R_N(n)$ 与单位阶跃序列 $u(n)$、单位脉冲序列 $\delta(n)$ 的关系如下

$$R_N(n)=u(n)-u(n-N)=\sum_{k=0}^{N-1}\delta(n-k) \tag{3.2-7}$$

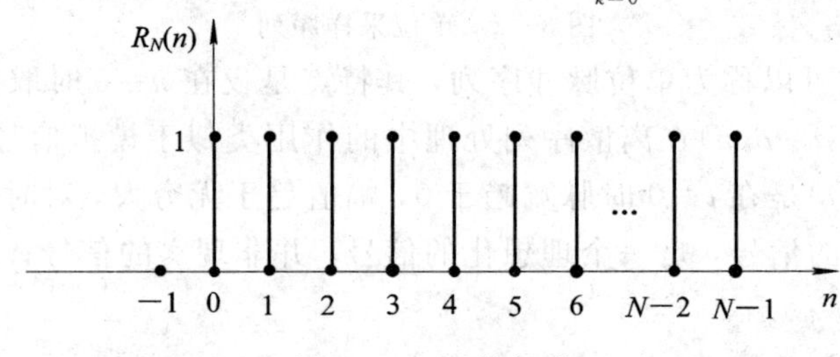

图 3-4 矩形序列

4. 实指数序列

实指数序列定义为

$$x(n)=a^n u(n) \tag{3.2-8}$$

式中，a 为实数。若 $|a|<1$，$x(n)$ 的幅度随 n 的增大而减小，其为收敛序列；若 $|a|>1$，$x(n)$ 的幅度随 n 的增大而增大，其为发散序列。图 3-5(a)是实指数收敛序列的波形，图 3-5(b)是实指数发散序列的波形。

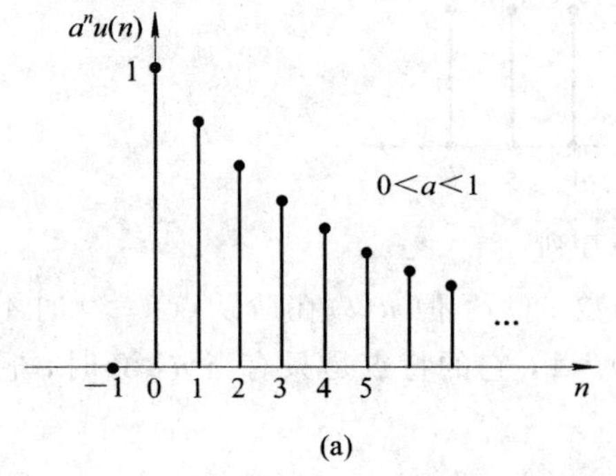

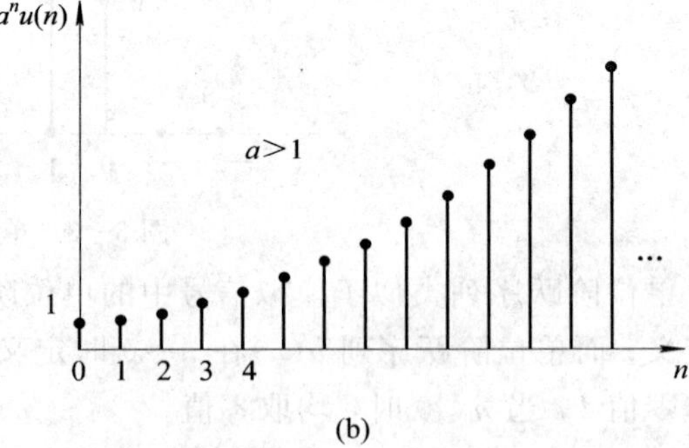

图 3-5 实指数序列

5. 正弦序列

正弦序列定义为

$$x(n)=A\sin(\omega n+\phi_0) \tag{3.2-9}$$

式中，A 为幅度，ω 为正弦序列的数字域角频率，ϕ_0 为起始相位。若 $A=1$，$\phi_0=0$，则正弦序列的波形表示实例如图 3-6 所示。

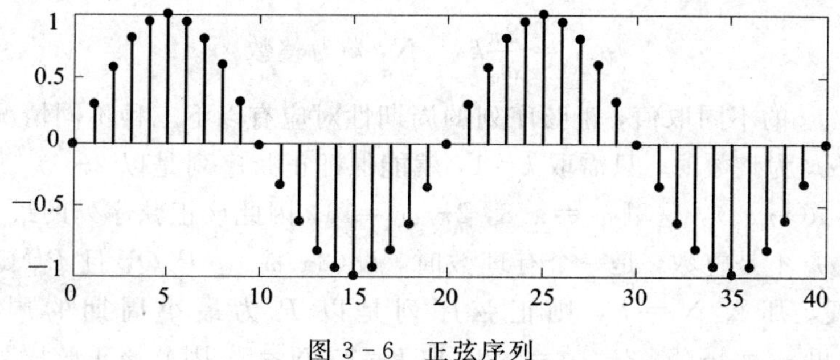

图3-6 正弦序列

6. 复指数序列

复指数序列定义为

$$x(n)=\mathrm{e}^{(\sigma+\mathrm{j}\omega_0)n} \tag{3.2-10}$$

式中，ω_0 为数字域角频率。$x(n)$可以用其实部和虚部表示为

$$x(n)=\mathrm{e}^{\sigma n}(\cos\omega_0 n+\mathrm{j}\sin\omega_0 n)=\mathrm{e}^{\sigma n}\cos\omega_0 n+\mathrm{j}\mathrm{e}^{\sigma n}\sin\omega_0 n \tag{3.2-11}$$

也可用极坐标表示为

$$x(n)=|x(n)|\,\mathrm{e}^{\mathrm{j}\arg[x(n)]}=\mathrm{e}^{\sigma n}\cdot\mathrm{e}^{\mathrm{j}\omega_0 n} \tag{3.2-12}$$

所以

$$|x(n)|=\mathrm{e}^{\sigma n},\quad \arg[x(n)]=\omega_0 n$$

设 $\sigma=0$，则式(3.2-10)可表示为

$$x(n)=\mathrm{e}^{\mathrm{j}\omega_0 n} \tag{3.2-13}$$

由于 n 只取整数，因此下面的等式成立

$$\mathrm{e}^{\mathrm{j}(\omega_0+2\pi M)n}=\mathrm{e}^{\mathrm{j}\omega_0 n},\quad M=0,\pm1,\pm2,\cdots$$

7. 周期序列

如果对所有 n 存在一个最小的正整数 N，使序列 $x(n)$满足等式

$$x(n)=x(n+N) \tag{3.2-14}$$

则称序列 $x(n)$为周期性序列，最小周期为 N。注意，N 要取整数。例如：

$$x(n)=\sin\left(\frac{\pi}{6}n\right)$$

其数字角频率是 $\pi/6$，由于 n 要取整数，因此上式可以写成下列形式

$$x(n)=\sin\left(\frac{\pi}{6}(n+12)\right)$$

可以看出，$x(n)$是最小周期为12的周期序列。

下面讨论一般正弦序列的周期性。设

$$x(n)=A\sin(\omega_0 n+\phi)$$

那么

$$x(n+N)=A\sin(\omega_0(n+N)+\phi)=A\sin(\omega_0 n+\omega_0 N+\phi)$$

如果

$$x(n)=x(n+N)$$

则要求 $N=(2\pi/\omega_0)k$，k 与 N 均取整数，且 k 的取值要保证 N 是最小的正整数。满足这些条件时正弦序列才是以 N 为周期的周期序列，其周期为

$$N=\frac{2\pi}{\omega_0}k,\quad N,k\text{ 为整数}$$

对于上式中 $2\pi/\omega_0$ 的不同取值，正弦序列的周期性对应有以下三种不同情况：

(1) 当 $2\pi/\omega_0$ 为整数时，只需取 $k=1$，就能保证正弦序列是以 $2\pi/\omega_0$ 为最小周期的周期序列。例如 $\sin(n\pi/8)$，这里 $\omega_0=\pi/8$，$2\pi/\omega_0=16$，因此该正弦序列的最小周期为16。

(2) 当 $2\pi/\omega_0$ 不是整数，是一个有理数时，设 $(2\pi/\omega_0)=P/Q$，且 P、Q 是互为素数的整数，取 $k=Q$，那么 $N=P$，则正弦序列是以 P 为最小周期的周期序列。例如 $\sin(4n\pi/5)$，这里 $\omega_0=4\pi/5$，$2\pi/\omega_0=5/2$，取 $k=2$，$N=5$，因此该正弦序列是以5为最小周期的周期序列。

(3) 当 $2\pi/\omega_0$ 是无理数时，任何整数 k 都不能使 N 为正整数，因此，此时的正弦序列不是周期序列。例如，$\omega_0=1/4$，则 $\sin(\omega_0 n)$ 不是周期序列。

对于复指数序列 $x(n)=e^{j\omega_0 n}$ 的周期性也有同样的分析结果。

如果一个正弦序列是由一个连续正弦函数抽样得到的样本序列，那么当抽样间隔 T 和连续正弦信号的周期 T_0 之间存在什么样的关系时，才能保证连续正弦信号被采样后得到的序列是周期序列呢？

设连续正弦信号为

$$x(t)=A\sin(\Omega_0 t+\phi)$$

上式中，$\Omega_0=2\pi f_0$，这里 f_0 是信号的频率。信号的周期为 $T_0=1/f_0=2\pi/\Omega_0$。如果对 $x(t)$ 进行采样后得到信号 $x(n)$，则有

$$x(n)=x(t)\big|_{t=nT}=A\sin(\Omega_0 Tn+\phi)$$

如果令 ω_0 为数字频率，则有

$$\omega_0=\Omega_0 T=\frac{\Omega_0}{f_s}=\frac{2\pi f_0}{f_s}$$

所以

$$x(n)=A\sin(\omega_0 n+\phi)$$

T、T_0 和 $2\pi/\omega_0$ 之间的关系为

$$\frac{2\pi}{\omega_0}=\frac{2\pi}{\Omega_0 T}=\frac{2\pi}{2\pi f_0 T}=\frac{1}{f_0 T}=\frac{T_0}{T}$$

这就说明，如果要 $x(n)$ 仍为周期序列，则 $2\pi/\omega_0$ 必须为有理数。如果 $2\pi/\omega_0$ 为整数，则正弦信号的周期为采样间隔的整数倍；如果 $2\pi/\omega_0$ 为有理数，则正弦信号的周期和采样间隔互为互素的整数。例如 $x(n)=\sin(3n/14)$，它的波形如图3-7所示，图中 $\omega_0=2\pi\cdot 3/14$，$\phi=0$。

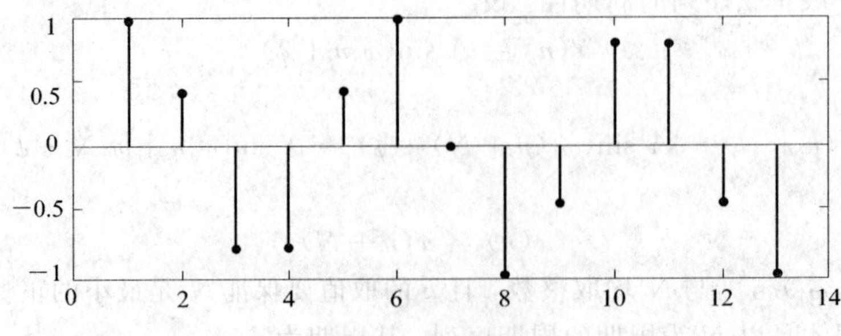

图3-7 正弦序列

由于 $2\pi/\omega_0 = T_0/T = 14/3 \Rightarrow 3T_0 = 14T$，因而从图 3-7 也容易看出 14 个采样间隔相当于 3 个连续正弦信号的周期。

以上介绍了几种常用的典型序列，这些序列是今后学习数字信号处理的基础。对于任意序列，常用单位采样序列的移位加权和表示，即

$$x(n) = \sum_{m=-\infty}^{\infty} x(m)\delta(n-m) \tag{3.2-15}$$

这种任意序列的表示方法，在信号分析中是很有用的。例如，如图 3-8 所示序列 $x(n)$ 的波形，利用式(3.2-15)可以表示成

$$\begin{aligned} x(n) =& 2\delta(n+2) + 0.5\delta(n+1) + 2\delta(n) + \delta(n-1) \\ &+ 1.5\delta(n-2) - \delta(n-4) + 2\delta(n-5) + \delta(n-6) \end{aligned}$$

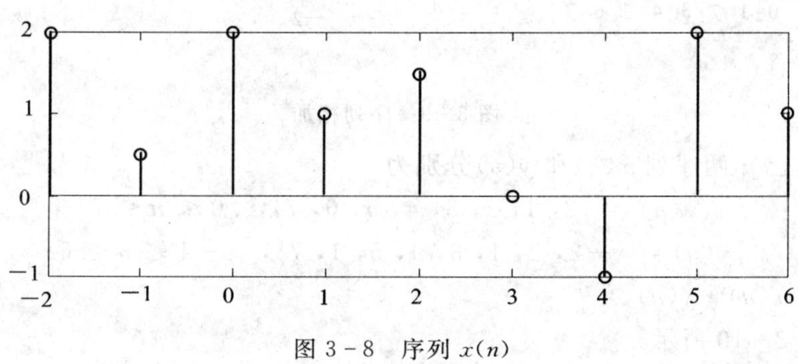

图 3-8　序列 $x(n)$

3.3　序列的基本运算

在数字信号处理中，将会涉及各种信号序列的运算。其运算关系通常是各种典型序列变换的组合。序列的基本运算包括加法、乘法、移位、翻折、尺度变换和卷积。下面简要分析典型序列的运算。

1. 序列加法

两序列 $x(n)$ 和 $y(n)$ 之间的加法，是把两序列同序号的序列值逐项对应相加而得到的一个新序列 $z(n)$，表示为 $z(n)=x(n)+y(n)$。

例 3-1　已知两序列 $x(n)$ 和 $y(n)$ 分别为

$$x(n) = \{2, 1, 2, 3, 4, 5, 6, 7\}, \quad 0 \leqslant n \leqslant 7$$
$$y(n) = \{-2, 2, 1, 3, 4, 5, 1, 7\}, \quad -1 \leqslant n \leqslant 6$$

求 $z(n)=x(n)+y(n)$。

解　$z(n)=x(n)+y(n)=\{-2, 4, 2, 5, 7, 9, 6, 13, 7\}$，$-1 \leqslant n \leqslant 7$。

$x(n)$、$y(n)$ 和 $z(n)$ 三者的波形如图 3-9 所示。

2. 序列乘法

两序列 $x(n)$ 和 $y(n)$ 之间的乘法，是指两个序列 $x(n)$ 和 $y(n)$ 同序号的序列值逐项对应相乘而得到的一个新序列 $z(n)$，表示为 $z(n)=x(n)\cdot y(n)$。

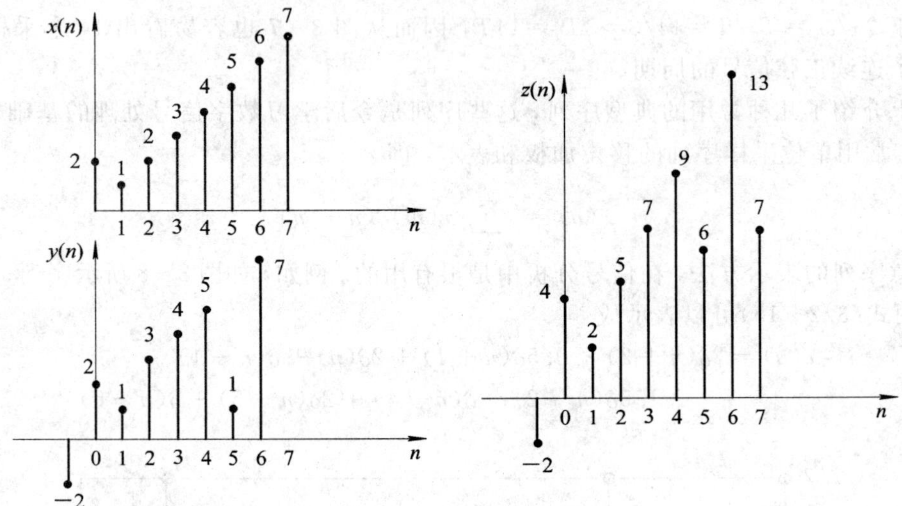

图 3-9　序列相加

例 3-2　已知两序列 $x(n)$和 $y(n)$分别为

$$x(n)=\{2,1,2,3,4,5,6,7\},\quad 0\leqslant n\leqslant 7$$

$$y(n)=\{-2,2,1,3,4,5,1,7\},\quad -1\leqslant n\leqslant 6$$

求序列 $z(n)=x(n)\cdot y(n)$。

$z(n)$如图 3-10 所示。

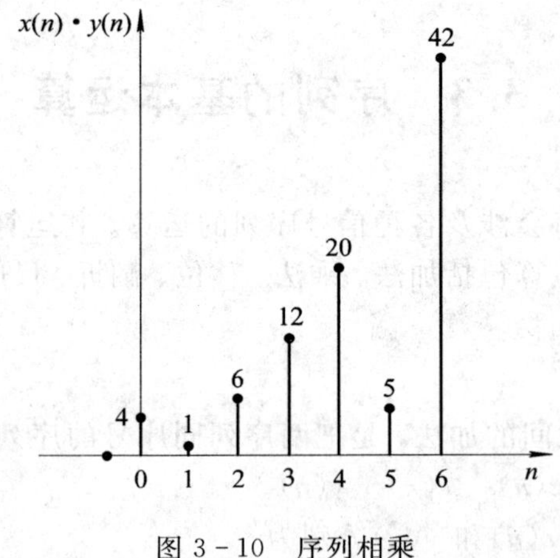

图 3-10　序列相乘

3. 序列移位

设某一序列为 $x(n)$，当 m 为正时，$x(n-m)$是指将序列 $x(n)$逐项依次延时(右移)m 位而得到的一个新序列，而 $x(n+m)$是指将序列 $x(n)$逐项依次向前(左移)m 位而得到的一个新序列。当 m 为负时，情况恰好相反。图 3-11(a)和(b)分别给出了序列 $x(n)$和移位序列 $x(n+1)$的波形。

4. 序列翻折

如果原序列为 $x(n)$，则 $x(-n)$就是 $x(n)$以 $n=0$ 为对称轴的翻折序列。序列的翻折又称为转置或反折。图 3-12(a)和(b)给出了原序列 $x(n)$和翻折序列 $x(-n)$的波形。

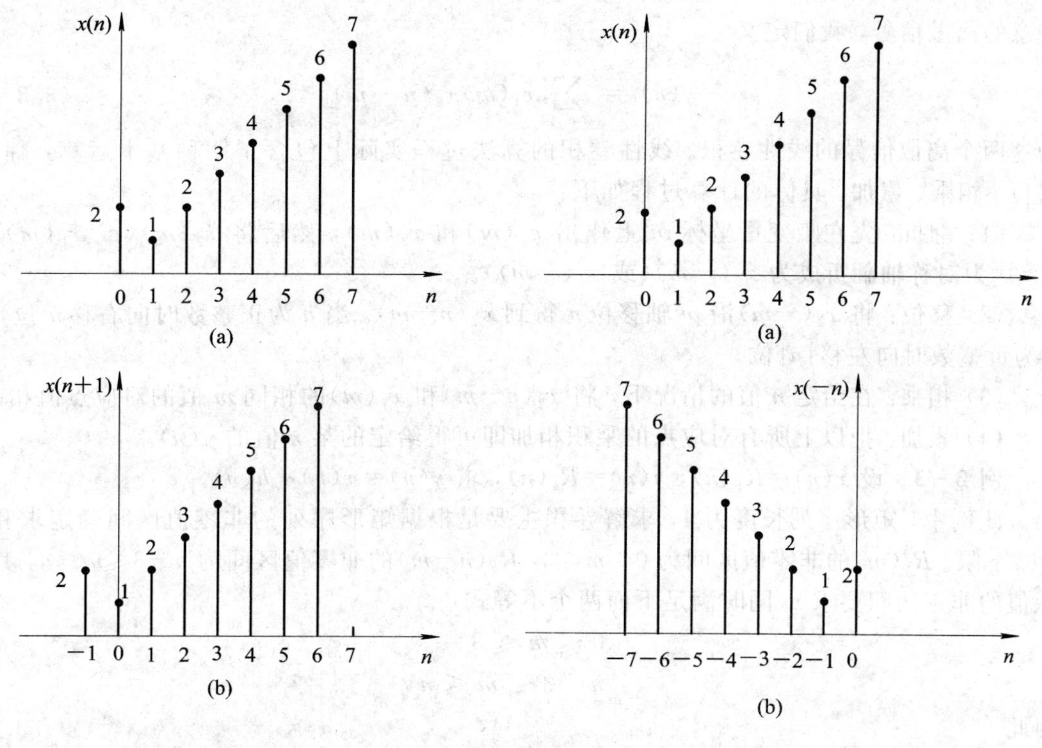

图 3-11　序列移位　　　　图 3-12　序列翻折

5. 序列尺度变换

对于序列 $x(n)$，其时间尺度变换序列定义为 $x(mn)$ 或 $x\left(\frac{n}{m}\right)$，其中 m 为正整数。

以 $x(2n)$ 为例，$x(2n)$ 是以 1/2 的频率从 $x(n)$ 中每隔一个值抽取一个值而得到的序列，它不是 $x(n)$ 序列简单地在时间轴上按比例增加到两倍，而是相当于把时间轴 n 压缩为原来的 1/2。图 3-13(a)和(b)分别给出了原序列 $x(n)$ 和序列 $x(2n)$ 的波形。

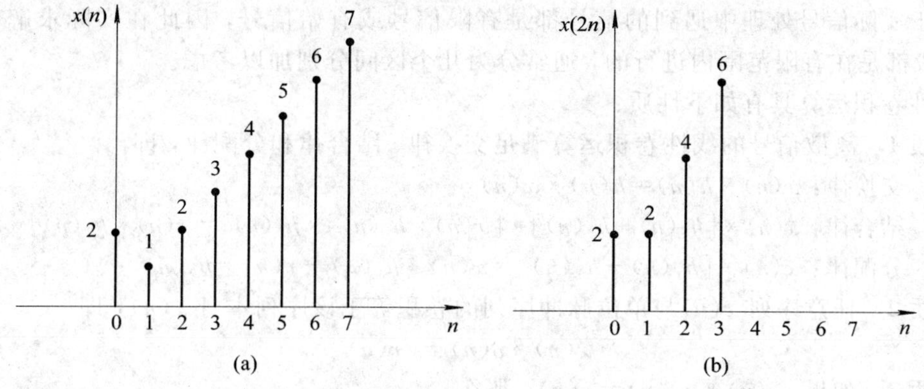

图 3-13　尺度变换

6. 卷积

卷积积分是求连续线性时不变系统输出响应的主要方法。同样地，对离散系统，卷积和也是求解离散线性移不变系统的输出响应的主要方法。设两序列 $x_1(n)$ 和 $x_2(n)$ 是两个

任意的离散信号，我们定义

$$y(n) = \sum_{m=-\infty}^{\infty} x_1(m)x_2(n-m) \tag{3.3-1}$$

为这两个离散信号的线性卷积。线性卷积的算法过程实际上包含了四种基本运算：翻折、移位、相乘、累加。具体的计算过程如下：

(1) 翻折：先在哑变量坐标 m 上作出 $x_1(m)$ 和 $x_2(m)$，然后将 $x_2(m)$(或 $x_1(m)$)以 $m=0$ 为对称轴翻折成为 $x_2(-m)$(或 $x_1(-m)$)。

(2) 移位：将 $x_2(-m)$沿 m 轴移位 n 得到 $x_2(n-m)$。当 n 为正整数时向右移 n 位，当 n 为负整数时向左移$|n|$位。

(3) 相乘：在给定 n 值的情况下，将 $x_2(n-m)$和 $x_1(m)$的相同 m 值的对应点值相乘。

(4) 累加：把以上所有对应点的乘积相加即可得给定的某 n 值的 $y(n)$。

例 3-3 设 $x(n)=R_4(n)$，$h(n)=R_4(n)$，求 $y(n)=x(n)*h(n)$。

此例中，矩形序列长度为 4，求解卷积主要是根据矩形序列的非零值区间确定求和的上、下限。$R_4(m)$的非零值区间为 $0\leqslant m\leqslant 3$，$R_4(n-m)$的非零值区间为 $n-3\leqslant m\leqslant n$，其乘积值的非零区间要求 m 同时满足下面两个不等式

$$0 \leqslant m \leqslant 3$$

$$n-3 \leqslant m \leqslant n$$

因此

$$y(n) = \sum_{m=0}^{n} 1 = n+1, \qquad 0 \leqslant n \leqslant 3$$

$$y(n) = \sum_{m=n-3}^{3} 1 = 7-n, \qquad 4 \leqslant n \leqslant 6$$

卷积过程以及 $y(n)$波形如图 3-14 所示，$y(n)$用公式表示为

$$y(n) = \begin{cases} n+1, & 0 \leqslant n \leqslant 3 \\ 7-n, & 4 \leqslant n \leqslant 6 \\ 0, & n = \text{其他} \end{cases}$$

由于实际信号处理中遇到的信号都是有限信号或有始信号，因此在实际求解卷积和时，一般都是在有限范围内进行的，通常分为几个区间分别加以考虑。

线性卷积运算具有如下性质：

性质 1 离散信号的线性卷积运算满足交换律、结合律和分配律，即

交换律：$x(n)*h(n)=h(n)*x(n)$

结合律：$x(n)*[h_1(n)*h_2(n)]=[x(n)*h_1(n)]*h_2(n)=[x(n)*h_2(n)]*h_1(n)$

分配律：$x(n)*[h_1(n)+h_2(n)]=x(n)*h_1(n)+x(n)*h_2(n)$

性质 2 任意序列 $x(n)$与单位脉冲序列的卷积等于该序列本身 $x(n)$，即

$$x(n)*\delta(n) = x(n)$$

性质 3 如果 $x_1(n)*x_2(n)=x(n)$，那么

$$x_1(n)*x_2(n-n_1) = x_1(n-n_1)*x_2(n) = x(n-n_1)$$

$$x_1(n-n_1)*x_2(n-n_2) = x_1(n-n_2)*x_2(n-n_1) = x(n-n_1-n_2)$$

式中的 n_1、n_2 均为整数。

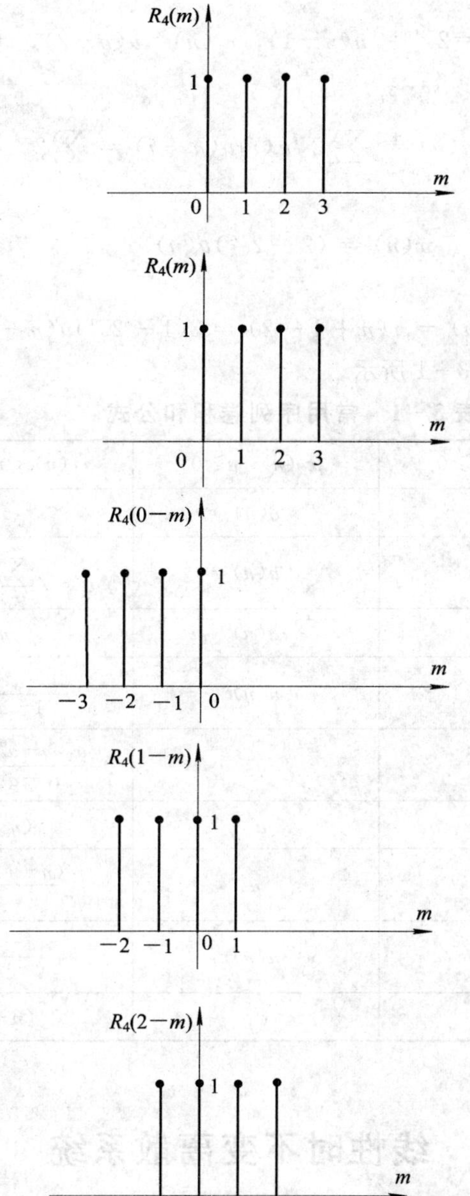

$R_4(m)$
1
0 1 2 3 m
$R_4(m)$
1
0 1 2 3 m
$R_4(0-m)$
1
−3 −2 −1 0 m
$R_4(1-m)$
1
−2 −1 0 1 m
$R_4(2-m)$
1
−1 0 1 2 m
$y(n)$
1 2 3 4
0 1 2 3 4 5 6 n

图 3 - 14　卷积过程

以上性质的证明留给读者。

例 3-4 已知序列 $x_1(n)=2^{-(n+1)}u(n+1)$，$x_2(n)=u(n-2)$，计算 $x_1(n)*x_2(n)$。

解 先计算

$$x(n)=2^{-n}u(n)*u(n)=\sum_{i=-\infty}^{\infty}2^{-i}u(i)u(n-i)=\sum_{i=0}^{\infty}2^{-i}=2-2^{-n}$$

上式中 $n\geqslant 0$，故有

$$x(n)=(2-2^{-n})u(n)$$

应用性质 3 得到

$$x_1(n)*x_2(n)=x(n+1-2)=2(1-2^{-n})u(n-1)$$

常用序列卷积和公式如表 3-1 所示。

表 3-1 常用序列卷积和公式

序号	$x_1(n)$，$n\geqslant 0$	$x_2(n)$，$n\geqslant 0$	$x_1(n)*x_2(n)$，$n\geqslant 0$
1	$x(n)$	$\delta(n)$	$x(n)$
2	$x(n)$	$u(n)$	$\sum_{i=0}^{n}x(i)$
3	$u(n)$	$u(n)$	$n+1$
4	a^n	$u(n)$	$\frac{1-a^{n+1}}{1-a}$，$a\neq 1$
5	a_1^n	a_2^n	$\frac{a_1^{n+1}-a_2^{n+1}}{a_1-a_2}$，$a_1\neq a_2$
6	a^n	a^n	$(n+1)a^n$
7	n	n	$\frac{(n-1)n(n+1)}{6}$
8	$e^{\lambda n}$	$u(n)$	$\frac{1-e^{\lambda(n+1)}}{1-e^{\lambda}}$
9	$e^{\lambda n}$	$e^{\lambda n}$	$(n+1)e^{\lambda n}$

3.4 线性时不变离散系统

设系统输入序列为 $x(n)$，经过规定的运算或变换，系统产生输出序列 $y(n)$。把这种将输入序列 $x(n)$ 映射成输出序列 $y(n)$ 的运算定义或唯一性变换称为时域离散系统。若用 $T[\ ]$ 来表示这种变换关系，则输出与输入之间的关系可用下式表示

$$y(n)=T[x(n)] \tag{3.4-1}$$

如图 3-15 所示是时域离散系统模型框图。对变换关系 $T[\ ]$ 加上各种约束条件就定义了各类时域离散系统。实际中常用的时域离散系统是线性时不变系统，许多物理过程都可用它进行表征，而且分析方便。下面讨论线性时不变的时域离散系统。

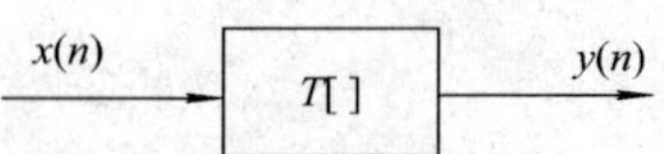

图 3-15 时域离散系统模型框图

3.4.1　线性系统

满足叠加原理的系统称为线性系统。假设 $x_1(n)$和 $x_2(n)$分别为系统的输入序列，系统输出分别为 $y_1(n)$和 $y_2(n)$，即

$$y_1(n) = T[x_1(n)], \quad y_2(n) = T[x_2(n)]$$

如果系统的输入 $x(n)$为 $x_1(n)$和 $x_2(n)$的线性之和，则对应系统输出 $y(n)$也为 $y_1(n)$和 $y_2(n)$的线性之和，即若 $x(n)=ax_1(n)+bx_2(n)$，则有

$$y(n) = T[ax_1(n) + bx_2(n)] = ay_1(n) + by_2(n) \tag{3.4-2}$$

满足式(3.4-2)的系统称为线性系统，其中 a、b 为任意常数。

线性系统必须同时满足两个性质：可加性和齐次性。

所谓可加性，就是指如果系统的输入 $x(n)$为 $x_1(n)$和 $x_2(n)$之和，则其输出 $y(n)$为 $y_1(n)$和 $y_2(n)$之和，即

$$y(n) = T[x_1(n) + x_2(n)] = y_1(n) + y_2(n) \tag{3.4-3}$$

所谓齐次性，就是指如果把系统的输入 $x(n)$按比例增大为原输入 $x(n)$的 a 倍，则其输出也增大为原输出 $y(n)$的 a 倍，即

$$T[ax(n)] = ay(n) \tag{3.4-4}$$

这里，a 为不等于 0 的常数。根据式(3.4-4)，齐次性也可称做比例性。

实际中常常利用可加性和齐次性判断系统的线性性质，只有同时满足可加性和齐次性的系统才是线性系统，否则称为非线性系统。

例 3-5　证明 $y(n)=ax(n)+b$(a 和 b 是常数)所代表的系统是非线性系统。

证明　因

$$y_1(n)=T[x_1(n)]=ax_1(n)+b$$
$$y_2(n)=T[x_2(n)]=ax_2(n)+b$$

所以　$y(n)=T[x_1(n)+x_2(n)]=ax_1(n)+ax_2(n)+b$

因此　$y(n)\neq y_1(n)+y_2(n)$

结果：该系统不满足可加性，是非线性系统。如果 $b=0$，该系统就是线性系统。

3.4.2　时不变系统

如果系统对输入信号的运算关系 $T[\,]$在整个运算过程中不随时间变化，或者说系统对于输入信号的响应与信号加于系统的时间无关，则这种系统就称为时不变系统，用公式表示，即若

$$y(n) = T[x(n)]$$

则输入 $x(n-n_0)$时，有

$$y(n-n_0) = T[x(n-n_0)] \tag{3.4-5}$$

式(3.4-5)表示序列 $x(n)$先移位变为 $x(n-n_0)$，后再进行变换 $T[x(n-n_0)]$，与它先执行 $T[x(n)]$变换，再进行移位 $y(n-n_0)$，两种情况的结果是相同的。因此判断一个系统是否是时不变系统，就要检验该系统对任意输入序列先移位再变换与先变换再移位的输出结果信号是否相同。时不变系统也称为移不变系统。

例 3-6 判断 $y(n)=ax(n)+b$ 代表的系统是否是时不变系统，式中 a 和 b 是常数。

解 因为
$$y(n)=ax(n)+b$$
根据时不变的定义，有
$$T[x(n-n_0)]=ax(n-n_0)+b$$
$$y(n-n_0)=ax(n-n_0)+b$$
二者相等，因此该系统是时不变系统。

例 3-7 判断 $y(n)=nx(n)$所代表的系统是否是时不变系统。

解 因为
$$y(n)=nx(n)$$
根据时不变的定义，有
$$T[x(n-n_0)]=nx(n-n_0)$$
$$y(n-n_0)=(n-n_0)x(n-n_0)$$
二者不相等，因此该系统是时变系统。

3.4.3 单位抽样响应与卷积和

设线性时不变系统的输入 $x(n)=\delta(n)$，其系统输出 $y(n)$的初始状态为零，定义这种条件下系统输出 $y(n)$为系统的单位抽样响应，用 $h(n)$表示。换句话说，单位抽样响应即是系统对于输入 $\delta(n)$的零状态响应，用公式表示为
$$h(n)=T[\delta(n)] \tag{3.4-6}$$
$h(n)$和模拟系统中的单位冲激响应 $h(t)$相类似，都代表系统的时域特征。

设线性时不变系统的输入序列为 $x(n)$，任意序列都可以表示成 $\delta(n)$的移位加权和，即
$$x(n)=\sum_{m=-\infty}^{+\infty}x(m)\delta(n-m)$$
系统输出为
$$y(n)=T[x(n)]=T\left[\sum_{m=-\infty}^{+\infty}x(m)\delta(n-m)\right]$$
根据线性系统的叠加性质，有
$$y(n)=\sum_{m=-\infty}^{+\infty}x(m)T[\delta(n-m)] \tag{3.4-7}$$
根据系统的时不变性质，有
$$y(n)=\sum_{m=-\infty}^{+\infty}x(m)h(n-m)=x(n)*h(n) \tag{3.4-8}$$
式中，符号“ * ”代表卷积运算，该式表明线性时不变系统的输出等于输入序列和该系统的单位抽样响应的卷积。只要知道系统的单位抽样响应，按照式(3.4-8)，对于任意输入 $x(n)$都可以求出系统的输出。既然线性时不变系统的输入和输出之间是卷积运算的关系，那么线性时不变系统的输入和输出也满足卷积性质中的交换律、结合律和分配律。

3.4.4 系统的因果性和稳定性

1. 因果性

如果系统在 n 时刻的输出只取决于 n 时刻以及 n 时刻以前的输入序列，而和 n 时刻以

后的输入序列无关，则称该系统具有因果性质，或称该系统为因果系统。如果 n 时刻的输出还取决于 n 时刻以后的输入序列，在时间上违背了因果性，系统无法实现，则系统被称为非因果系统。因此系统的因果性是指系统的物理可实现性。

线性时不变系统具有因果性的充分必要条件是系统的单位抽样响应满足下式

$$h(n) = 0, \quad n < 0 \tag{3.4-9}$$

满足上式的序列称为因果序列，因此因果系统的单位抽样响应必然是因果序列。因果系统满足的条件式(3.4-9)从概念上也容易理解，因为单位抽样响应是输入为 $\delta(n)$ 的零状态响应，在 $n=0$ 时刻以前即 $n<0$ 时，没有加入信号，输出只能等于零，因此得到因果系统应该满足的条件。

2. 稳定性

稳定性是系统正常工作的先决条件。所谓稳定性，是指对系统的任意有界输入，产生的系统输出也是有界的。这样的系统称为稳定系统。一个线性时不变系统稳定的充分必要条件是该系统的单位抽样响应绝对可和，即

$$\sum_{n=-\infty}^{\infty} |h(n)| < \infty \tag{3.4-10}$$

证明

(1) 充分性。设一个线性时不变系统满足 $\sum\limits_{n=-\infty}^{\infty} |h(n)| < \infty$，且输入 $|x(n)|<\infty$，则其输出序列为

$$y(n) = h(n) * x(n) = \sum_{k=-\infty}^{\infty} h(k)x(n-k) \tag{3.4-11}$$

两边取绝对值，有

$$\begin{aligned} |y(n)| &= \left|\sum_{k=-\infty}^{\infty} h(k)x(n-k)\right| \leqslant \sum_{k=-\infty}^{\infty} |h(k)| |x(n-k)| \\ &\leqslant \sum_{k=-\infty}^{\infty} |h(k)| \cdot \sum_{k=-\infty}^{\infty} |x(n-k)| \\ &< \infty \end{aligned}$$

即输出 $y(n)$ 有界，因此系统是稳定的。

(2) 必要性。用反证法，假设系统是稳定的，但 $\sum\limits_{n=-\infty}^{\infty} |h(n)| = \infty$，可以找到一个有界的输入

$$x(n) = \begin{cases} 1, & h(n) \geqslant 0 \\ -1, & h(n) < 0 \end{cases}$$

则输出

$$y(0) = \sum_{k=-\infty}^{\infty} x(k)h(0-k) = \sum_{k=-\infty}^{\infty} |h(k)| = \infty$$

即输出 $y(0)$ 无界，系统不稳定，假设不成立，所以 $\sum\limits_{n=-\infty}^{\infty} |h(n)| < \infty$ 是系统稳定的必要条件。

3.5 线性常系数差分方程

描述一个系统，可以不管系统内部的结构如何，将系统看成一个黑盒子，只描述或者研究系统输出和输入之间的关系，这种方法称为输入输出描述法。对于模拟系统，我们知道由微分方程描述系统输入输出之间的关系；对于时域离散系统，则用差分方程描述或研究输入输出序列之间的关系。对于离散时间线性时不变系统，常用线性常系数差分方程描述系统的输入输出关系。本节主要介绍这类差分方程及其解法。

3.5.1 离散时间系统的差分方程

差分方程均指线性常系数差分方程，本书中不另说明。一个 N 阶线性常系数差分方程用下式表示

$$y(n)=\sum_{j=0}^{M}b_j x(n-j)+\sum_{i=1}^{N}a_i y(n-i) \tag{3.5-1}$$

式中，$x(n)$和 $y(n)$分别是系统的输入序列和输出序列，a_i 和 b_j 均为常数，各 $x(n-j)$、$y(n-i)$项都只有一次幂，也没有相互交叉项，故把式(3.5-1)称为线性常系数差分方程。差分方程的阶数是由方程的 $y(n-i)$项中 i 的最大与最小取值之差确定的。在式(3.5-1)中，$y(n-i)$项中 i 的最大取值为 N，i 的最小取值为零，因此称其为 N 阶的差分方程。

3.5.2 线性常系数差分方程的迭代法求解

求解差分方程有迭代法、时域经典法、卷积法、变换域法等多种方法，实际使用中根据需要进行选择。这里只简单介绍线性常系数差分方程的迭代求解。迭代算法比较简单，但只能得到数值解，不易直接得到公式描述。

根据系统的输入序列和差分方程可以求出系统的输出序列。若已知输入序列和 N 个初始条件，就可以求出 n 时刻的输出；如果将式(3.5-1)中的 n 用 $n+1$ 代替，可以求出 $n+1$ 时刻的输出。因此式(3.5-1)表示的差分方程本身就是一个适合迭代法求解的方程。下面通过例子来分析迭代法求解的过程。

例 3-8 设系统用差分方程 $y(n)=ay(n-1)+x(n)$描述，输入序列 $x(n)=\delta(n)$，求输出序列 $y(n)$。

分析： 该系统的差分方程是一阶差分方程，需要一个初始条件。下面分析在两种不同初始条件下系统的输出。

(1) 设初始条件 $y(-1)=0$。

利用 $y(n)=ay(n-1)+x(n)$，依次迭代如下：

$n=0$ 时，$y(0)=ay(-1)+\delta(0)=1$；

$n=1$ 时，$y(1)=ay(0)+\delta(1)=a$；

$n=2$ 时，$y(2)=ay(1)+\delta(2)=a^2$；

⋮

$n=n$ 时，$y(n)=a^n$。

归纳得

$$y(n)=a^n u(n)$$

(2) 设初始条件 $y(-1)=1$。

利用 $y(n)=ay(n-1)+x(n)$，依次迭代如下：

$n=0$ 时，$y(0)=ay(-1)+\delta(0)=1+a$；

$n=1$ 时，$y(1)=ay(0)+\delta(1)=a(1+a)$；

$n=2$ 时，$y(2)=ay(1)+\delta(2)=a^2(1+a)$；

$$\vdots$$

$n=n$ 时，$y(n)=a^n(1+a)$。

归纳得

$$y(n)=(1+a)a^n u(n)$$

该例表明，对于同一个差分方程和同一个输入信号，因为初始条件不同，得到的输出序列信号也是不同的。上述迭代法求解过程也称为递推求解。对于实际系统，用迭代法求解，总是要由初始条件向 $n>0$ 的方向递推，是一个因果解。但对于差分方程，其本身也可以向 $n<0$ 的方向递推，这时得到的是非因果解。因此差分方程本身并不能确定该系统是因果还是非因果系统，还需要用初始条件进行限制。下面就是向 $n<0$ 方向递推的例题分析。

例 3-9　设差分方程为 $y(n)=ay(n-1)+x(n)$，式中 $x(n)=\delta(n)$，$y(n)=0$，$n>0$，求输出序列 $y(n)$。

解

$$y(n-1)=a^{-1}(y(n)-\delta(n))$$
$$y(0)=a^{-1}(y(1)-\delta(1))=0$$
$$y(-1)=a^{-1}(y(0)-\delta(0))=-a^{-1}$$
$$y(-2)=a^{-1}(y(-1)-\delta(-1))=-a^{-2}$$
$$\vdots$$
$$y(n-1)=-a^{n-1}$$

用 n 代替 $n-1$，得到

$$y(n)=-a^n u(-n-1)$$

例 3-10　设系统用一阶差分方程 $y(n)=ay(n-1)+x(n)$ 描述，初始条件 $y(-1)=1$，试分析该系统是否是线性时不变系统。

解　如果系统具有线性时不变性质，必须满足式(3.4-2)、式(3.4-3)和式(3.4-4)。设输入信号分别为 $x_1(n)=\delta(n)$，$x_2(n)=\delta(n-1)$，$x_3(n)=\delta(n)+\delta(n-1)$，下面检验系统是否是线性时不变系统。

(1)

$$x_1(n)=\delta(n),\ y_1(-1)=1$$
$$y_1(n)=ay_1(n-1)+\delta(n)$$

这种情况和前面的分析举例相同，因此输出如下式

$$y_1(n)=(1+a)a^n u(n)$$

(2)

$$x_2(n)=\delta(n-1),\ y_2(-1)=1$$
$$y_2(n)=ay_2(n-1)+\delta(n-1)$$

所以

$$y_2(0)=ay_2(-1)+\delta(-1)=a$$
$$y_2(1)=ay_2(0)+\delta(0)=1+a^2$$
$$\vdots$$
$$y_2(n)=(1+a^2)a^{n-1}$$

归纳得

$$y_2(n)=(1+a^2)a^{n-1}u(n-1)+a\delta(n)$$

(3)

$$x_3(n)=\delta(n)+\delta(n-1),\ y_3(-1)=1$$
$$y_3(n)=ay_3(n-1)+\delta(n)+\delta(n-1)$$

利用迭代法，有

$$y_3(0)=ay_3(-1)+\delta(0)+\delta(-1)=1+a$$
$$y_3(1)=ay_3(0)+\delta(1)+\delta(0)=1+a+a^2$$
$$y_3(2)=ay_3(1)+\delta(2)+\delta(1)=(1+a+a^2)a$$
$$\vdots$$
$$y_3(n)=(1+a+a^2)a^{n-1}$$

归纳得

$$y_3(n)=(1+a+a^2)a^{n-1}u(n-1)+(1+a)\delta(n)$$

由(1)和(2)得到

$$y_1(n)=T[\delta(n)]$$
$$y_2(n)=T[\delta(n-1)]$$
$$y_2(n)\neq y_1(n-1)$$

因此该系统是时变系统。

由(3)得到

$$y_3(n)=T[\delta(n)+\delta(n-1)]\neq T[\delta(n)]+T[\delta(n-1)]$$
$$y_3(n)\neq y_1(n)+y_2(n)$$

因此该系统不是线性系统。

3.6 序列的傅里叶变换

我们知道信号和系统的分析方法有两种，即时域分析方法和频域分析方法。在模拟领域中，信号一般用连续变量时间 t 的函数表示，系统则用微分方程描述。为了在频率域进行分析，需要用拉普拉斯变换和傅里叶变换将时间域函数转换到频率域。而在时域离散信号和系统中，信号用序列表示，其自变量仅取整数，非整数时无定义，而系统则用差分方程描述。因此，为了对用序列表示的离散时间信号以及差分方程进行频域分析，本节研究离散时间信号的序列傅里叶变换，它和模拟域中的傅里叶变换是不一样的，但都是线性变换，很多性质是类似的。

3.6.1 序列傅里叶变换的定义

序列 $x(n)$的傅里叶变换定义为

$$X(e^{j\omega})=\text{DTFT}[x(n)]=\sum_{n=-\infty}^{\infty}x(n)e^{-j\omega n} \tag{3.6-1}$$

其中，DTFT 表示离散时间序列的傅里叶变换。

序列 $x(n)$的 DTFT 存在的充分条件是序列 $x(n)$满足绝对可和，即满足

$$\sum_{n=-\infty}^{\infty} |x(n)| < \infty \tag{3.6-2}$$

为求 DTFT 的反变换，用 $e^{j\omega m}$ 乘式(3.6-1)两边，并在$[-\pi, \pi]$上对 ω 进行积分，得到

$$\int_{-\pi}^{\pi} X(e^{j\omega})e^{j\omega m}\,d\omega = \int_{-\pi}^{\pi}\left[\sum_{n=-\infty}^{\infty} x(n)e^{-j\omega n}\right]e^{j\omega m}\,d\omega$$

$$= \sum_{n=-\infty}^{\infty} x(n)\int_{-\pi}^{\pi} e^{-j\omega(n-m)}\,d\omega$$

式中

$$\int_{-\pi}^{\pi} e^{-j\omega(n-m)}\,d\omega = 2\pi\delta(n-m)$$

因此

$$x(n) = \frac{1}{2\pi}\int_{-\pi}^{\pi} X(e^{j\omega})e^{j\omega n}\,d\omega \tag{3.6-3}$$

式(3.6-3)即是 DTFT 的反变换或逆变换。式(3.6-1)和式(3.6-3)组成一对离散时间序列的傅里叶变换公式。式(3.6-2)只是 DTFT 存在的充分条件。对一些绝对不可和的序列，例如周期序列，在引入冲激函数等奇异函数的概念后，其傅里叶变换就可用冲激函数的形式表示出来。

例 3-11　设 $x(n)=R_N(n)$，求 $x(n)$的 DTFT。

解　这是矩形序列的傅里叶变换。根据公式(3.6-1)，有

$$X(e^{j\omega}) = \sum_{n=-\infty}^{\infty} R_N(n)e^{-j\omega n} = \sum_{n=0}^{N-1} e^{-j\omega n} = \frac{1-e^{j\omega N}}{1-e^{-j\omega}}$$

$$= e^{-j(N-1)\omega/2}\cdot\frac{\sin(\omega N/2)}{\sin\omega/2}$$

设 $N=4$，则该矩形序列傅里叶变换的幅度与相位随 ω 的变化曲线分别如图 3-16(a)和(b)所示。

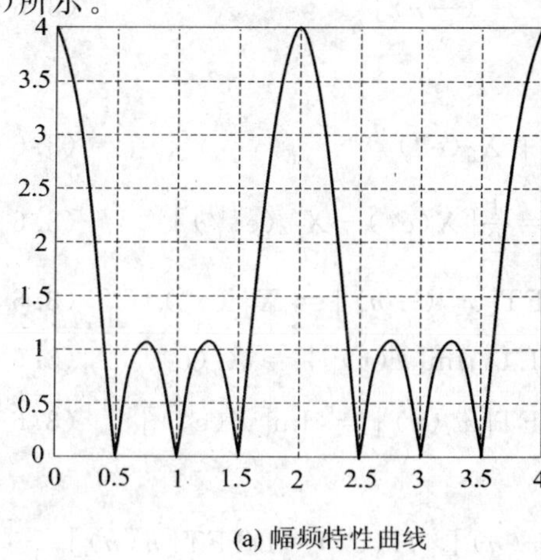

(a) 幅频特性曲线

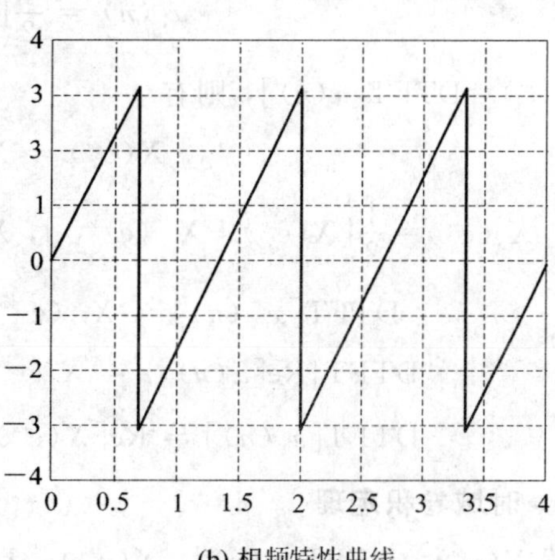

(b) 相频特性曲线

图 3-16　例 3.6-1 的幅频特性和相频特性曲线

3.6.2 序列傅里叶变换的性质

1. DTFT 的周期性

$$X(e^{j(\omega+2\pi)}) = \sum_{n=-\infty}^{\infty} x(n)e^{-j(\omega+2\pi)n} = \sum_{n=-\infty}^{\infty} x(n)e^{-j\omega n}e^{-j2\pi n} = X(e^{j\omega}) \tag{3.6-4}$$

序列的傅里叶变换 $X(e^{j\omega})$是频率 ω 的周期函数，周期是 2π。事实上 $X(e^{j\omega})$的定义式是周期函数 $X(e^{j\omega})$的傅里叶级数展开式，$x(n)$就是傅里叶级数展开式中的系数。

2. 线性

如果 $X_1(e^{j\omega})=\text{DTFT}[x_1(n)]$，$X_2(e^{j\omega})=\text{DTFT}[x_2(n)]$，对于任意常数 a 和 b，则有

$$\text{DTFT}[ax_1(n)+bx_2(n)] = aX_1(e^{j\omega})+bX_2(e^{j\omega}) \tag{3.6-5}$$

3. 时移与频移

设 $X(e^{j\omega})=\text{DTFT}[x(n)]$，则有

时移性：

$$\text{DTFT}[x(n-n_0)] = e^{-j\omega n_0}X(e^{j\omega}) \tag{3.6-6}$$

频移性：

$$\text{DTFT}[e^{j\omega_0 n}x(n)] = X(e^{j(\omega-\omega_0)}) \tag{3.6-7}$$

4. DTFT 的对称性

序列 $x(n)$可用一个共轭对称序列 $x_e(n)$和共轭反对称序列 $x_o(n)$之和表示，即

$$x(n) = x_e(n)+x_o(n) \tag{3.6-8}$$

式中，共轭对称序列 $x_e(n)$和共轭反对称序列 $x_o(n)$满足下式

$$x_e(n) = x_e^*(-n), \quad x_o(n) = -x_o^*(-n)$$

因此，序列 $x(n)$与 $x_e(n)$、$x_o(n)$有如下关系

$$x_e(n) = \frac{1}{2}[x(n)+x^*(-n)] \tag{3.6-9}$$

$$x_o(n) = \frac{1}{2}[x(n)-x^*(-n)] \tag{3.6-10}$$

若 $X(e^{j\omega})=\text{DTFT}[x(n)]$，则有

$$X(e^{j\omega}) = X_e(e^{j\omega})+X_o(e^{j\omega}) \tag{3.6-11}$$

$$X_e(e^{j\omega})=\frac{1}{2}[X(e^{j\omega})+X^*(e^{-j\omega})],\ X_o(e^{j\omega})=\frac{1}{2}[X(e^{j\omega})-X^*(e^{-j\omega})] \tag{3.6-12}$$

$$\text{DTFT}[x^*(n)] = X^*(e^{-j\omega}),\ \text{DTFT}[x^*(-n)] = X^*(e^{j\omega}) \tag{3.6-13}$$

$$\text{DTFT}\{\text{Re}[x(n)]\} = X_e(e^{j\omega}),\ \text{DTFT}\{j\text{Im}[x(n)]\} = X_o(e^{j\omega}) \tag{3.6-14}$$

$$\text{DTFT}[x_e(n)] = \text{Re}[X(e^{j\omega})],\ \text{DTFT}[x_o(n)] = j\text{Im}[X(e^{j\omega})] \tag{3.6-15}$$

5. 时域卷积定理

设 $Y(e^{j\omega})=\text{DTFT}[y(n)]$，$X(e^{j\omega})=\text{DTFT}[x(n)]$，$H(e^{j\omega})=\text{DTFT}[h(n)]$，$y(n)=x(n)*h(n)$，则

$$Y(e^{j\omega}) = X(e^{j\omega}) \cdot H(e^{j\omega}) \tag{3.6-16}$$

证明　因为

$$y(n) = x(n) * h(n) = \sum_{m=-\infty}^{\infty} x(m)h(n-m)$$

$$Y(e^{j\omega}) = \mathrm{DTFT}[y(n)] = \sum_{n=-\infty}^{\infty}\sum_{m=-\infty}^{\infty} x(m)h(n-m) \cdot e^{-j\omega n}$$

令 $k=n-m$，得

$$\begin{aligned} Y(e^{j\omega}) &= \sum_{k=-\infty}^{\infty}\sum_{m=-\infty}^{\infty} x(m)h(k) \cdot e^{-j\omega(m+k)} \\ &= \sum_{k=-\infty}^{\infty} h(k)e^{-j\omega k} \sum_{m=-\infty}^{\infty} x(m)e^{-j\omega m} \\ &= X(e^{j\omega}) \cdot H(e^{j\omega}) \end{aligned}$$

该定理说明，时域两序列的卷积变换到频域服从相乘关系。对于离散线性时不变系统，系统输出序列的 DTFT 就等于输入信号序列的 DTFT 与系统单位抽样响应的 DTFT 的乘积。因此可以利用该公式把离散线性系统的求解由时域转换到频域进行，以简化求解过程。

6. 频域卷积定理

设　$Y(e^{j\omega})=\mathrm{DTFT}[y(n)]$，$X(e^{j\omega})=\mathrm{DTFT}[x(n)]$，

$H(e^{j\omega})=\mathrm{DTFT}[h(n)]$，$y(n)=x(n)h(n)$

则

$$Y(e^{j\omega}) = \frac{1}{2\pi}X(e^{j\omega}) * H(e^{j\omega}) \tag{3.6-17}$$

证明

$$\begin{aligned} Y(e^{j\omega}) &= \sum_{n=-\infty}^{\infty} x(n)h(n) \cdot e^{-j\omega n} \\ &= \sum_{n=-\infty}^{\infty} \frac{1}{2\pi}\int_{-\pi}^{\pi} H(e^{j\theta})e^{j\theta n}\,d\theta \cdot x(n)e^{-j\omega n} \\ &= \frac{1}{2\pi}\int_{-\pi}^{\pi} H(e^{j\theta})\Big[\sum_{n=-\infty}^{\infty} x(n)e^{-j(\omega-\theta)n}\Big]d\theta \\ &= \frac{1}{2\pi}\int_{-\pi}^{\pi} H(e^{j\theta})X(e^{j(\omega-\theta)})\,d\theta \\ &= \frac{1}{2\pi}\,X(e^{j\omega}) * H(e^{j\omega}) \end{aligned}$$

该定理表明，时域两序列的乘积变换到频域服从卷积关系。

7. 帕斯维尔(Parseval)定理

$$\sum_{n=-\infty}^{\infty} |x(n)|^2 = \frac{1}{2\pi}\int_{\pi}^{\pi} |X(e^{j\omega})|^2\,d\omega \tag{3.6-18}$$

证明

$$\begin{aligned}\sum_{n=-\infty}^{\infty}|x(n)|^2 &= \sum_{n=-\infty}^{\infty}x(n)x^*(n)\\ &= \sum_{n=-\infty}^{\infty}x^*(n)\left[\frac{1}{2\pi}\int_{-\pi}^{\pi}X(e^{j\omega})e^{j\omega n}\,d\omega\right]\\ &= \frac{1}{2\pi}\int_{-\pi}^{\pi}X(e^{j\omega})\sum_{n=-\infty}^{\infty}x^*(n)e^{j\omega n}\,d\omega\\ &= \frac{1}{2\pi}\int_{-\pi}^{\pi}X(e^{j\omega})X^*(e^{j\omega})d\omega\\ &= \frac{1}{2\pi}\int_{-\pi}^{\pi}|X(e^{j\omega})|^2\,d\omega\end{aligned}$$

帕斯维尔定理告诉我们，信号在时域的总能量等于在频域的总能量。所以帕斯维尔定理也称为能量守恒定理。要说明一下，这里的频域总能量是指$|X(e^{j\omega})|^2$在一个周期中的积分再乘以$1/2\pi$。

3.7　MATLAB 实现

3.7.1　序列信号的 MATLAB 实现

1. 单位抽样序列、单位阶跃序列、单位斜变序列、单位矩形序列和单位三角脉冲序列的实现

数字信号处理中经常要用到一些基本的信号，如单位抽样序列、单位阶跃序列等。下面给出一些常用简单信号的 MATLAB 程序。

```
t=linspace(0,10,30)';                 %信号时长 10 s
y1=[1;zeros(29,1)];                   %单位抽样序列
y2=ones(30,1);                        %单位阶跃序列
y3=t;                                 %单位斜变序列
y4=rectpuls(t-5,3);                   %单位矩形序列
y5=tripuls(t-5,7,.6);                 %单位三角脉冲序列
y6=sinc(t-5);                         %sinc 函数
subplot(321);stem(y1);
subplot(322);stem(y2);
subplot(323);stem(y3);
subplot(324);stem(y4);
subplot(325);stem(y5);
subplot(325);stem(y5);
subplot(325);stem(y5);
```

程序运行的结果如图 3-17 所示。

2. 实指数序列的实现

对任意实指数序列

$$x(n)=a^n,\quad \forall\, n,\ a\in R$$

在 MATLAB 中，需要用数组符“.^”实现其运算。

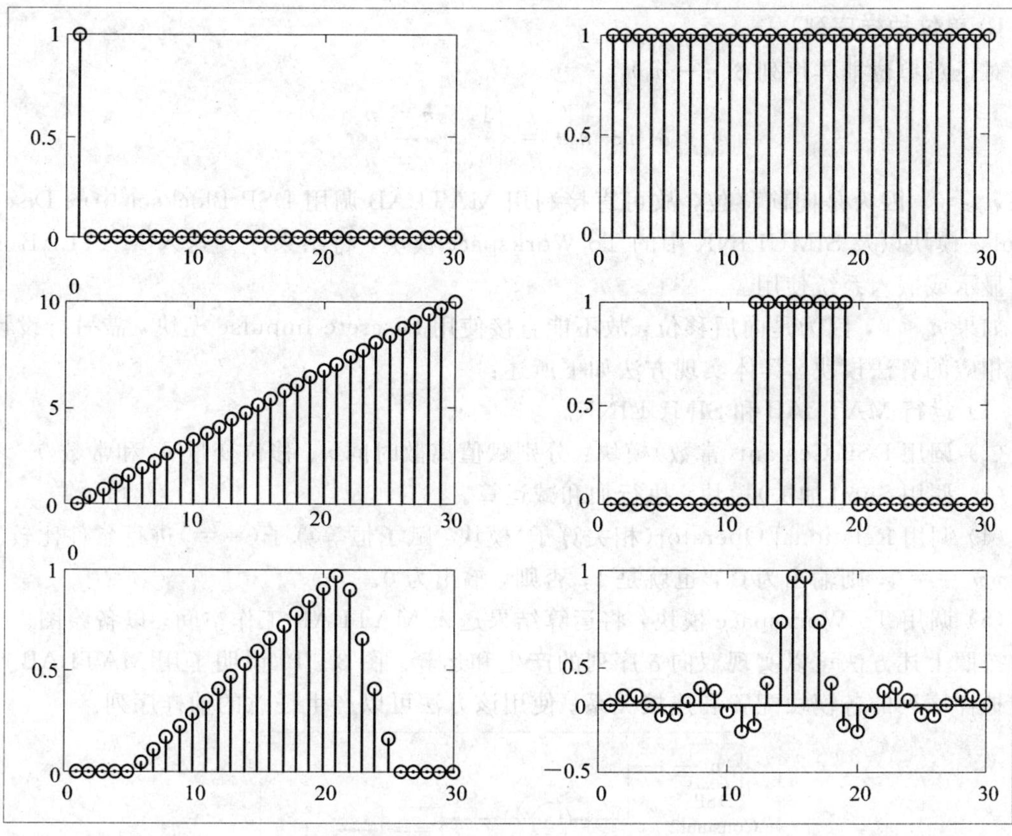

图 3-17　常用简单信号的 MATLAB 生成

例 3-12　实现 $x(n)=a^n$，$a=0.5$ 的实指数序列运算。

解　取 $0 \leqslant n \leqslant 10$，MATLAB 程序如下：

```
n=[0:10];
x=0.5.^n;
stem(n,x);
```

程序运行的结果如图 3-18 所示。

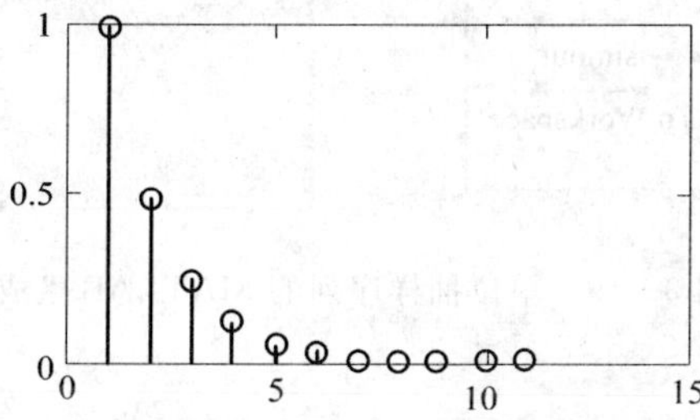

图 3-18　实指数序列的 MATLAB 生成

3.7.2　常用信号的 SIMULINK 实现

序列除用 MATLAB 程序计算外，还可用 SIMULINK 方便地实现。

1. 单位抽样序列

对任意单位抽样序列 $\delta(n-n_0)$

$$\delta(n-n_0)=\begin{cases}1, & n=n_0\\ 0, & n\neq n_0\end{cases}$$

如果 $n_0\geqslant 0$，因为是向前移位，故可直接利用 MATLAB 调用 DSP Blockset 中的 Discrete Impulse 模块以及 SIMULINK 中的 To Workspace 模块，将结果序列送入 MATLAB 工作空间显示或嵌入系统使用。

如果 $n_0<0$，因为是向后移位，故不能直接使用 Discrete Impulse 模块，需另行设计和封装相应的算法模块。具体实现方法如下所述：

（1）运行 MATLAB 和 SIMULINK。

（2）调用 DSP Costant（常数）模块：分别赋值离散时间 n、移位变量 n_0 和常数 0。

（3）调用 Sum（加法）模块：执行加和减运算。

（4）调用 Relational Operator（相关算子）模块：赋予恒等算子（==）进行条件比较。如果 $n-n_0==0$，则输出为真，也就是 1；否则，输出为 0。

（5）调用 To Workspace 模块：将运算结果送入 MATLAB 工作空间，以备绘图。

按照上述方法可以实现双向 δ 序列的产生和运算。图 3-19 说明了用 MATLAB 产生单位抽样序列的各模块配置和连接关系。使用该方法可以产生任意的抽样序列。

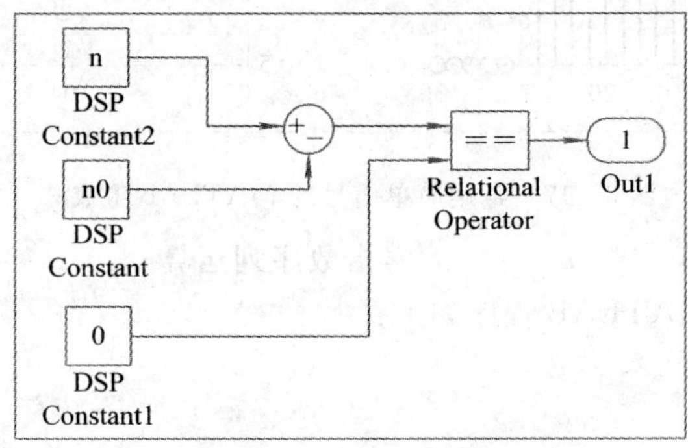

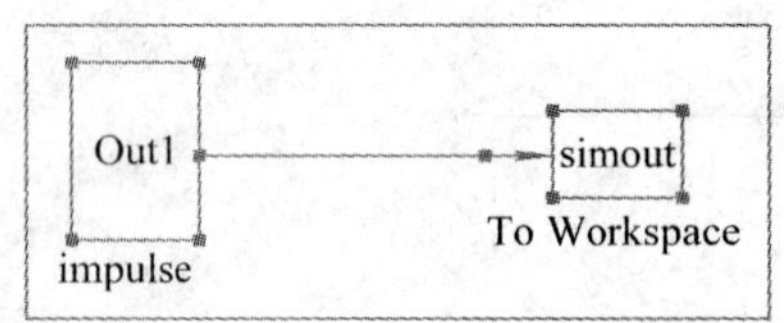

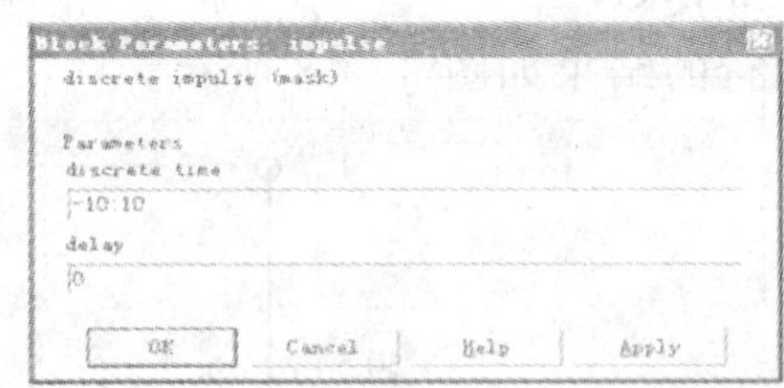

图 3-19　单位抽样序列的 MATLAB 生成

2. 单位阶跃序列

对任意 $u(n-n_0)$

$$u(n-n_0)=\begin{cases}1, & n\geqslant n_0\\ 0, & n<n_0\end{cases}$$

因为 $n_0\geqslant 0$ 是向前移位，故可直接调用 DSP Blockset 中的 Discrete Impulse 模块以及 SIMULINK中的 To Workspace 模块，将结果序列送入 MATLAB 工作空间显示或调用。

因为 $n_0<0$ 是向后移位，故 Discrete Impulse 模块不能直接使用，需另行设计和封装相应的算法模块。具体实现方法如下所述。

(1) 运行 MATLAB 和 SIMULINK。

(2) 调用 DSP Costant(常数)模块：分别赋值离散时间 n、移位变量 n_0 和常数 0。

(3) 调用 Sum(加法)模块：执行加、减运算。

(4) Relational Operator(相关算子)模块：赋予恒等算子(==)进行条件比较。如果 $n-n_0\geqslant 0$，则输出为真，也就是1；否则，输出为 0。

(5) 调用 To Workspace 模块：将运算结果送入 MATLAB 工作空间，以备绘图。

单位阶跃序列底层子系统模型封装成的独立的算法模块，如图 3-20 所示。双击打开该模块对话框，设置相应的参数即可运行模型。

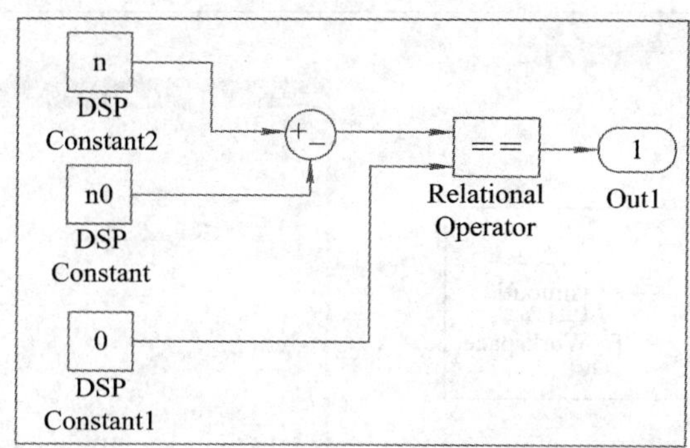

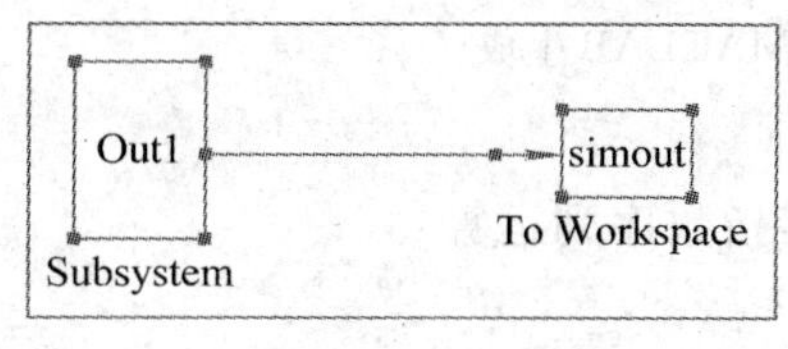

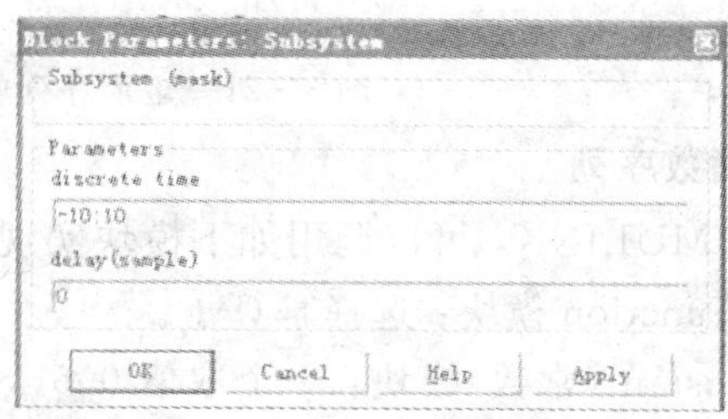

图 3-20　单位阶跃序列的 MATLAB 生成

3. 矩形序列

对于矩形序列

$$g(n)=\begin{cases}1, & n_1\geqslant n\geqslant n_2\\ 0, & \text{其他}\end{cases}$$

需另行设计和封装相应的算法模块。具体的实现方法如下所述：

(1) 运行 MATLAB 和 SIMULINK。

(2) 调用 DSP Costant(常数)模块：分别赋值离散时间 n，移位变量 n_1、n_2 和常数 0。

(3) 调用 Sum(加法)模块：执行加、减运算。

(4) 调用 Relational Operator(相关算子)模块：赋予大于等于算子(≥)和小于等于算子(≤)进行条件比较。如果 $n-n_1\geqslant 0$ 且 $n-n_2\leqslant 0$，则输出为真，也就是 1，否则输出为 0。

(5) 调用 Logic Operator(逻辑算子)模块：赋予"与"逻辑运算。

(6) 调用 To Workspace 模块：将运算结果送入 MATLAB 工作空间，以备绘图。

矩形序列的 MATLAB 生成如图 3-21 所示。

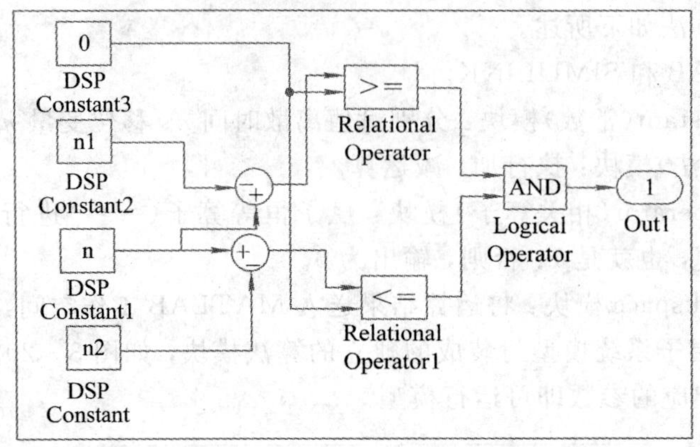

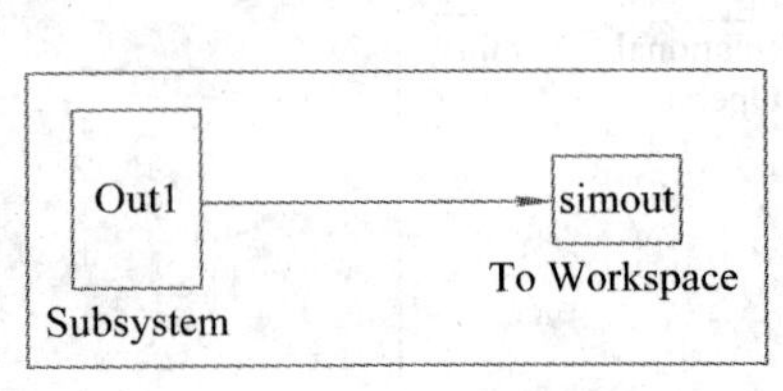

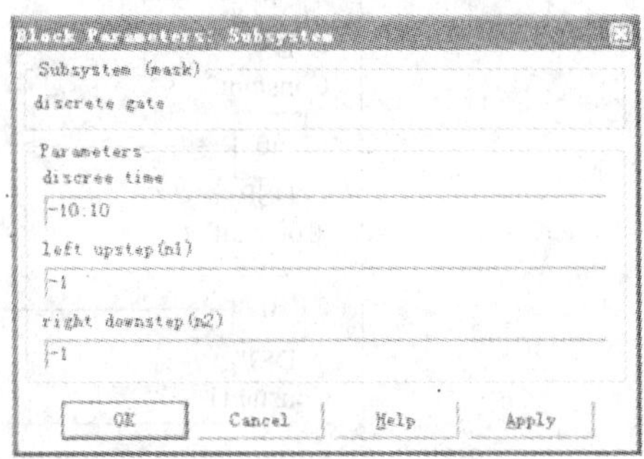

图 3-21　矩形序列的 MATLAB 生成

4. 实指数序列

采用 SIMULINK，可以调用如下模块实现实指数序列运算：

Math Function 模块：选择幂算子。

DSP Costant(常数)模块：一个取值 0.5，一个取值 0:10。

To Workspace 模块：将运算结果送入 MATLAB 工作空间，以备绘图。

Display(显示)模块：仿真结果的直接显示。

用 SIMULINK 生成实指数序列如图 3-22 所示。

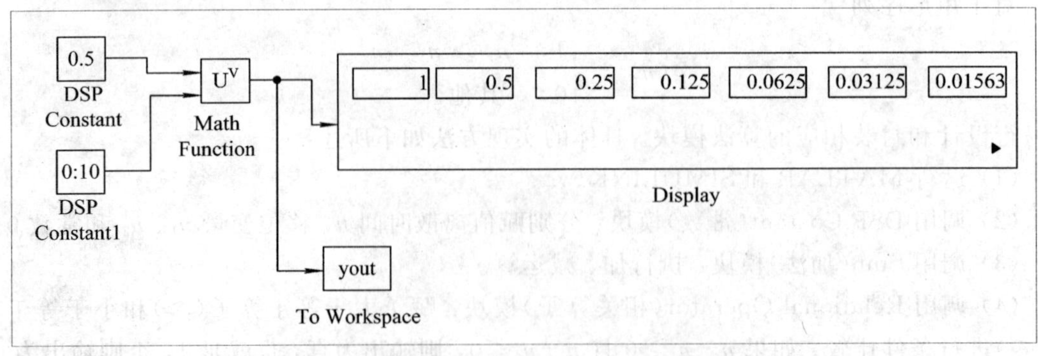

图 3-22　用 SIMULINK 生成实指数序列

3.7.3　序列信号基本运算的 MATLAB 实现

1. 基本序列的相加和相乘

信号的乘加运算是对应样本与样本之间的运算。利用 MATLAB 进行等长序列之间的加法和乘法是比较容易的，可以直接利用 MATLAB 提供的“+”和“*”算子进行计算，当然也可以用 SIMULINK(DSP BLOCKSET)予以实现。在 SIMULINK 中可以调用如图 3-23 所示的模块仿真相加和相乘运算。

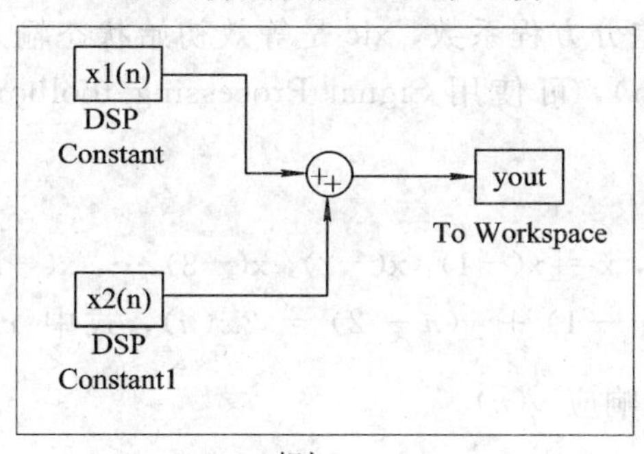

(a) 相加

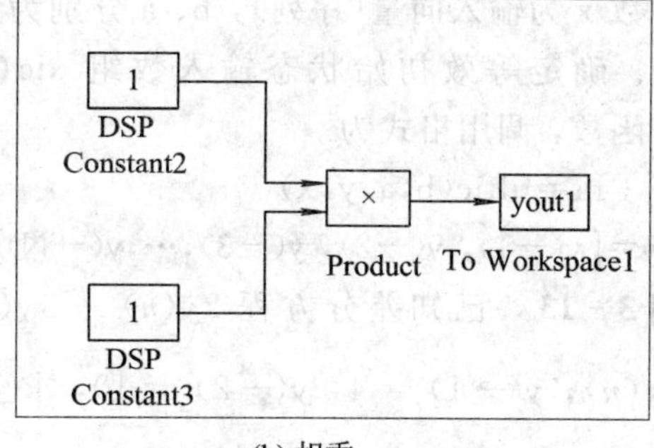

(b) 相乘

图 3-23　用 SIMULINK 实现序列相加和相乘

DSP Costant(常数)模块：定义两个有限长序列 $x_1(n)$，$x_2(n)$。

Sum(加法)模块：执行加、减运算。

Product 模块：乘法运算模块，选择元素乘模式。

To Workspace 模块：将运算结果送入 MATLAB 工作空间，以备绘图。

2. 比例运算

比例运算指信号中的每个样本值均乘以一个比例系数。在 MATLAB 中可以用乘法算子“*”实现比例运算。

在 SIMULINK 中可以调用如下模块仿真比例运算：

DSP Costant(常数)模块：定义一个有限长序列 $x(n)$，$0 \leqslant n \leqslant N-1$。

DSP Costant1(常数)模块：定义一个比例系数 a。

Product 模块：乘法运算模块，选择元素乘模式。

To Workspace 模块：将运算结果送入 MATLAB 工作空间，以备绘图。

3. 移位运算

移位运算将序列的每个样本值均移动 k 位，在 MATLAB 中可通过编写如下函数实现移位运算：

```
Function[y,n]=sigshift(x,m,n0)
% implement y(n)=x(n-n0)
n=m+n0; y=x;
```

4. 翻折运算

翻折运算将序列的每个样本值均相对 $n=0$ 翻转，在 MATLAB 中可通过调用如下函数实现翻折运算：

```
y=fliplr(x);
```

3.7.4 线性常系数一阶差分方程的 MATLAB 求解

对于离散时间系统，其输入与输出之间的关系可用差分方程描述。下面我们举例说明利用 MATLAB 求解系统差分方程的方法。

在 MATLAB 中，已知差分方程的系数、输入、初始条件，可调用 filter()函数解差分方程。调用 filter()函数的格式为

y=filtier(b,a,x,xic)

参数 x 为输入向量(序列)，b、a 分别为差分方程系数，xic 是等效初始状态输入数组(序列)。确定等效初始状态输入数组 xic(n)，可使用 Signal Processing toolbox 中的 filtic()函数，调用格式为

m=filtic(b,a,y,x)

其中，y=[y(−1), y(−2), y(−3),…,y(−N)], x=[x(−1), x(−2), x(−3),…, x(−M)]。

例 3-13 已知差分方程 $2y(n)-3y(n-1)+y(n-2)=2x(n)$，式中 $x(n)=\left(\frac{1}{4}\right)^n u(n)$，$y(-1)=4$，$y(-2)=10$，求全响应 $y(n)$。

解 利用 MATLAB 求解的程序如下：

```
n=[0:7];
x=(1/4).^n; a=[2,-3,1];
b=[2]; y=[4,10];
xic=filtic(b,a,y);
y1=filter(b,a,x,xic);
```

程序的执行结果如下：

```
xic =
   1   -2
y1=
     2.0000  1.2500  0.9375  0.7969  0.7305  0.6982  0.6824  0.6745
```

3.7.5 离散时间序列傅里叶变换的 MATLAB 实现

例 3-14 对有限长度序列 $x(n)=\{1,2,3,4,5\}$ 在$[0,\pi]$上的 501 个均匀频率点进行 DTFT 计算。

解 先给出一个计算 DTFT 的 dtft.m 文件，它可以计算在$[0,2\pi]$区间上的均匀频率点上的有限长序列的 DTFT。程序如下：

```
function[X,w]=dtft(x,n,k)
w=(pi/abs(max(k)/2))*k;
X=x*(exp(-j*pi/abs(max(k)/2))).^(n'*k);
```

利用上面的函数，求序列 $x(n)=\{1,2,3,4,5\}$ 的 DTFT 程序如下：

```
x=1:5;n=-1:3;k=0:500;
[X,w]=dtft(x,n,k);
magx=abs(X);angx=angle(X); realx=real(X);imagx=imag(X);
subplot(2,2,1);plot(w/pi,magx);grid
```

```
xlabel('frenquency in pi units');title('magnitude part');ylabel('magnitude');
subplot(2,2,3);plot(w/pi,angx);grid
xlabel('frenquency in pi units');title('angle part');ylabel('radians');
subplot(2,2,2);plot(w/pi,realx);grid
xlabel('frenquency in pi units');title('real part');ylabel('real');
subplot(2,2,4);plot(w/pi,imagx);grid
xlabel('frenquency in pi units');title('imag part');ylabel('imag');
```

程序的运行结果如图 3-24 所示。

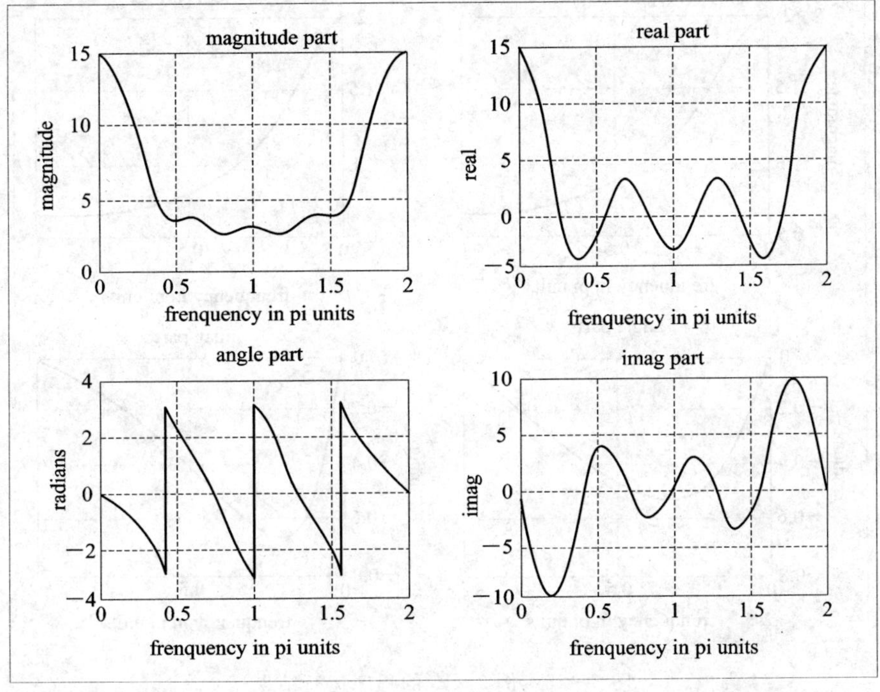

图 3-24 例 3-14 的程序运行结果

例 3-15 求 $x(n)=0.5^n u(n)$ 的 DTFT，并且画出关于其模、相角、实部和虚部的波形。

解 由于该序列是绝对可和的，因此它的 DTFT 存在且为

$$X(e^{j\omega})=\sum_{n=-\infty}^{\infty}x(n)e^{-j\omega n}=\sum_{n=0}^{\infty}(0.5)^n e^{-j\omega n}=\frac{1}{1-0.5e^{-j\omega}}=\frac{e^{j\omega}}{e^{j\omega}-0.5}$$

因为 ω 是在($-\infty$, $+\infty$)变化的变量，故 $X(e^{j\omega})$ 是复值函数。利用 DTFT 的周期性和对称性，本例将[0, π]区间均分为 501 点，并将这些 ω 值除以 π，这样频率就归一化为以 π 弧度为单位。下面是 MATLAB 的程序和仿真结果。

```
w=[0:1:500]*pi/500;
x=exp(j*w)./(exp(j*w)-0.5*ones(1,501));
magx=abs(x);angx=angle(x);
realx=real(x);imagx=imag(x);
subplot(2,2,1);plot(w/pi,magx);grid
xlabel('frenquency in pi units');title('magnitude part');ylabel('magnitude');
```

```
sublot(2,2,3);plot(w/pi,angx);grid
xlabel('frenquency in pi units');title('angle part');ylabel('radians');
subplot(2,2,2);plot(w/pi,realx);grid
xlabel('frenquency in pi units');title('real part');ylabel('real');
subplot(2,2,4);plot(w/pi,imagx);grid
xlabel('frenquency in pi units');title('imag part');ylabel('imag');
```

程序的执行结果如图 3－25 所示。

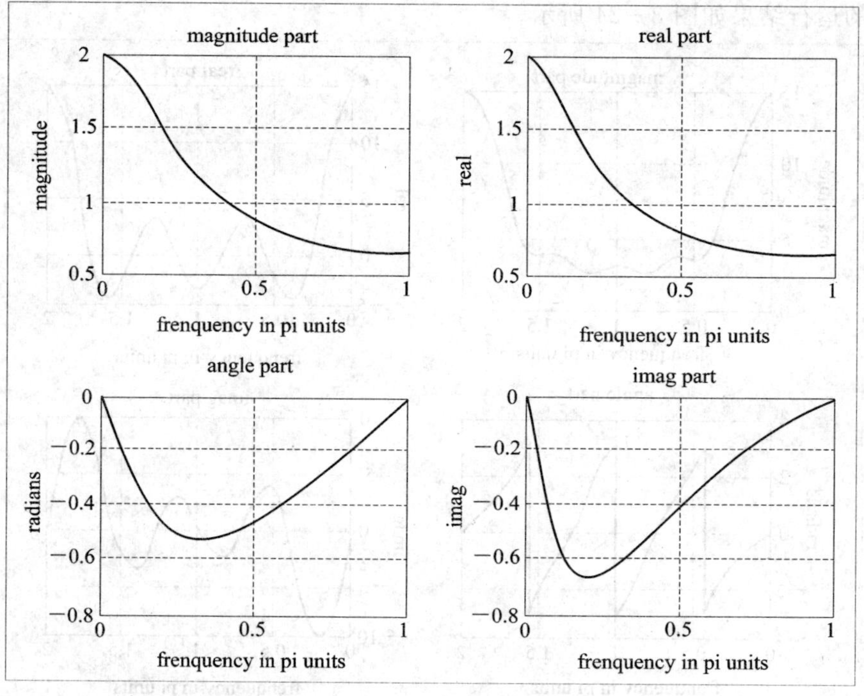

图 3－25 例 3－15 的程序运行结果

习　　题

3.1 已知线性时不变系统的输入为 $x(n)$，系统的单位抽样响应为 $h(n)$，求下列序列的对应输出 $y(n)$，并用图形表示。

(1) $x(n)=\delta(n)$，$h(n)=R_5(n)$　　(2) $x(n)=R_3(n)$，$h(n)=R_4(n)$

(3) $x(n)=(1/n)u(n-1)$，$h(n)=0.6^nR_3(n)$　　(4) $x(n)=\mathrm{e}^{-an}u(n)$，$h(n)=u(n)$

(5) $x(n)=\begin{cases}\beta^{n-n_0}, & n_0\leqslant n\\ 0, & n_0>n\end{cases}$，$h(n)=\begin{cases}a^n, & 0\leqslant n\leqslant N-1\\ 0, & \text{其他}\end{cases}$

3.2 判断下列序列的周期性。如果是周期序列，试指出其最小周期。

(1) $x(n)=5\cos\left(\dfrac{5\pi}{8}n-\dfrac{\pi}{6}\right)$　　(2) $x(n)=\sin\left(\dfrac{15\pi}{4}n-\dfrac{\pi}{7}\right)$

(3) $x(n)=A\cos\left(\dfrac{13\pi}{3}n\right)$　　(4) $x(n)=\mathrm{e}^{\mathrm{j}\left(\frac{n}{7}-\frac{3}{4}\pi\right)}$

3.3　判断下列系统是否是线性时不变系统。

(1) $y(n)=\sum_{m=-\infty}^{n}x(m)$　　(2) $y(n)=x(n^2)$

(3) $y(n)=x(n)\sin\left(\frac{3\pi}{4}n-\frac{\pi}{4}\right)$　　(4) $y(n)=x(n-3)-x(-n)$

3.4　以下序列是系统的单位抽样响应 $h(n)$，试分析判断系统的因果性和稳定性。

(1) $h(n)=\frac{1}{n^2}u(n)$　　(2) $h(n)=\delta(n-4)$

(3) $h(n)=1.5^n u(n)$　　(4) $h(n)=1.5^n u(-n)$

3.5　系统的差分方程为

$$y(n)=3y(n-1)+x(n)$$

当其初始条件分别为 $y(0)=0$ 和 $y(-1)=0$ 时，试判断系统是否是线性时不变系统。

3.6　设有一因果系统的输入、输出关系如下

$$y(n)=0.5y(n-1)+x(n)+0.5x(n-1)$$

(1) 求系统的单位抽样响应。

(2) 利用卷积和求输入序列 $x(n)=e^{j\omega n}$ 时系统的响应。

3.7　求下列序列的傅里叶变换。

(1) $\delta(n-n_0)$　　(2) $e^{-an}\cos(\omega_0 n)u(n)$

(3) $x(n)=e^{-(\sigma+j\omega)n}u(n)$　　(4) $x(n)=2R_6(n)$

3.8　已知序列 $x(n)$ 如题图 3-1 所示，不必求出序列 $x(n)$ 的 $X(e^{j\omega})$，利用序列傅里叶变换的性质完成下面的计算。

(1) $X(e^{j0})$　　(2) $\int_{-\pi}^{\pi}X(e^{j\omega})d\omega$　　(3) $\int_{-\pi}^{\pi}|X(e^{j\omega})|^2d\omega$

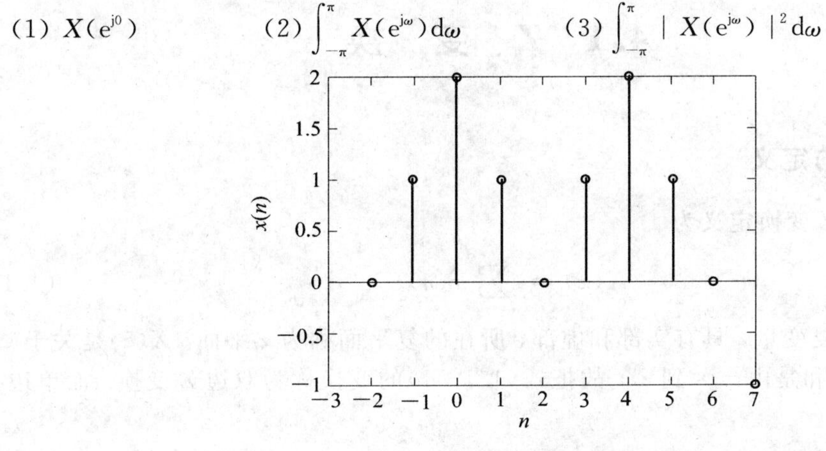

题图 3-1

3.9　设序列 $x(n)$ 的 DTFT 为 $X(e^{j\omega})$，求下列序列的 DTFT。

(1) $x^*(-n)$　　(2) $x^*(n)\cdot x^*(-n)$

(3) $x(2n+1)+x(-n+1)$　　(4) $(n-1)^2x(n)$

3.10　已知一个系统的单位抽样响应为

$$h(n)=[1-(1/3)^n]u(n)$$

求系统的系统函数 $H(e^{j\omega})$ 和系统的差分方程。

第4章　Z 变 换

我们知道信号和系统的分析方法有两种，即时域分析方法和频域分析方法。在模拟领域中，信号一般用连续变量时间 t 的函数表示，系统则用微分方程描述。为了在频域进行分析，需要用拉普拉斯变换和傅里叶变换将时域函数转换到频域。而在时域离散信号和系统中，信号用序列表示，其自变量仅取整数，非整数时无定义，系统则用差分方程描述。频域分析是用 Z 变换或傅里叶变换作为数学工具的。其中，傅里叶变换指的是序列的傅里叶变换，它和模拟域中的傅里叶变换是不一样的，但都是线性变换，很多性质是类似的。Z 变换类似于连续系统中的拉氏变换，它在离散时间系统中的作用就如同拉氏变换在连续时间系统中的作用一样，它把描述离散系统的差分方程转化为简单的代数方程，使其求解过程大大简化。因此，对求解离散时间系统而言，Z 变换是一个极其重要的数学工具。Z 变换的概念可以从理想抽样数据信号的拉普拉斯变换引出，也可以独立地对离散时间信号(序列)给定 Z 变换的定义。

本章学习序列 Z 变换和逆 Z 变换，以及利用 Z 变换分析系统和信号的频域特性的方法。本章学习内容是本书，也是数字信号处理领域的基础。

4.1　Z 变 换

4.1.1　Z 变换的定义

序列 $x(n)$的 Z 变换定义为

$$X(z)=\sum_{n=-\infty}^{\infty}x(n)z^{-n} \tag{4.1-1}$$

式中，z 为连续的复变量，具有实部和虚部，所在的复平面称为 z 平面。$X(z)$是关于 z^{-1} 的幂级数，对 n 的求和是由 $-\infty$ 到 ∞，故把式(4.1-1)的变换称为双边 Z 变换。而单边 Z 变换的定义如下

$$X(z)=\sum_{n=0}^{\infty}x(n)z^{-n} \tag{4.1-2}$$

单边 Z 变换对 n 求和是从 0 到 ∞。显然，对因果序列，单边 Z 变换与双边 Z 变换的结果相同。因此，可把单边 Z 变换看成因果序列情况下的双边 Z 变换。本书以后所述的 Z 变换均指双边 Z 变换。

一般把序列 $x(n)$的 Z 变换记为 $X(z)=\mathrm{Z}[x(n)]$，即

$$\mathrm{Z}[x(n)]=\sum_{n=-\infty}^{\infty}x(n)z^{-n} \tag{4.1-3}$$

4.1.2 Z变换的收敛域

式(4.1-1)表示的幂级数只有收敛时，Z变换才有意义，也就是要求$|X(z)|<\infty$。因此必须讨论Z变换的收敛问题。$X(z)$是否收敛，决定于z。我们把使$X(z)$能够收敛的z的取值集合称为Z变换$X(z)$的收敛域，一般用$R_{x-}<|x|<R_{x+}$表示，其中R_{x-}和R_{x+}称为收敛半径。因此只有z在收敛域内取值时上述Z变换才有意义。不同形式的序列有不同的收敛域，下面分别讨论。

1. 有限长序列

只在有限长度$n_1\leqslant n\leqslant n_2$内序列$x(n)$才具有非零值，而在此区间外$x(n)=0$，即

$$x(n)=\begin{cases}x(n), & n_1\leqslant n\leqslant n_2\\ 0, & \text{其他}\end{cases}$$

这类序列称为有限长序列。有限长序列的Z变换为

$$X(z)=\sum_{n=n_1}^{n_2}x(n)z^{-n} \tag{4.1-4}$$

因此$X(z)$是有限项级数之和，故只要级数的每一项有界，则级数就收敛，即要求

$$|x(n)z^{-n}|<\infty,\quad n_1\leqslant n\leqslant n_2$$

由于$x(n)$有界，故要求

$$|z^{-n}|<\infty,\quad n_1\leqslant n\leqslant n_2$$

显然在$0<|z|<\infty$上，都满足此条件，也就是说收敛区域至少是除$z=0$和$z=\infty$外的开域$(0, \infty)$“有限z平面”，在n_1、n_2的特殊选择下，收敛域还能进一步扩大：

$$0<|z|\leqslant\infty,\quad n_1\geqslant 0$$
$$0\leqslant|z|<\infty,\quad n_2\leqslant 0$$

例 4-1 求序列$x(n)=a^nR_N(n)$的Z变换。

解 根据Z变换定义有

$$X(z)=\sum_{n=0}^{N-1}a^nz^{-n}=\frac{1-(az^{-1})^N}{1-az^{-1}}=\frac{1}{z^{N-1}}\cdot\frac{z^N-a^N}{z-a}$$

显然，$X(z)$有一个$z=a$的零点和极点，零极点对消后只要$|a|$是有限值，$X(z)$就收敛，收敛域为$0<|z|\leqslant\infty$，如图4-1所示。

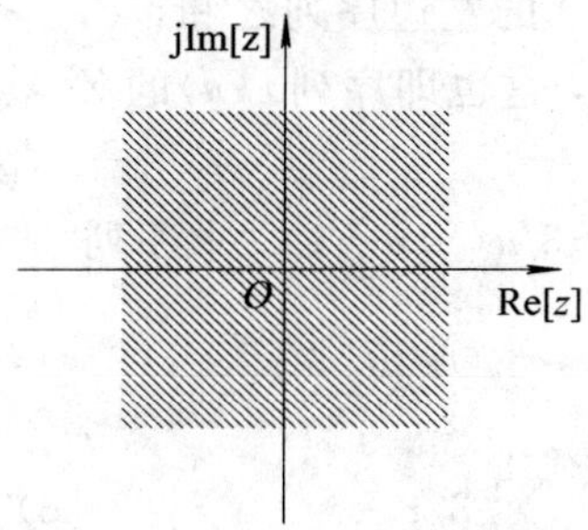

图4-1 有限长序列Z变换的收敛域

2. 右边序列

这类序列是指只在$n\geqslant n_1$时$x(n)$才有取值，而在$n<n_1$时$x(n)=0$。其Z变换为

$$X(z) = \sum_{n=n_1}^{\infty} x(n) z^{-n} \tag{4.1-5}$$

显然，n_1 的取值直接影响序列的特征。下面分两种情况分析：

(1) $n_1 \geqslant 0$，则序列为因果序列。其 Z 变换中只有 z 的负幂次项，因此，此时的收敛域为 z 平面上某一个半径为 R_{x-} 的圆外的所有区域，且包含 $|z|=\infty$，即收敛域为 $R_{x-}<|z|\leqslant\infty$，如图 4-2 所示。

(2) $n_1<0$，则序列为非因果序列。Z 变换中有 z 的负幂次项和正幂次项，此时，可把序列 $x(n)$ 看做一个有限长序列和一个因果序列之和，显然这两种序列的共同收敛域为 $R_{x-}<|z|<\infty$，这也即序列 $x(n)$ 的 Z 变换收敛域，如图 4-2 所示。

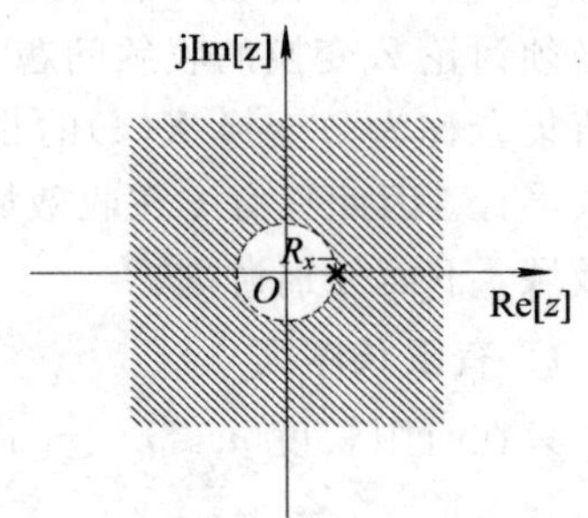

图 4-2　右边序列 Z 变换的收敛域

例 4-2　求序列 $x(n)=3^n u(n)$ 的 Z 变换，并指出其收敛域。

解　该序列为右边序列，因此为一因果序列。根据 Z 变换的定义式，有

$$X(z) = \sum_{n=0}^{\infty} x(n) z^{-n} = \sum_{n=0}^{\infty} 3^n z^{-n} = \frac{1}{1-3z^{-1}} = \frac{z}{z-3}$$

系统存在一个极点 $|z|=3$，所以该序列的收敛域为 $3<|z|\leqslant\infty$。

3. 左边序列

这类序列是指只在 $n\leqslant n_2$ 时 $x(n)$ 才具有非零的有限值，而在 $n>n_2$ 时，序列 $x(n)=0$，其 Z 变换为

$$X(z) = \sum_{-\infty}^{n_2} x(n) z^{-n}$$

其收敛域也需根据 n_2 的取值进行分析。

(1) $n_2\leqslant 0$，这时序列 $x(n)$ 称为逆因果序列。其 Z 变换中只有 z 的正幂次项，显然 $|z|=0$ 时级数收敛，因此此时的收敛域为 $0\leqslant|z|<R_{x+}$，如图 4-3 所示。

(2) $n_2>0$，这时序列 $x(n)$ 为非因果序列。其 Z 变换中有 z 的负幂次项和正幂次项，因此，可把序列 $x(n)$ 看做一个有限长序列和一个 $n_2=0$ 的左边序列之和，二者的共同收敛域为 $0<|z|<R_{x+}$，这也即序列 $x(n)$ 的 Z 变换收敛域，如图 4-3 所示。

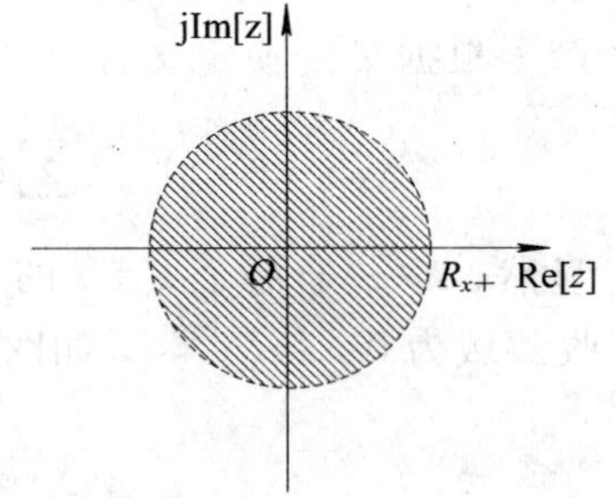

图 4-3　左边序列 Z 变换的收敛域

例 4-3　已知序列 $x(n)=-3^n u(-n-1)$，求序列的 Z 变换。

解　根据 Z 变换公式，有

$$X(z) = -\sum_{n=-\infty}^{-1} 3^n z^{-n} = -\sum_{n=1}^{\infty} (3^{-1} z)^n = \frac{z}{z-3}$$

该序列存在极点 $|z|=3$，又知该序列是一个左边序列，所以该序列的收敛域为 $0\leqslant|z|<3$。

由例 4-2 和例 4-3 可以看出，两种不同序列的 Z 变换相同，因此要唯一地确定一个

序列，必须同时给出收敛域。

4. 双边序列

这类序列是指 n 在 $-\infty$ 到 ∞ 都具有非零的有限值。双边序列可以看成一个右边序列和一个左边序列之和，即

$$X(z)=\sum_{n=0}^{\infty}x(n)z^{-n}+\sum_{n=-1}^{-\infty}x(n)z^{-n}$$

根据右边序列和左边序列的收敛域可知，双边序列的收敛域应该取二者的交集，因此双边序列的收敛域应该是一个环状区域 $R_{x-}<|z|<R_{x+}$，如图 4-4 所示。

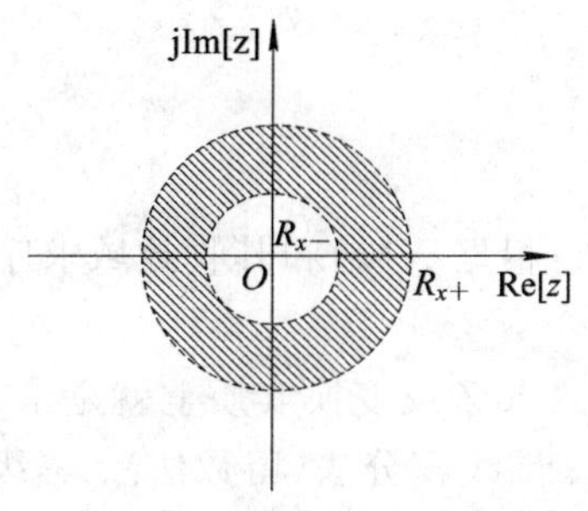

图 4-4　双边序列 Z 变换的收敛域

例 4-4　$X(z)=\dfrac{1}{\left(1-\frac{1}{3}z^{-1}\right)(1-2z^{-1})}$，讨论 $X(z)$ 收敛域的形式及其对应序列的种类。

解　由 $\left(1-\frac{1}{3}z^{-1}\right)(1-2z^{-1})=0$ 可求得两个极点：2 和 1/3。收敛域对应有下列三种情况：

(1) $|z|>2$：序列为因果序列；

(2) $|z|<1/3$：左边序列；

(3) $1/3<|z|<2$：双边序列。

结论：如果序列在有限 z 平面内没有极点，则该序列是有限长序列；否则该序列是无限长序列。

几种常用序列的 Z 变换如表 4-1 所示。

表 4-1　几种常用序列的 Z 变换

序　列	Z 变 换	收 敛 域
$\delta(n)$	1	$0\leqslant\vert z\vert\leqslant\infty$
$u(n)$	$\dfrac{z}{z-1}$	$\vert z\vert>1$
$u(-n-1)$	$\dfrac{-z}{z-1}$	$\vert z\vert<1$
$a^n u(n)$	$\dfrac{z}{z-a}$	$\vert z\vert>a$
$a^n u(-n-1)$	$\dfrac{-z}{z-a}$	$\vert z\vert<a$
$R_N(n)$	$\dfrac{1-z^{-N}}{1-z^{-1}}$	$\vert z\vert>0$
$nu(n)$	$\dfrac{az}{(z-1)^2}$	$\vert z\vert>1$
$na^n u(n)$	$\dfrac{az}{(z-a)^2}$	$\vert z\vert>a$
$na^n u(-n-1)$	$\dfrac{-az}{(z-a)^2}$	$\vert z\vert<a$
$e^{-j\omega n_0}u(n)$	$\dfrac{1}{1-e^{-j\omega_0}z^{-1}}$	$\vert z\vert>1$
$(n+1)a^n u(n)$	$\dfrac{z^2}{(z-a)^2}$	$\vert z\vert>a$

4.2 Z反变换

根据 $X(z)$和其收敛域求序列 $x(n)$，就是求Z反变换，也称为逆Z变换，其定义为

$$x(n)=Z^{-1}[X(z)]$$

求Z反变换实质上就是求 $X(z)$的幂级数展开式。求Z反变换 $x(n)$的方法通常有观察法、围线积分法(留数法)、幂级数法(长除法)和部分分式展开法。

1. 观察法

观察法是指利用常用序列的Z变换(如表4-1所示)，直接求出序列的方法。

2. 部分分式展开法

一般 $X(z)$是 z 的有理分式，可以表示为 $X(z)=B(z)/A(z)$，$B(z)$、$A(z)$ 都是 z 的实系数多项式，并且没有公因式。记住了常用序列的Z变换，就可以将 $X(z)$表示成简单项之和的形式，而后求取其中的每一项Z反变换(可以查表)，然后把求得的每一项部分分式相加，就得到所求的 $x(n)$，即若

$$X(z)=\frac{B(z)}{A(z)}=X_1(z)+X_2(z)+\cdots+X_k(z)$$

则

$$x(n)=Z^{-1}[X_1(z)]+Z^{-1}[X_2(z)]+\cdots+Z^{-1}[X_k(z)]$$

在利用部分分式展开法求Z反变换时，必须使部分分式各项的形式能够比较容易地从已知Z变换表中识别出来，并且注意收敛域。

如果 $X(z)$可以表示为有理分式，则 $X(z)$可以展开成以下部分分式形式

$$X(z)=\sum_{n=0}^{M-N}B_n z^{-n}+\sum_{k=1}^{M-r}\frac{A_k}{1-z_k z^{-1}}+\sum_{k=1}^{r}\frac{C_k}{[1-z_i z^{-1}]^k}$$

其中，z_i 为 $X(z)$的一个 r 阶极点，z_k 都是 $X(z)$的单阶极点。展开式中的系数 A_k、C_k 可用留数定理求得，B_n 可用长除法求得。

例4-5 已知 $X(z)=\dfrac{1+2z^{-1}+z^{-2}}{1-\frac{3}{2}z^{-1}+\frac{1}{2}z^{-2}}$，$|z|>1$。求 $X(z)$的反变换 $x(n)$。

解 将 $X(z)$展开为部分分式

$$X(z)=2-\frac{9}{1-\frac{1}{2}z^{-1}}+\frac{8}{1-z^{-1}}$$

利用常用Z变换公式，有

$$x(n)=2\delta(n)-9\cdot 2^{-n}u(n)+8u(n)$$

3. 幂级数法(长除法)

根据Z变换的定义式有

$$X(z)=\sum_{n=-\infty}^{\infty}x(n)z^{-n}=\cdots+x(-1)z^{1}+x(0)z^{0}+x(1)z^{-1}+\cdots$$

所以只要在给定的收敛域内将 z 前面的系数组成序列，该序列即为序列 $x(n)$。一般情况

下，$X(z)$是一个有理分式，分子和分母都是关于 z 的多项式，可以直接用分子多项式除以分母多项式，得到幂级数展开式，从而得到 $x(n)$。由于用 $X(z)$的闭合表达式加上它的收敛域才能唯一确定序列 $x(n)$，因此在利用长除法进行Z反变换时，同样要注意由收敛域判断所要得到的 $x(n)$的性质，然后再展开成相应的 z 的幂级数。分两种情况展开：

(1) $X(z)$的收敛域为$|z|>R_{x-}$，$x(n)$必为因果序列，此时应将 $X(z)$展开为 z 的负幂级数，为此 $X(z)$的分子、分母应按照 z 的降幂排列(或 z^{-1}升幂)；

(2) $X(z)$的收敛域为$|z|<R_{x+}$，$x(n)$必为左边序列，此时应将 $X(z)$展开为 z 的正幂级数，为此 $X(z)$的分子、分母应按照 z 的升幂排列(或 z^{-1}降幂)。

例 4-6 已知 $X(z)=z^2\left(1-\frac{1}{2}z^{-1}\right)(1+z^{-1})(1-z^{-1})$，利用幂级数展开法求其Z反变换。

解 $X(z)$只有在 $z=0$ 处有极点，因此 $x(n)$为有限长序列。将式子展开得

$$X(z)=z^2-\frac{1}{2}z-1+\frac{1}{2}z^{-1}$$

可以看出

$$x(-2)=1,\ x(-1)=-\frac{1}{2},\ x(0)=1,\ x(1)=\frac{1}{2},\ x(n)=0$$

所以

$$x(n)=\delta(n+2)-\frac{1}{2}\delta(n+1)-\delta(n)+\frac{1}{2}\delta(n-1)$$

例 4-7 已知 $X(z)=\frac{3z^{-1}}{(1-3z^{-1})^2}$，$|z|>3$，利用幂级数展开法求其Z反变换。

解 由该序列Z变换的收敛域可判断，该序列必为因果序列，因此应将 $X(z)$展开为 z 的负幂级数，为此 $X(z)$的分子、分母应按照 z 的降幂排列(或 z^{-1}升幂)。

$$X(z)=\frac{3z^{-1}}{(1-3z^{-1})^2}=\frac{3z}{z^2-6z+9},\quad |z|>3$$

进行长除

$$\begin{array}{r|l}
 & 3z^{-1}+18z^{-2}+81z^{-3}+324z^{-4}+\cdots \\
z^2-6z+9 & 3z+0+0+0+0+0+0+0+0+0 \\
 & 3z-18+27z^{-1} \\
\hline
 & \quad 18-27z^{-1} \\
 & \quad 18-108z^{-1}+162z^{-2} \\
\hline
 & \qquad 81z^{-1}-162z^{-2} \\
 & \qquad 81z^{-1}-486z^{-2}+729z^{-3} \\
\hline
 & \qquad\quad 324z^{-2}-729z^{-3} \\
 & \qquad\quad \cdots
\end{array}$$

所以

$$X(z)=3z^{-1}+2\times3^2z^{-2}+3\times3^3z^{-3}+\cdots=\sum_{n=1}^{\infty}n3^nz^{-n}$$

由此得到

$$x(n) = n \times 3^n u(n-1)$$

4. 围线积分法(留数法)

留数法是求Z反变换的一种有用的方法。根据复变函数理论，若

$$X(z) = \sum_{n=-\infty}^{\infty} x(n) z^{-n},\ R_{x-} < | z | < R_{x+}$$

则

$$x(n) = \frac{1}{2\pi j} \oint_c X(z) z^{n-1} dz$$

式中，c 是 $X(z)$ 的收敛域中的一条逆时针方向环绕原点的闭合积分围线。

直接计算围线积分比较麻烦，一般采用留数定理求解。按照留数定理，若函数 $F(z) = X(z)z^{n-1}$ 在围线 c 上连续，在 c 内有 K 个极点 z_k，而在围线外部有 M 个极点 z_m(M 和 K 都取有限值)，则有

$$\frac{1}{2\pi j} \oint_c X(z) z^{n-1} dz = \sum_k \text{Res}[X(z) z^{n-1}]_{z=z_k} \tag{4.2-1}$$

或

$$\frac{1}{2\pi j} \oint_c X(z) z^{n-1} dz = \sum_m \text{Res}[X(z) z^{n-1}]_{z=z_m} \tag{4.2-2}$$

其中，符号 $\sum_k \text{Res}[X(z)z^{n-1}]_{z=z_k}$ 表示函数 $X(z)z^{n-1}$ 在点 $z=z_k$(c 内极点)的留数。式(4.2-2)的应用条件是函数 $X(z)z^{n-1}$ 在 $z=\infty$ 有二阶或二阶以上的零点，也就是说分母多项式 z 的阶次比分子多项式 z 的阶次高二阶或二阶以上。式(4.2-1)说明，函数 $X(z)z^{n-1}$ 沿围线 c 逆时针方向的积分值等于函数 $X(z)z^{n-1}$ 在围线 c 内部各个极点的留数之和；式(4.2-2)说明，函数 $X(z)z^{n-1}$ 沿围线 c 顺时针方向的积分值等于函数 $X(z)z^{n-1}$ 在围线 c 外部各个极点的留数之和。对于相同的函数 $X(z)z^{n-1}$，由于沿围线 c 逆时针方向的积分等于沿围线顺时针方向积分值的相反数，即

$$\oint_c X(z) z^{n-1} dz = -\oint_c X(z) z^{n-1} dz$$

故

$$\sum_k \text{Res}[X(z) z^{n-1}]_{z=z_k} = -\sum_m \text{Res}[X(z) z^{n-1}]_{z=z_m}$$

因此，有

$$x(n) = \sum_k \text{Res}[X(z) z^{n-1}]_{z=z_k} \tag{4.2-3}$$

$$x(n) = -\sum_m \text{Res}[X(z) z^{n-1}]_{z=z_m} \tag{4.2-4}$$

同样，式(4.2-4)也必须满足函数 $X(z)z^{n-1}$ 分母多项式 z 的阶次比分子多项式 z 的阶次高二阶或二阶以上。根据具体情况的不同，可以选择上述两种方法中的一种。当 n 大于某一个值，函数 $X(z)z^{n-1}$ 在 $z=\infty$ 处可能有多重极点时，若采用围线外部的极点进行留数运算就比较麻烦，因而通常选择围线内部的极点进行留数的计算；当 n 小于某一个值，函数 $X(z)z^{n-1}$ 在 $z=0$ 处可能有多重极点时，采用围线内部的极点进行留数运算同样比较麻烦，通常选择围线外部的极点进行留数的计算就会很方便。

应用留数定理计算Z反变换时，要注意：

(1) 留数定理中的极点不是指$X(z)$的极点，而是$F(z)=X(z)z^{n-1}$的极点。

(2) 利用留数定理求Z反变换时，先根据$X(z)$的收敛域判定$x(n)$的性质(序列的类型)，然后根据函数$X(z)z^{n-1}$的极点位置选择公式。

(3) $X(z)$与$F(z)=X(z)z^{n-1}$只在$z=0$处的极点发生变化，其他都相同。

函数$X(z)z^{n-1}$在任一极点z_r处的留数的计算方法如下：

(1) 如果z_r是函数$X(z)z^{n-1}$的单极点，则有

$$\text{Res}[X(z)z^{n-1}]_{z=z_r}=[(z-z_r)X(z)z^{n-1}]_{z=z_r} \tag{4.2-5}$$

(2) 如果z_r是$X(z)z^{n-1}$的多重(N阶)极点，则有

$$\text{Res}[X(z)z^{n-1}]_{z=z_r}=\frac{1}{(N-1)!}\frac{\mathrm{d}^{N-1}}{\mathrm{d}z^{N-1}}[(z-z_r)^N X(z)z^{n-1}]_{z=z_r} \tag{4.2-6}$$

例 4-8　已知

$$X(z)=\frac{z^2}{(4-z)(z-1/4)},\quad \frac{1}{4}<|z|<4$$

求其Z反变换。

解
$$x(n)=\frac{1}{2\pi \mathrm{j}}\oint_c \frac{z^2}{(4-z)(z-1/4)}z^{n-1}\,\mathrm{d}z$$

c为$X(z)$的收敛域内的闭合围线。接下来看极点在围线内部和外部的分布情况以及极点的阶数，以便确定采用哪些极点进行留数的计算比较简单。

当$n\geqslant -1$时，函数$X(z)z^{n-1}$为

$$\frac{z^2}{(4-z)(z-1/4)}z^{n-1}=\frac{z^{n+1}}{(4-z)(z-1/4)}$$

在围线c内部，函数$X(z)z^{n-1}$只有$z=1/4$处的一个一阶极点，因此采用围线c内部的极点进行留数的计算相对简单，利用式(4.2-3)和式(4.2-5)得

$$\begin{aligned}
x(n)&=\left[\frac{z^2}{(4-z)(z-1/4)}z^{n-1}\right]_{z=\frac{1}{4}}\\
&=\left[(z-1/4)\frac{z^2}{(4-z)(z-1/4)}z^{n-1}\right]_{z=\frac{1}{4}}\\
&=\frac{1}{15}\left(\frac{1}{4}\right)^n,\ n\geqslant -1
\end{aligned}$$

当$n\leqslant -2$时，函数$X(z)z^{n-1}$在围线c的外部只有$z=4$一个一阶极点，且此时分母多项式的次数比分子多项式的次数高二阶以上，因此采用围线c外部的极点进行留数的计算相对简单。利用式(4.2-4)和式(4.2-6)，得

$$\begin{aligned}
x(n)&=-\text{Res}\left[\frac{z^{n+1}}{(4-z)(z-1/4)}\right]_{z=4}\\
&=-\left[(z-4)\frac{z^{n+1}}{(4-z)(z-1/4)}\right]_{z=4}\\
&=\frac{4^{n+2}}{15},\ n\leqslant -2
\end{aligned}$$

故

$$x(n)=\frac{4^{n+2}}{15}u(-n-2)+\frac{4^{-n}}{15}u(n+1)$$

4.3 Z 变换的性质和定理

在离散时间信号与系统的研究中，Z 变换的许多性质是特别有用的。这些性质往往与 Z 反变换联系在一起，可以用来求得更为复杂的表达式的 Z 反变换。下面讨论 Z 变换的几个最常用的性质。

1. 线性

Z 变换是一种线性变换，它满足比例可加性，即

$$ax_1(n)+bx_2(n)\Leftrightarrow aX_1(z)+bX_2(z) \tag{4.3-1}$$

这里，线性组合序列 $ax_1(n)+bx_2(n)$ 的收敛域为两个序列 Z 变换的收敛域的相交部分。若 $aX_1(z)+bX_2(z)$ 的极点由全部 $X_1(z)$ 和 $X_2(z)$ 的极点组成，即如果没有任何零极点相消的情况，则收敛域就等于两个序列收敛域的相交部分；如果 $aX_1(z)+bX_2(z)$ 的线性组合使得某些零点和极点相互抵消，那么收敛域就可能扩大。式(4.3-1)表明序列线性组合的 Z 变换等于各序列 Z 变换的线性组合。

例 4-9 求序列 $x(n)=u(n)-u(n-3)$ 的 Z 变换。

解 因为 $$Z[u(n)]=\frac{z}{z-1},\ |z|>1$$

$$Z[u(n-3)]=\sum_{n=-\infty}^{\infty}u(n-3)z^{-n}=\sum_{n=3}^{\infty}z^{-n}=\frac{z^{-2}}{z-1},\ |z|>1$$

所以

$$Z(x(n))=Z[u(n)]-Z[u(n-3)]=\frac{z}{1-z}-\frac{z^{-2}}{z-1}=\frac{z^2+z+1}{z^2},\quad |z|>0$$

可以看出，收敛域被扩大了。实际上由于 $x(n)=u(n)-u(n-3)$ 是有限长序列，故收敛域为除了 $|z|=0$ 外的全部 z 平面。

2. 序列的移位/时移

若序列 $x(n)$ 的 Z 变换为

$$Z[x(n)]=X(z),\quad R_{x-}<|z|<R_{x+}$$

则有

$$Z[x(n-m)]=z^{-m}X(z),\quad R_{x-}<|z|<R_{x+} \tag{4.3-2}$$

式中，m 为任意整数。若 m 为正整数，则为序列延迟；若 m 为负整数，则为序列前移。

证明 根据 Z 变换定义，有

$$Z[x(n-m)]=\sum_{n=-\infty}^{\infty}x(n-m)z^{-n}$$

令 $n-m=k$，得

$$Z[x(n-m)]=\sum_{k=-\infty}^{\infty}x(k)z^{-(k+m)}=z^{-m}X(z),\quad R_{x-}<|z|<R_{x+}$$

一般序列移位后Z变换的收敛域不会发生变化，但可能会因为z^{-m}的加入而改变在$z=0$或$z=\infty$处的收敛情况。例如：

$Z[\delta(n)]=1$，收敛域为整个z平面，即$0\leqslant|z|\leqslant\infty$；

$Z[\delta(n-1)]=z^{-1}$，在$z=0$处是一阶极点，即收敛域为$0<|z|\leqslant\infty$；

$Z[\delta(n+2)]=z^2$，在$z=\infty$处是二阶极点，即收敛域为$0\leqslant|z|<\infty$。

例 4-10　已知$X(z)=\dfrac{1}{z-(1/4)}$，$|z|>\dfrac{1}{4}$。求其逆Z变换。

解　将原式重写为

$$X(z)=\frac{z^{-1}}{1-(1/4)z^{-1}},\quad |z|>\frac{1}{4}$$

用部分分式法展开，因分子分母最高次幂相同，所以可以提出一个常数项

$$X(z)=-4+\frac{4}{1-(1/4)z^{-1}},\quad |z|>\frac{1}{4}$$

因

$$Z[(1/4)^n u(n)]=\frac{1}{1-(1/4)z^{-1}}$$

$$Z[4\delta(n)]=4$$

利用序列移位性质，就有

$$x(n)=-4\delta(n)+4^{-n+1}u(n)$$

3. 序列的指数加权(z域尺度变换)

设a为常数，序列$x(n)$的Z变换为

$$Z[x(n)]=X(z),\quad R_{x-}<|z|<R_{x+}$$

则

$$Z[a^n x(n)]=X\left(\frac{z}{a}\right),\quad |a|R_{x-}<|z|<|a|R_{x+}\tag{4.3-3}$$

证明　根据Z变换定义，有

$$Z[a^n x(n)]=\sum_{n=-\infty}^{\infty}a^n x(n)z^{-n}=\sum_{n=-\infty}^{\infty}x(n)a^n z^{-n}=\sum_{n=-\infty}^{\infty}x(n)\left(\frac{z}{a}\right)^{-n}=X\left(\frac{z}{a}\right)$$

式(4.3-3)表明，z域尺度变换与序列的指数加权相对应。根据该性质，全部零极点的位置的尺度都改变a。如果$X(z)$有一个极点在$z=z_1$处，那么$X\left(\dfrac{z}{a}\right)$一定有一个极点在$z=az_1$处。若$a$为实数，则表现为收敛域在$z$平面内的扩大或缩小，对零、极点而言，只有幅度上的变化，没有相位上的变化；如果a为任意复数，则在z平面上零、极点的幅度和相位都将发生变化，相应的收敛域也发生改变；如果a为模是1的复数，则零、极点只有相位发生变化，没有幅度变化，收敛域不变。

4. 序列的线性加权(z域的微分)

若序列$x(n)$的Z变换为

$$Z[x(n)]=X(z),\quad R_{x-}<|z|<R_{x+}$$

则有

$$Z[nx(n)]=-z\cdot\frac{\mathrm{d}X(z)}{\mathrm{d}z},\quad R_{x-}<|z|<R_{x+}\tag{4.3-4}$$

根据式(4.3-4)可知，序列 $nx(n)$ 的 Z 变换收敛域至多在 $z=0$ 或 $z=\infty$ 处与 $X(z)$ 有所不同。式(4.3-4)表明，序列 $x(n)$ 的 Z 变换 $X(z)$ 在 z 域的微分再乘以 z 等效于序列 $x(n)$ 的线性加权。

例 4-11 求序列 $x(n)=na^nu(n)$ 的 Z 变换。

解 由于 $x(n)=na^nu(n)=n\cdot(a^nu(n))$，而序列 $a^nu(n)$ 的 Z 变换为

$$Z[a^nu(n)]=\sum_{n=0}^{\infty}a^nz^{-n}=\frac{1}{1-az^{-1}},\quad |z|>|a|$$

利用式(4.3-4)，有

$$Z[x(n)]=Z[n\cdot(a^nu(n))]=-z\frac{\mathrm{d}}{\mathrm{d}z}\left(\frac{1}{1-az^{-1}}\right)=\frac{az^{-1}}{(1-az^{-1})^2},\quad |z|>|a|$$

5. 复数序列的共轭

若序列 $x(n)$ 的 Z 变换为

$$Z[x(n)]=X(z),\quad R_{x-}<|z|<R_{x+}$$

则序列 $x(n)$ 的共轭序列 $x^*(n)$ 的 Z 变换为

$$Z[x^*(n)]=X^*(z^*),\quad R_{x-}<|z|<R_{x+} \tag{4.3-5}$$

由 Z 变换的定义式即可证明。

6. 翻折序列/序列的倒置

若序列 $x(n)$ 的 Z 变换为

$$Z[x(n)]=X(z),\quad R_{x-}<|z|<R_{x+}$$

则序列 $x(n)$ 的翻折序列的 Z 变换为

$$Z[x(-n)]=X(z^{-1}),\quad \frac{1}{R_{x+}}<|z|<\frac{1}{R_{x-}} \tag{4.3-6}$$

式(4.3-6)表明，序列 $x(n)$ 的 Z 变换 $X(z)$ 在 z 域的变量倒置等效于序列 $x(n)$ 的变量取反。

例 4-12 求序列 $x(n)=a^{-n}u(-n)$ 的 Z 变换。

解 因 $$Z[a^nu(n)]=\sum_{n=0}^{\infty}a^nz^{-n}=\frac{1}{1-az^{-1}},\quad |z|>|a|$$

利用式(4.3-6)，有

$$Z[x(n)]=Z[a^{-n}u(-n)]=\frac{1}{1-az},\quad |z|<|a^{-1}|$$

7. 序列的卷积和(时域卷积定理)

若时域序列 $y(n)$ 为时域序列 $x(n)$ 和 $h(n)$ 的卷积和，即

$$y(n)=x(n)*h(n)$$

且

$$Z[x(n)]=X(z),\quad R_{x-}<|z|<R_{x+}$$
$$Z[h(n)]=H(z),\quad R_{h-}<|z|<R_{h+}$$

则

$$X(z)=Z[y(n)]=X(z)\cdot H(z),\quad \max[R_{x-},R_{h-}]<|z|<\min[R_{x+},R_{h+}] \tag{4.3-7}$$

式(4.3-7)表明，若时域序列之间为卷积和，则在 z 域它们为相乘关系，乘积的收敛

域为 $X(z)$ 和 $H(z)$ 收敛域的重叠部分。由于存在零极点相消的可能性，因此收敛域可能会扩大。该定理对于数字信号处理而言是一个重要的定理。

证明　利用卷积和公式及 Z 变换的定义式，有

$$\begin{aligned}Z[x(n)*h(n)] &= \sum_{n=-\infty}^{\infty}[x(n)*h(n)]z^{-n} \\ &= \sum_{n=-\infty}^{\infty}\Big[\sum_{m=-\infty}^{\infty}x(m)h(n-m)\Big]\cdot z^{-n} \\ &= \sum_{m=-\infty}^{\infty}x(m)\sum_{n=-\infty}^{\infty}h(n-m)z^{-n} \\ &= \sum_{m=-\infty}^{\infty}x(m)z^{-m}H(z) \\ &= X(z)\cdot H(z)\end{aligned}$$

利用该定理，可以把离散线性时不变系统的求解先变换到 z 域，获得系统输出的 Z 变换，再通过求 Z 反变换来求出系统的输出序列。以后可以看到，利用时域卷积定理求解系统可以大大简化计算，而且求解很方便。

例 4-13　已知 $x_1(n)=a^n u(n)$，$x_2(n)=u(n)$，这里 $|a|<1$，利用序列卷积和定理计算 $x_1(n)*x_2(n)$。

解

$$X_1(z)=Z[a^n u(n)]=\frac{1}{1-az^{-1}},\quad |z|>|a|$$

$$X_2(z)=Z[u(n)]=\frac{1}{1-z^{-1}},\quad |z|>1$$

故

$$Y(z)=X_1(z)\cdot X_2(z)=\frac{1}{(1-az^{-1})(1-z^{-1})},\quad |z|>1$$

用部分分式法展开 $Y(z)$，有

$$Y(z)=\frac{1}{1-a}\left(\frac{1}{1-z^{-1}}-\frac{a}{1-az^{-1}}\right)$$

利用 Z 变换的线性性质，有

$$x_1(n)*x_2(n)=\frac{1-a^{n+1}}{1-a}\cdot u(n)$$

8. 初值定理

如果序列 $x(n)$ 为因果序列，即 $n<0$ 时，$x(n)=0$，则有

$$x(0)=\lim_{z\to\infty}X(z) \tag{4.3-8}$$

证明　因 $x(n)$ 为因果序列，所以有

$$\lim_{z\to\infty}X(z)=\lim_{z\to\infty}\Big[\sum_{n=0}^{\infty}x(n)z^{-n}\Big]=\lim_{z\to\infty}[x(0)+x(1)z^{-1}+\cdots+x(n)z^{-n}+\cdots]$$

故

$$\lim_{z\to\infty}X(z)=x(0)$$

9. 终值定理

如果序列 $x(n)$ 为因果序列，且序列 $x(n)$ 的 Z 变换 $X(z)$ 的极点处于单位圆以内(单位圆上至多在 $z=1$ 处有一阶极点，即允许在单位圆上有一个极点 $z=1$)，则

$$\lim_{n\to\infty}x(n)=\lim_{z\to1}[(z-1)X(z)] \tag{4.3-9}$$

证明　利用序列的移位性质，有

$$(z-1)X(z)=Z[x(n+1)-x(n)]=\sum_{n=-\infty}^{\infty}[x(n+1)-x(n)]z^{-n}$$

因为序列 $x(n)$ 为因果序列，所以当 $n<0$ 时，$x(n)=0$；当 $n<-1$ 时，$x(n+1)=0$。因此

$$(z-1)X(z)=\lim_{n\to\infty}\sum_{m=-1}^{n}[x(m+1)-x(m)]z^{-m}$$

又因为 $(z-1)X(z)$ 在单位圆上无极点，将上式两端对 $z\to1$ 求极限，得

$$\begin{aligned}\lim_{z\to1}(z-1)X(z)&=\lim_{n\to\infty}\sum_{m=-1}^{n}[x(m+1)-x(m)]\\&=\lim_{n\to\infty}\sum_{m=-1}^{n}\{[x(0)-0]+[x(1)-x(0)]\\&\quad+[x(2)-x(1)]+\cdots+[x(n+1)-x(n)]\}\\&=\lim_{n\to\infty}[x(n+1)]\end{aligned}$$

故

$$\lim_{z\to1}(z-1)X(z)=\lim_{n\to\infty}x(n)$$

10. 复卷积定理

若时域序列 $y(n)$ 为时域序列 $x(n)$ 和 $h(n)$ 的乘积，即 $y(n)=x(n)\cdot h(n)$，且

$$Z[x(n)]=X(z),\quad R_{x-}<|z|<R_{x+}$$
$$Z[h(n)]=H(z),\quad R_{h-}<|z|<R_{h+}$$

则有

$$\begin{aligned}Y(z)&=Z[y(n)]=Z[x(n)\cdot h(n)]\\&=\frac{1}{2\pi j}\oint_c X\left(\frac{z}{v}\right)H(v)v^{-1}\mathrm{d}v,\quad R_{x-}\cdot R_{h-}<|z|<R_{x+}\cdot R_{h+}\end{aligned} \tag{4.3-10}$$

其中，c 是哑变量 v 平面上，$X(z/v)$ 和 $H(v)$ 的公共收敛域内环绕原点的一条逆时针旋转的单封闭围线。

证明

$$\begin{aligned}Y(z)&=Z[y(n)]=Z[x(n)\cdot h(n)]=\sum_{n=-\infty}^{\infty}x(n)\cdot h(n)z^{-n}\\&=\sum_{n=-\infty}^{\infty}x(n)\cdot\left[\frac{1}{2\pi j}\oint_c H(v)v^{n-1}\mathrm{d}v\right]z^{-n}\\&=\frac{1}{2\pi j}\sum_{n=-\infty}^{\infty}x(n)\cdot\left[\oint_c H(v)v^{n}\frac{\mathrm{d}v}{v}\right]z^{-n}\\&=\frac{1}{2\pi j}\oint_c\left[H(v)\sum_{n=-\infty}^{\infty}x(n)\left(\frac{z}{v}\right)^{-n}\right]^{n}\frac{\mathrm{d}v}{v}\\&=\frac{1}{2\pi j}\oint_c H(v)X\left(\frac{z}{v}\right)v^{-1}\mathrm{d}v,\quad R_{x-}\cdot R_{h-}<|z|<R_{x+}\cdot R_{h+}\end{aligned}$$

我们知道这类问题可以用留数定理来解，关键是如何确定 c 所在的收敛域，以确定围线内函数 $X(z/v)H(v)v^{-1}$ 的极点。注意式(4.3-10)类似于卷积积分。由于 v 和 z 都是复变量，因此可以利用极坐标的形式来表示这两个变量，令 $v=\rho e^{j\theta}$，$z=re^{j\omega}$，并代入式(4.3-10)中，则有

$$Y(re^{j\omega})=\frac{1}{2\pi j}\oint_c H(\rho e^{j\theta})\cdot X\left(\frac{r}{\rho}e^{j(\omega-\theta)}\right)\frac{d(\rho e^{j\theta})}{\rho e^{j\theta}}$$

$$=\frac{1}{2\pi}\int_{-\pi}^{\pi} H(\rho e^{j\theta})\cdot X\left(\frac{r}{\rho}e^{j(\omega-\theta)}\right)d\theta$$

这个积分和卷积的形式很像，并且是在从 $-\pi$ 到 π 的一个周期上进行的，故称它为周期卷积。

11. 帕斯维尔(Parseval)定理

利用复卷积定理可以得到重要的帕斯维尔定理。

若

$$Z[x(n)]=X(z),\quad R_{x-}<|z|<R_{x+}$$

$$Z[h(n)]=H(z),\quad R_{h-}<|z|<R_{h+}$$

且 $R_{x-}\cdot R_{h-}<1<R_{x+}\cdot R_{h+}$，则有

$$\sum_{n=-\infty}^{\infty}x(n)h^*(n)=\frac{1}{2\pi j}\oint_c X(v)H^*\left(\frac{1}{v^*}\right)v^{-1}\,dv \tag{4.3-11}$$

其中，积分闭合围线 c 是在 $X(v)$、$H^*\left(\frac{1}{v^*}\right)$ 的公共收敛区域内环绕原点的一条逆时针旋转的单封闭围线，即

$$\min\left[R_{x-},\frac{1}{R_{h+}}\right]<|v|<\min\left[R_{x+},\frac{1}{R_{h-}}\right]$$

证明　设

$$y(n)=x(n)h^*(n)$$

由于

$$Z[h^*(n)]=H^*(z^*)$$

利用复卷积定理和共轭序列的Z变换，得

$$Y(z)=Z[y(n)]=Z[x(n)\cdot h^*(n)]$$

$$=\frac{1}{2\pi j}\oint_c X(v)H^*\left(\frac{z^*}{v^*}\right)v^{-1}\,dv,\quad R_{x-}\cdot R_{h-}<|z|<R_{x+}\cdot R_{h+}$$

故有

$$\sum_{n=-\infty}^{\infty}x(n)h^*(n)=Y(z)\big|_{z=1}$$

$$=\frac{1}{2\pi j}\oint_c X(v)H^*\left(\frac{1}{v^*}\right)v^{-1}\,dv,\quad R_{x-}\cdot R_{h-}<1<R_{x+}\cdot R_{h+}$$

4.4 系统函数与差分方程

对于任意一个线性时不变离散系统而言，如果它的单位抽样响应为 $h(n)$，则任意的激励序列 $x(n)$在时域系统的输出为

$$y(n) = x(n) * h(n)$$

根据时域卷积定理，对上式两端取 Z 变换，得

$$Y(z) = X(z)H(z)$$

因此

$$H(z) = \frac{Y(z)}{X(z)}$$

定义 $H(z)$为线性时不变离散系统的系统函数，它就是单位抽样响应为 $h(n)$的 Z 变换。在 z 平面的单位圆上(即 $z=e^{j\omega}$)的系统函数就是系统的频率响应 $H(e^{j\omega})$，也即单位抽样响应 $h(n)$的傅里叶变换。

对于用线性常系数差分方程所描述的线性时不变系统，其线性常系数差分方程的一般形式为

$$\sum_{k=0}^{N} a_k y(n-k) = \sum_{m=0}^{M} b_m x(n-m)$$

当系统处于零状态，激励序列为 $x(n)$时，我们利用 Z 变换的移位和线性性质，直接对上式两边取 Z 变换，可得

$$Y(z) = \frac{\sum_{m=0}^{M} b_m z^{-m}}{\sum_{k=0}^{N} a_k z^{-k}} X(z)$$

系统函数为

$$H(z) = \frac{Y(z)}{X(z)} = \frac{\sum_{m=0}^{M} b_m z^{-m}}{\sum_{k=0}^{N} a_k z^{-k}}$$

可见，系统函数仅决定于系统的差分方程，而与系统的激励和响应形式无关，只要差分方程给定，系统函数 $H(z)$即可确定；反之，若已知系统函数 $H(z)$，也可获得描述系统的差分方程。

例 4-14 某一线性时不变系统的系统函数为

$$H(z) = \frac{(1+z^{-1})^2}{\left(1-\frac{1}{2}z^{-1}\right)\left(1+\frac{3}{4}z^{-1}\right)}$$

求该系统的差分方程。

解 将 $H(z)$展开

$$H(z) = \frac{1+2z^{-1}+z^{-2}}{1+\frac{1}{4}z^{-1}-\frac{3}{8}z^{-2}} = \frac{Y(z)}{X(z)}$$

有

$$\left(1+\frac{1}{4}z^{-1}-\frac{3}{8}z^{-2}\right)Y(z)=(1+2z^{-1}+z^{-2})X(z)$$

因此差分方程为

$$y(n)+\frac{1}{4}y(n-1)-\frac{3}{8}y(n-2)=x(n)+2x(n-1)+x(n-2)$$

系统函数 $H(z)$和系统的单位抽样响应 $h(z)$构成 Z 变换对，因此我们可用 $H(z)$来判断系统的因果性和稳定性。利用系统的因果性和稳定性对时域单位抽样响应 $h(n)$的要求，可以用系统函数 $H(z)$来描述系统的因果稳定性。

因果性：若系统函数 $H(z)$的收敛域为 $R_{h-}<|z|\leqslant\infty$，则系统为因果系统。

稳定性：若系统函数 $H(z)$的收敛域包含单位圆，则系统是稳定系统。

因果稳定性：系统函数 $H(z)$的收敛域为 $1\leqslant|z|\leqslant\infty$，即系统函数 $H(z)$的全部极点必须在 z 平面的单位圆内。

例 4-15 某一线性时不变系统的差分方程为

$$y(n)-\frac{5}{2}y(n-1)+y(n-2)=x(n)$$

试利用系统函数分析系统的因果性和稳定性，并指出不同系统的收敛域。

解 对系统方程两边进行 Z 变换，得

$$Y(z)-\frac{5}{2}Y(z)z^{-1}+Y(z)z^{-2}=X(z)$$

$$\frac{Y(z)}{X(z)}=\frac{1}{1-\frac{5}{2}z^{-1}+z^{-2}}=\frac{1}{\left(1-\frac{1}{2}z^{-1}\right)(1-2Z^{-1})}$$

则系统函数为

$$H(z)=\frac{1}{1-\frac{5}{2}z^{-1}+z^{-2}}=\frac{1}{\left(1-\frac{1}{2}z^{-1}\right)(1-2z^{-1})}$$

赋予系统函数 $H(z)$不同的收敛域，就对应不同的系统。系统函数 $H(z)$有三种可能的收敛域选择，在每一种收敛域情况下，系统的性质如下：

(1) 若 $H(z)$的收敛域为 $|z|>2$，则系统为因果不稳定系统；

(2) 若 $H(z)$的收敛域为 $0.5<|z|<2$，则系统为非因果但稳定系统；

(3) 若 $H(z)$的收敛域为 $|z|<0.5$，则系统为非因果且不稳定系统。

可以看出，要使系统既稳定又因果，则系统函数 $H(z)$的全部极点都应在单位圆内。

4.5 系统频率响应的几何表示

对于用离散线性常系数差分方程描述的稳定系统，系统函数的一般形式为

$$H(z)=\frac{\sum_{m=0}^{M}b_m z^{-m}}{\sum_{k=0}^{N}a_k z^{-k}} \tag{4.5-1}$$

系统的频率响应是系统函数 $H(z)$ 在单位圆上的值，即

$$H(e^{j\omega}) = H(z)\big|_{z=e^{j\omega}}$$

因此式(4.5-1)所描述系统的频率响应为

$$H(e^{j\omega}) = \frac{\sum_{m=0}^{M} b_m e^{-j\omega m}}{\sum_{k=0}^{N} a_k e^{-j\omega k}} \tag{4.5-2}$$

可以利用 $H(z)$ 在 z 平面上的零、极点分布，通过几何方法直观地求出系统的频率响应。把式(4.5-1)表示的系统函数 $H(z)$ 改用零、极点表示，即

$$H(z) = K\frac{\prod_{m=1}^{M}(1-c_m z^{-1})}{\prod_{k=1}^{N}(1-d_k z^{-1})} = Kz^{(N-M)}\frac{\prod_{m=1}^{M}(z-c_m)}{\prod_{k=1}^{N}(z-d_k)} \tag{4.5-3}$$

其中，K 为实数，把 $z=e^{j\omega}$ 代入式(4.5-3)，得系统的频率响应为

$$H(e^{j\omega}) = K\frac{\prod_{m=1}^{M}(1-c_m e^{-j\omega})}{\prod_{k=1}^{N}(1-d_k e^{-j\omega})} = Ke^{j\omega(N-M)}\frac{\prod_{m=1}^{M}(e^{j\omega}-c_m)}{\prod_{k=1}^{N}(e^{j\omega}-d_k)} \tag{4.5-4}$$

把系统的频率响应 $H(e^{j\omega})$ 写成极坐标的形式，即

$$H(e^{j\omega}) = |H(e^{j\omega})|\, e^{j\varphi(\omega)} \tag{4.5-5}$$

式中

$$|H(e^{j\omega})| = |K|\frac{\prod_{m=1}^{M}(e^{j\omega}-c_m)}{\prod_{k=1}^{N}|(e^{j\omega}-d_k)|} \tag{4.5-6}$$

$$\varphi(\omega) = (N-M)\omega + \sum_{m=1}^{M}\arg(e^{j\omega}-c_m) - \sum_{k=1}^{N}\arg(e^{j\omega}-d_k) \tag{4.5-7}$$

在 z 平面上，$z=c_m(m=1, 2, \cdots, M)$ 表示系统函数 $H(z)$ 的零点，而 $z=d_k(k=1, 2, \cdots, N)$ 表示系统函数 $H(z)$ 的极点。定义 $\boldsymbol{C}_m=e^{j\omega}-c_m$ 为系统的零点矢量，它是一个由零点 c_m 指向单位圆上 $e^{j\omega}$ 点的矢量；$\boldsymbol{D}_k=e^{j\omega}-d_k$ 为系统的极点矢量，它是一个由极点 d_k 指向单位圆上 $e^{j\omega}$ 点的矢量。设 $\boldsymbol{C}_m=\rho_m e^{j\theta_m}$，$\boldsymbol{D}_k=l_k e^{j\phi_k}$，其中 ρ_m 和 l_k 分别为矢量 $\boldsymbol{C}_m$ 和 $\boldsymbol{D}_k$ 的模，θ_m、ϕ_k 为矢量 $\boldsymbol{C}_m$ 和 $\boldsymbol{D}_k$ 的相角。这样系统的频率响应 $H(e^{j\omega})$ 可以进一步写为

$$H(e^{j\omega}) = Ke^{j\omega(N-M)}\frac{\prod_{m=1}^{M}\boldsymbol{C}_m}{\prod_{k=1}^{N}\boldsymbol{D}_k} = Ke^{j\omega(N-M)}\cdot\frac{e^{\left(j\sum_{m=1}^{M}\theta_m\right)}\cdot\prod_{m=1}^{M}\rho_m}{e^{\left(j\sum_{k=1}^{N}\phi_k\right)}\cdot\prod_{k=1}^{N}l_k} \tag{4.5-8}$$

$$|H(e^{j\omega})| = |K|\frac{\prod_{m=1}^{M}\rho_m}{\prod_{k=1}^{N}l_k} \tag{4.5-9}$$

$$\varphi(\omega)=(N-M)\omega+\sum_{m=1}^{M}\theta_m-\sum_{k=1}^{N}\phi_k \tag{4.5-10}$$

式(4.5-9)表明，系统的幅频特性等于系统各零点矢量长度之积除以各极点矢量长度之积，再乘以常数$|K|$；式(4.5-10)表明，系统的相频特性等于各零点矢量的相角之和减去各极点矢量的相角之和，再加上线性相移$(N-M)\omega$。当频率ω从π到2π变化时，这些零、极点矢量的终点沿着单位圆旋转一周，矢量的长度和相角不断发生变化，所以可以用这种直观的几何方法计算系统的频率响应，分析系统的特性，从而改变系统零、极点的分布，使之达到预期的要求。

例 4-16 已知系统的差分方程为

$$y(n)=x(n)+ay(n-1),\quad 0<a<1$$

求系统的频率响应，并分析系统的幅频特性。

解 根据系统的已知差分方程，两端取Z变换得系统函数

$$H(z)=\frac{1}{1-az^{-1}}=\frac{z}{z-a},\quad |z|>a$$

系统的频率响应为

$$H(e^{j\omega})=H(z)|_{z=e^{j\omega}}=\frac{e^{j\omega}}{e^{j\omega}-a}=\frac{1}{(1-a\cos\omega)+ja\sin\omega}$$

该系统是一个因果系统，利用Z反变换可求得系统的单位抽样响应为

$$h(n)=a^nu(n)$$

系统的幅频特性为

$$|H(e^{j\omega})|=\frac{1}{\sqrt{1+a^2-2a\cos\omega}}$$

系统的相频特性为

$$\phi(\omega)=-\arctan\left(\frac{a\sin\omega}{1-a\cos\omega}\right)$$

因此，系统的零点$z=0$，极点$z=a$。由于零点在坐标原点，因此零点矢量的长度不随ω变化，它对幅频特性没有影响。而极点矢量在$\omega=0$时最短，形成$|H(e^{j\omega})|$的波峰点，在$\omega=\pi$时最长，形成$|H(e^{j\omega})|$的波谷点。在ω从0到π变化时，极点矢量逐渐变长，$|H(e^{j\omega})|$逐渐变小；在ω从π到2π变化时，极点矢量逐渐变短，$|H(e^{j\omega})|$逐渐变大。

4.6 Z变换与拉普拉斯变换、傅里叶变换的关系

4.6.1 Z变换与拉普拉斯变换之间的关系

首先分析序列的Z变换与理想抽样信号的拉普拉斯变换的关系。

设连续信号为$x_a(t)$，其理想抽样信号为$\hat{x}_a(t)$，它们的拉普拉斯变换分别为

$$X_a(s)=L[x_a(t)]=\int_{-\infty}^{+\infty}x_a(t)e^{-st}dt$$

$$\hat{X}_a(s)=L[\hat{x}_a(t)]=\int_{-\infty}^{+\infty}\hat{x}_a(t)e^{-st}dt$$

而理想抽样信号和连续信号的关系为

$$\hat{x}_a(t) = \sum_{n=-\infty}^{\infty} x_a(t)\delta(t-nT)$$

将上式代入 $\hat{X}_a(s)$的拉普拉斯变换式，得到

$$\begin{aligned}\hat{X}_a(s) &= \int_{-\infty}^{+\infty} \hat{x}_a(t)\mathrm{e}^{-st}\,\mathrm{d}t \\ &= \int_{-\infty}^{+\infty} \sum_{n=-\infty}^{\infty} x_a(nT)\delta(t-nT)\mathrm{e}^{-st}\,\mathrm{d}t \\ &= \sum_{n=-\infty}^{\infty}\int_{-\infty}^{+\infty} x_a(nT)\delta(t-nT)\mathrm{e}^{-st}\,\mathrm{d}t \\ &= \sum_{n=-\infty}^{\infty} x_a(nT)\mathrm{e}^{-snT} \end{aligned} \tag{4.6-1}$$

抽样序列 $x(n)=x_a(nT)$的 Z 变换为

$$X(z) = \sum_{n=-\infty}^{\infty} x(n)z^{-n} \tag{4.6-2}$$

对比式(4.6-1)和式(4.6-2)可以看出，当 $z=\mathrm{e}^{-sT}$时，抽样序列的 Z 变换就等于其抽样信号的拉普拉斯变换，即

$$X(z)\big|_{z=\mathrm{e}^{sT}} = X(\mathrm{e}^{sT}) = \hat{X}_a(s) \tag{4.6-3}$$

这种变换关系体现了由复变量 s 平面到复变量 z 平面的映射关系，即

$$z = \mathrm{e}^{sT}, \quad s = \frac{1}{T}\ln z \tag{4.6-4}$$

为了讨论两者之间的映射关系，将 s 平面用直角坐标表示，即 $s=\sigma+\mathrm{j}\Omega$，而将 z 平面用极坐标表示，即 $z=r\mathrm{e}^{\mathrm{j}\omega}$，代入式(4.6-4)中，可得到

$$r = \mathrm{e}^{\sigma T}, \quad \omega = \Omega T \tag{4.6-5}$$

显然，Z 变换的模 r 只与 S 变换的实部 σ 相对应，而 Z 变换的相角 ω 只与 S 变换的虚部 Ω 相对应。

根据式(4.6-5)，可以得到以下结论：

(1) r 与 σ 的关系为 $r=\mathrm{e}^{\sigma T}$，如图 4-5 所示。

$\sigma=0$(s 平面的虚轴)对应于 $r=1$(z 平面的单位圆)；

$\sigma<0$(s 平面的左半平面)对应于 $r<1$(z平面的单位圆内部)；

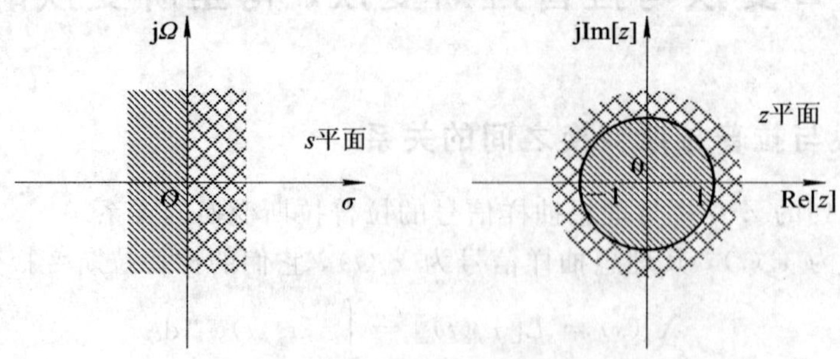

图 4-5 r 与 σ 的映射关系

$\sigma>0$(s 平面的右半平面)对应于 $r>1$(z 平面的单位圆外部)。

(2) ω 与 Ω 的关系为 $\omega=\Omega T$。

$\Omega=0$(s 平面的实轴)对应于 $\omega=0$(z 平面的正实轴);

$\Omega=\Omega_0$(常数)(s 平面上平行于实轴的直线)对应于 $\omega=\Omega_0 T$(z 平面上始于原点的辐射线);

Ω 由 $-\pi/T$ 到 π/T,对应 ω 由 $-\pi$ 经 0 到 π,即在 z 平面旋转一周。

可见,s 平面上宽度为 $2\pi/T$ 的一个水平条纹带,映射了整个 z 平面。Ω 每增加一个间隔 $2\pi/T$,在 z 平面的映射就重叠一次。所以,从 s 平面到 z 平面的映射是多值映射,如图 4-6 所示。

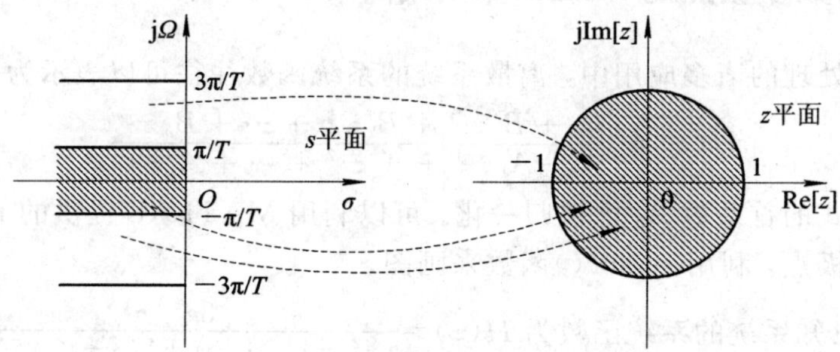

图 4-6 s 平面与 z 平面的多值映射关系

根据时域抽样定理,$X_a(s)$ 与 $\hat{X}_a(s)$ 的关系如下

$$\hat{X}_a(s)=\frac{1}{T}\sum_{k=-\infty}^{\infty}X_a(s-\mathrm{j}k\Omega_s) \tag{4.6-6}$$

利用 s 平面和 z 平面的映射关系,得到 Z 变换与模拟信号的拉普拉斯变换 $X_a(s)$ 的关系如下

$$\begin{aligned}X(z)\big|_{z=e^{sT}}&=\hat{X}_a(s)=\frac{1}{T}\sum_{k=-\infty}^{\infty}X_a(s-\mathrm{j}k\Omega_s)\\&=\frac{1}{T}\sum_{k=-\infty}^{\infty}X_a\left(s-\frac{\mathrm{j}2\pi k}{T}\right)\end{aligned} \tag{4.6-7}$$

4.6.2 Z 变换与模拟信号傅里叶变换的关系

我们知道傅里叶变换是拉普拉斯变换在虚轴上的特例,即 $s=\mathrm{j}\Omega$,因而映射到 z 平面上为单位圆 $z=e^{\mathrm{j}\Omega T}$,将这两个关系代入式(4.6-7)可得

$$X(z)\big|_{z=e^{\mathrm{j}\Omega T}}=X(e^{\mathrm{j}\Omega T})=\hat{X}_a(\mathrm{j}\Omega)=\frac{1}{T}\sum_{k=-\infty}^{\infty}X_a\left(\mathrm{j}\Omega-\mathrm{j}\frac{2\pi}{T}k\right) \tag{4.6-8}$$

式(4.6-8)表明,抽样序列在单位圆上的 Z 变换等于其理想抽样信号的傅里叶变换。

4.6.3 Z 变换与序列信号傅里叶变换的关系

根据 z 平面与 s 平面的映射关系 $\omega=\Omega T$,z 平面的变量 ω 直接与 s 平面的角频率变量 Ω 对应,因此 ω 具有频率的意义,称为数字频率,它实际上就是模拟频率对抽样频率的归一化。把映射关系 $\omega=\Omega T$ 代入式(4.6-8),可得

$$X(z)\,|_{z=e^{j\omega}} = X(e^{j\omega}) = \hat{X}_a(j\Omega)\,|_{\Omega=\omega/T} = \frac{1}{T}\sum_{k=-\infty}^{\infty} X_a\left(j\,\frac{\omega-2\pi k}{T}\right) \qquad (4.6-9)$$

式(4.6－9)表明，单位圆上的Z变换就是序列的傅里叶变换，且与模拟信号的频谱相联系，它是模拟信号的频谱周期延拓后再对抽样频率的归一化。

4.7 MATLAB 实现

4.7.1 系统函数零极点的 MATLAB 求解

在数字信号处理的诸多应用中，离散系统的系统函数往往可以表示为

$$H(z) = \frac{B_0 + B_1 z^{-1} + B_2 z^{-2} + \cdots + B_m z^{-m}}{1 + A_1 z^{-1} + A_2 z^{-2} + \cdots + A_n z^{-n}}$$

上式中分母多项式的首系数 A_0 已被归一化。可以利用 MATLAB 提供的 roots()函数来求解上述系统的零极点，利用 zplane()函数来画图。

例 4－17　已知系统的系统函数为 $H(z)=\dfrac{3z^2}{(z^2-1.5z+0.5)(z-0.25)}$，求该系统的零极点。

解　求解系统零极点的 MATLAB 程序如下：

```
b=[3 0 0];
a=[1 -1.75 0.875 -0.125];
zeros=roots(b);
poles=root(a);
zplane(b,a);
```

程序执行结果如下：

```
zeros=
      0
      0
poles =
      1.3574
      0.1963+0.2314i
      0.1963-0.2314i
```

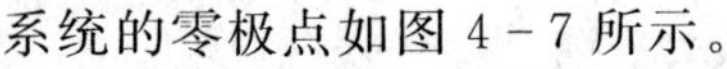

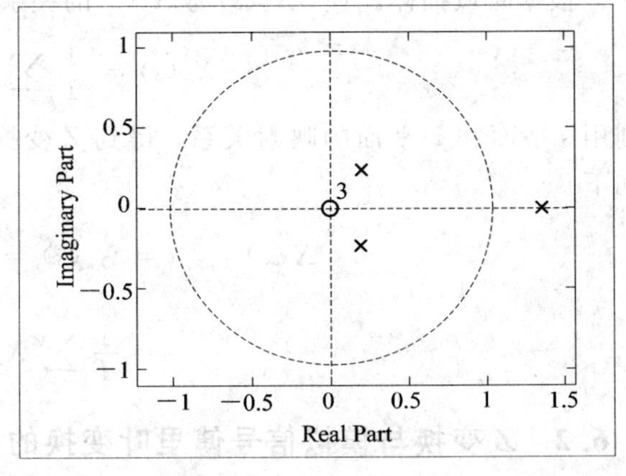

图 4－7　例 4－17 的零极点图

系统的零极点如图 4－7 所示。

4.7.2 序列的 Z 变换和 Z 反变换的 MATLAB 求解

从前面的分析可以看出，逆Z变换的计算一般是比较复杂的，但部分分式的展开却很容易用 MATLAB 函数 residue()和 residuez()来实现。设 $X(z)$ 是待展开的 z 的有理函数，将 $\dfrac{X(z)}{z}$ 的分子多项式和分母多项式的系数以 z^{-1} 的升幂排列并作为 residue()函数的输入

元，则 residue()函数将给出 $\dfrac{X(z)}{z}$ 的极点和部分分式的系数。如果希望直接对部分分式展开，则将 $X(z)$ 的分母多项式 $A(z)$ 和它的分子多项式 $B(z)$ 以 z^{-1} 的升幂排列，其系数分别用向量 a 和 b 表示，并作为函数 residuez()的输入元，那么语句[R, p, C]= residuez(b,a)将给出 $X(z)$ 的极点向量(p)、部分分式的系数向量(R)和直接项(C)。

例 4-18 求 $x(z)=\dfrac{z}{3z^2-4z+1}$ 的逆 Z 变换，并讨论不同的收敛区域对应的不同序列。

解 首先把 $x(z)$ 按照 z^{-1} 的升幂排列 $x(z)=\dfrac{z^{-1}}{3-4z^{-1}+z^{-2}}$，调用 residuez()函数：

```
b=[0 1];
a=[-3 -4 1];
[R p C]=residuez(b,a);
```

MATLAB 的运行结果如下：

```
R=
    0.5000
   -0.5000
p=
    1.0000
    0.3333
C=
   []
```

由上述结果可得到：

$$X(z)=\frac{1/2}{1-z^{-1}}-\frac{1/2}{1-1/3z^{-1}}$$

该系统有两个极点，即 $z_1=1$，$z_2=1/3$，由此得到三种不同的收敛区域，对应的三种序列分别是：

(1) $x(n)=\dfrac{1}{2}u(n)-\dfrac{1}{2}\left(\dfrac{1}{3}\right)^n u(n)$，$\infty>|z|>1$；

(2) $x(n)=-\dfrac{1}{2}u(-n-1)+\dfrac{1}{2}\left(\dfrac{1}{3}\right)^n u(-n-1)$，$0>|z|>1/3$；

(3) $x(n)=-\dfrac{1}{2}u(-n-1)-\dfrac{1}{2}\left(\dfrac{1}{3}\right)^n u(n)$，$1>|z|>1/3$。

4.7.3 系统频谱响应的 MATLAB 计算分析

可以利用 MATLAB 提供的函数 freqz()求解系统的频率响应和相位响应。该函数调用的基本形式为

[H w]=freqz(b,a,N)

式中，b 和 a 分别表示分子和分母多项式的系数向量，N 是指定的 N 点频率向量 w 和 N 点复频率响应向量 H。

例 4-19 已知系统函数 $H(z)=\dfrac{2(z^2+z)}{z^5+2.7z^4+4z^3-0.76z^2+0.76z-0.3}$。

(1) 求出零极点，并画图；

(2) 画出该系统的幅度响应和相位响应特性曲线。

解 运用 MATLAB 的 roots()函数求出系统的零极点。MATLAB 程序如下：

```
b=[1 1 0];
a=[1 2.7 4 -0.76 0.76 -0.3];
zero=roots(b);
poles=roots(a);
zplane(b,a);
H=freqz(b,a,w);
magh=abs(H);delt=angle(H);
subplot(2 1 1);plot(w/pi,magh);
subplot(211);plot(w/pi,magh);
subplot(212);plot(w/pi,delt);
```

程序执行的结果如图 4-8 所示。

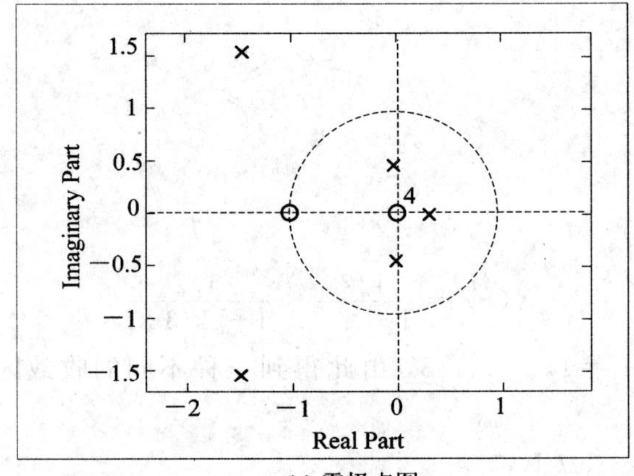

(a) 零极点图

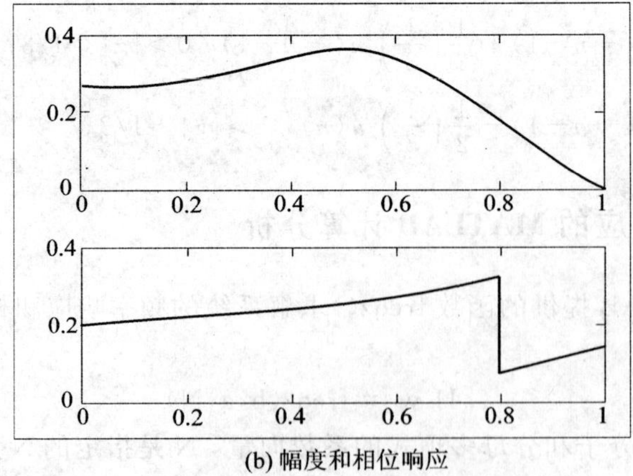

(b) 幅度和相位响应

图 4-8 例 4-19 的 MATLAB 求解

例 4-20　已知一个因果系统 $y(n)=0.81y(n-2)+x(n)-x(n-2)$，求：

(1) 系统函数 $H(z)$；

(2) 单位冲击响应 $h(n)$；

(3) $H(e^{j\omega})$，并画出该系统的幅频和相频曲线。

解　(1) 由于系统是因果的，收敛域一定位于以最大极点值为半径的圆的外部。对差分方程两边同时取 Z 变换得到

$$H(z)=\frac{1-z^{-2}}{1-0.81z^{-2}}=\frac{1-z^{-2}}{(1+0.9z^{-1})(1-0.9z^{-1})},\ |z|>0.9$$

(2) 利用 MATLAB，键入如下命令：

```
b=[1 0 -1];
a=[1 0 -0.81];
[R p C]=residuez(b,a);
```

运行结果如下：

```
R=
   -0.1173
   -0.1173
p =
   -0.9000
    0.9000
C=
    1.2346
```

所以

$$H(z)=1.2346-0.1173\frac{1}{1+0.9z^{-1}}-0.1173\frac{1}{1-0.9z^{-1}},\ |z|>0.9$$

推得

$$h(n)=1.2346\delta(n)-0.1173[1+(-1)^n](0.9)^n u(n),\ |z|>0.9$$

(3) 把 $z=e^{j\omega}$ 代入 $H(z)$ 得

$$H(e^{j\omega})=\frac{1-e^{-j2\omega}}{1-0.81e^{-2j\omega}}$$

在 MATLAB 中键入如下命令：

```
b=[1 0 -1];
a=[1 0 -0.81];
w=[0:500] * pi/500;
H=freqz(b,a,w);
magh=abs(H);delt=angle(H);
subplot(211);plot(w/pi,magh);
subplot(212);plot(w/pi,delt);
```

运行结果如图 4-9 所示。

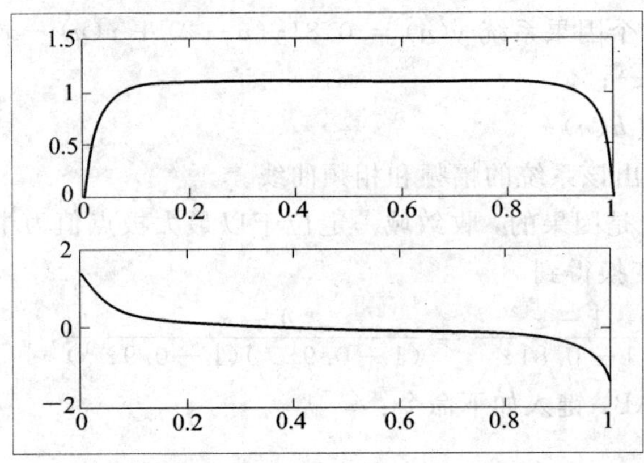

图 4-9 例 4-20 的频率响应

习 题

4.1 求以下序列的 Z 变换，并画出零、极点图，指明收敛域。

(1) $x(n)=(1/2)^n u(n)$ (2) $x(n)=n\sin(\omega_0 n)u(n)$

(3) $x(n)=(1/n)u(n-1)$ (4) $e^{-an}u(n)$

4.2 已知某序列的 Z 变换表达式如下，那么它的收敛域可能有哪几种形式，分别对应什么序列？

$$X(z)=\frac{1-(1/4)z^{-2}}{[1+(1/4)z^{-2}][1+(4/5)z^{-1}+(3/8)z^{-2}]}$$

4.3 求序列 $x(n)=\delta(n-1)+\delta(n-3)$的傅里叶变换。

4.4 序列 $x(n)$的自相关序列 $c(n)$的定义为 $c(n)=\sum_{k=-\infty}^{\infty}x(k)x(n+k)$，请用 $X(z)$来表示 $C(z)$。

4.5 研究一个线性时不变因果系统 $H(z)=\frac{1-a^{-1}z^{-1}}{1-az^{-1}}$，$a$ 为实数。问：

(1) a 值在哪些范围内时系统是稳定的？

(2) 如果 $0<a<1$，画出系统零、极点图，标出收敛域。

(3) 在 z 平面上，用图解证明该系统是一个全通系统，即频率响应的幅度为一常数。

(4) 把 $H(z)$和系统 $\hat{H}(z)$级联，使整个系统函数为 1，设 $0<a<1$，且 $\hat{H}(z)$为一个稳定系统，求系统 $\hat{H}(z)$的冲激响应 $\hat{h}(n)$。

4.6 设 $x(n)$为右边序列，确定下面序列的收敛域并求其逆 Z 变换。

(1) $X(z)=\frac{3z^2}{(z^2-1.5z+0.5)(z-0.25)}$ (2) $X(z)=\frac{2z}{(z^2-0.25)^2}$

4.7 已知一因果离散线性系统的差分方程为

$$y(n)+0.2y(n-1)-0.24y(n-2)=x(n)+x(n-1)$$

(1) 求系统的系统函数 $H(z)$。

(2) 画出系统的零、极点分布图，并说明其收敛域以及系统的稳定性。

(3) 求系统的单位抽样响应 $h(n)$。

4.8 有一个用以下差分方程表示的线性移不变因果系统

$$y(n)-2my(n-1)\cos\theta+m^2y(n-2)=x(n)$$

当激励为 $x(n)=a^n u(n)$时，用Z变换求该系统的响应。

4.9 已知 $H(Z)=\dfrac{2(z^2+z)}{z^5+2.7z^4+4z^3-0.76z^2+0.76z-0.3}$，用MATLAB求该系统的零点和极点并画出零、极点分布图。

4.10 已知 $H(z)=\dfrac{z}{3z^2-4z+1}$，求该系统的单位抽样响应 $h(t)$，并讨论收敛域。

4.11 求下列因果系统的系统函数和差分方程，并讨论其稳定性。

(1) $h(n)=[1-(1/3)^n]u(n)$

(2) $h(n)=0.5\delta(n)$

(3) $h(n)=[2^n-3^n]u(n)$

4.12 用Z变换计算下列系统的零状态响应、零输入响应和全响应。

(1) $y(n)-0.5y(n-1)=2u(n)$

(2) $y(n)-0.9y(n-1)+0.2y(n-2)=(1/2)^n$

第5章 DFT与FFT

由第3章曾讨论过的“离散时间序列的傅里叶变换(DTFT)”知道：序列的傅里叶变换即序列的频谱，是数字频率ω的连续变量函数，且序列的长度不受限制。但在实际利用计算机或数字设备进行频谱分析时，由于只能处理有限长离散数据，因此，需要建立一种从有限长离散时间到有限长离散频率之间的变换关系，这就是本章所要讨论的离散傅里叶变换(DFT)。DFT不仅使数字信号的处理可以在频域用计算机进行，而且它的计算还存在着有效的快速算法——快速傅里叶变换(FFT)，因而在信号处理中，DFT有着重要的理论意义和应用价值。

本章主要讨论DFT的定义、性质，离散傅里叶级数以及DFT的快速算法和MATLAB实现。

5.1 DFT的定义及物理意义

5.1.1 DFT的定义

设序列$x(n)$长度为M，则它的N点离散傅里叶正变换(DFT)和N点离散傅里叶逆变换(IDFT)分别定义为

$$X(k) = \text{DFT}[x(n)] = \sum_{n=0}^{N-1} x(n)\mathrm{e}^{-\mathrm{j}\frac{2\pi}{N}nk} = \sum_{n=0}^{N-1} x(n)W_N^{nk}, \quad 0 \leqslant k \leqslant N-1 \tag{5.1-1}$$

$$x(n) = \text{IDFT}[X(k)] = \frac{1}{N}\sum_{k=0}^{N-1} X(k)\mathrm{e}^{\mathrm{j}\frac{2\pi}{N}nk} = \frac{1}{N}\sum_{k=0}^{N-1} X(k)W_N^{-nk}, \quad 0 \leqslant n \leqslant N-1 \tag{5.1-2}$$

式中，$W_N = \mathrm{e}^{-\mathrm{j}\frac{2\pi}{N}}$，$N$为DFT变换区间长度，$N \geqslant M$。通常称式(5.1-1)和式(5.1-2)为离散傅里叶变换对。由DFT的定义可见，DFT使有限长时域离散序列与有限长频域离散序列之间建立起了对应关系，故可利用计算机完成两者间的变换，这是DFT的最大优点之一。

5.1.2 DFT的物理意义

设$X(\mathrm{e}^{\mathrm{j}\omega}) = \text{DTFT}[x(n)]$，$X(z) = \text{Z}[x(n)]$，$X(k) = \text{DFT}[x(n)]_N$，则

$$X(\mathrm{e}^{\mathrm{j}\omega}) = X(z)\big|_{z=\mathrm{e}^{\mathrm{j}\omega}} \tag{5.1-3}$$

$$X(k) = X(\mathrm{e}^{\mathrm{j}\omega})\big|_{\omega=2\pi k/N}, \quad 0 \leqslant k \leqslant N-1 \tag{5.1-4}$$

$$X(k)=X(z)\mid_{z=e^{j2\pi k/N}},\quad 0\leqslant k\leqslant N-1 \tag{5.1-5}$$

式(5.1-3)就是序列的Z变换与序列的傅里叶变换之间的关系，即单位圆上的Z变换就是序列的傅里叶变换。式(5.1-4)和式(5.1-5)指出了离散傅里叶变换(DFT)与离散时间序列的傅里叶变换(DTFT)以及序列的Z变换之间的关系，即序列$x(n)$的N点DFT是对$x(n)$的频谱$X(e^{j\omega})$在$[0, 2\pi]$上的N点等间隔采样，采样间隔为$2\pi/N$，也就是对序列频谱的离散化。这就是DFT的物理意义。既然离散傅里叶变换(DFT)就是对序列频谱的N点等间隔采样，那么当变换区间长度N变化时，所得的变换结果即DFT也是不同的。类似采样定理，当N越大时采样的谱线越密，$X(k)$的包络线就越逼近$X(e^{j\omega})$的幅频特性曲线。

5.2　离散傅里叶级数(DFS)与DFT

5.2.1　离散傅里叶级数(DFS)

我们知道，对于周期信号，通常都可以用傅里叶级数来描述。若连续时间周期信号为$f(t)=f(t+mT)$，m为任意整数，则根据第1章的周期信号傅里叶级数展开公式，信号$f(t)$的指数形式傅里叶级数表示为

$$f(t)=\sum_{n=-\infty}^{+\infty}F(jn\Omega)e^{jn\Omega t} \tag{5.2-1}$$

上式可以看成是信号$f(t)$被分解成不同频率的各次谐波的叠加，每个谐波都有一个幅值$|F(jn\Omega)|$，表示该谐波分量所占的比重。其中$e^{j\Omega t}$为基波，基频$\Omega=2\pi/T$(T为信号周期)。

同样，现设$\tilde{x}(n)$是周期为N的周期序列，即

$$\tilde{x}(n)=\tilde{x}(n+rN),\quad r\text{为任意整数}$$

因为周期序列$\tilde{x}(n)$不满足绝对可和的条件，所以它的傅里叶变换和Z变换不存在。但是周期序列同连续时间周期信号一样，可以用离散傅里叶级数表示。对于周期序列$\tilde{x}(n)$，用指数形式的傅里叶级数表示应该为

$$\tilde{x}(n)=\sum_{k=-\infty}^{\infty}\tilde{X}_k e^{jk\omega_0 n} \tag{5.2-2}$$

式中，$\omega_0=2\pi/N$是基频，$e^{j\omega_0 n}$为基频序列，$e^{jk\omega_0 n}$为k次谐波序列。

虽然在表现形式上和连续周期函数是相同的，但是离散周期序列的傅里叶级数的谐波成分只有N个独立成分，这与连续傅里叶级数的无穷多个谐波成分相比是不同的。为了说明这一点，下面来分析一下第$k+rN$(r为任意整数)次谐波$e^{j(k+rN)\omega_0 n}$和第k次谐波$e^{jk\omega_0 n}$之间的关系。因为

$$e^{j(k+rN)\omega_0 n}=e^{jk\omega_0 n},\quad r\text{为任意整数}$$

这说明第$k+rN$次谐波能够被第k次谐波代表，即复指数序列是k的周期函数。因此，在所有的谐波成分中，只有从$k=0$到$N-1$的N个谐波成分是独立的，用这N个谐波就可完全地表示出$\tilde{x}(n)$。另外，为了计算方便，引入一个系数$1/N$，这就形成了周期序列$\tilde{x}(n)$的离散傅里叶级数，即

$$\widetilde{x}(n)=\frac{1}{N}\sum_{k=0}^{N-1}\widetilde{X}(k)\mathrm{e}^{\mathrm{j}\frac{2\pi}{N}kn} \tag{5.2-3}$$

下面来讨论如何根据 $\widetilde{x}(n)$ 来求解系数 $\widetilde{X}(k)$。将式(5.2-3)两端同时乘以 $\mathrm{e}^{-\mathrm{j}(2\pi/N)rn}$，并对 n 在从 0 到 $N-1$ 的一个周期内求和，得到

$$\sum_{n=0}^{N-1}\widetilde{x}(n)\mathrm{e}^{-\mathrm{j}\frac{2\pi}{N}rn}=\sum_{n=0}^{N-1}\frac{1}{N}\sum_{k=0}^{N-1}\widetilde{X}(k)\mathrm{e}^{\mathrm{j}\frac{2\pi}{N}(k-r)n}=\sum_{k=0}^{N-1}\widetilde{X}(k)\left[\frac{1}{N}\sum_{n=0}^{N-1}\mathrm{e}^{\mathrm{j}\frac{2\pi}{N}(k-r)n}\right]$$

利用复指数的正交性，即

$$\sum_{n=0}^{N-1}\mathrm{e}^{\mathrm{j}\frac{2\pi}{N}(k-r)n}=\begin{cases}N, & k=r\\0, & \text{其他}\end{cases}$$

因此

$$\sum_{n=0}^{N-1}\widetilde{x}(n)\mathrm{e}^{-\mathrm{j}\frac{2\pi}{N}rn}=\widetilde{X}(r)$$

将 r 换成 k，可得

$$\widetilde{X}(k)=\sum_{n=0}^{N-1}\widetilde{x}(n)\mathrm{e}^{-\mathrm{j}\frac{2\pi}{N}kn} \tag{5.2-4}$$

式(5.2-4)就是计算 $k=0$ 到 $N-1$ 的 N 个谐波系数 $\widetilde{X}(k)$ 的公式，通常把 $\widetilde{X}(k)$ 称为 $\widetilde{x}(n)$ 的离散傅里叶级数。从式(5.2-4)中也可以看出，$\widetilde{X}(k)$ 也是周期为 N 的周期序列，即有

$$\widetilde{X}(k+mN)=\sum_{n=0}^{N-1}\widetilde{x}(n)\mathrm{e}^{-\mathrm{j}\frac{2\pi}{N}(k+mN)n}=\sum_{n=0}^{N-1}\widetilde{x}(n)\mathrm{e}^{-\mathrm{j}\frac{2\pi}{N}kn}=\widetilde{X}(k),\ m\ \text{是任意整数}$$

习惯上，我们常采用以下符号

$$W_N=\mathrm{e}^{-\mathrm{j}\frac{2\pi}{N}}$$

因此，将上式代入式(5.2-4)和式(5.2-3)，并重写如下

$$\widetilde{X}(k)=\mathrm{DFS}[\widetilde{x}(n)]=\sum_{n=0}^{N-1}\widetilde{x}(n)\mathrm{e}^{-\mathrm{j}\frac{2\pi}{N}kn}=\sum_{n=0}^{N-1}\widetilde{x}(n)W_N^{kn} \tag{5.2-5}$$

$$\widetilde{x}(n)=\mathrm{IDFS}[\widetilde{X}(k)]=\frac{1}{N}\sum_{k=0}^{N-1}\widetilde{X}(k)\mathrm{e}^{\mathrm{j}\frac{2\pi}{N}kn}=\frac{1}{N}\sum_{k=0}^{N-1}\widetilde{X}(k)W_N^{-kn} \tag{5.2-6}$$

式(5.2-5)和式(5.2-6)称为离散傅里叶级数变换对，式中的 n 和 k 都为离散变量。通常把 n 和 k 分别看做时间和频率变量，用 DFS[·]表示时域到频域的变换，称为离散傅里叶级数正变换，用 IDFS[·]表示由频域到时域的变换，称为离散傅里叶级数反变换。

观察离散傅里叶级数的正反变换式，我们有以下结论：

(1) 不论是 $\widetilde{x}(n)$ 还是 $\widetilde{X}(k)$，都是周期为 N 的无限长序列，因此，离散傅里叶级数是两个同周期的无限长序列之间的映射，即时域周期序列的离散傅里叶级数在频域也是一个周期序列。

(2) 对于周期序列，我们只要知道其中一个周期的内容，则整个周期序列的信息也都知道了。因而周期序列的信息可以用 N 个序列值(一个周期)来代表。所以，不论是 DFS 还是 IDFS，虽然是从无限长序列到无限长序列之间的变换，由于其周期特征，其计算中也仅需对序列的一个周期进行求和。从这一点来看，离散傅里叶级数也可以看做是建立起了从有限长序列到无限长序列的变换关系。

实际上，任意一个长度为 N 的有限长序列 $x(n)$ 都可以看做是一个周期为 N 的周期序列的一个周期；反过来说，任意一个周期为 N 的周期序列 $\tilde{x}(n)$，都可以看做是它的一个周期所形成的 N 点序列进行以 N 为周期的周期延拓的结果。通常，我们将周期序列 $\tilde{x}(n)$（假设周期为 N）的第一个周期所处的区间$[0, N-1]$定义为“主值区间”，而处于主值区间的部分称为“主值序列”。

(3) 对于周期是 N 的序列 $\tilde{x}(n)$，因为不是绝对可和的，其 Z 变换不收敛，所以不能用 Z 变换表示。但若只取 $\tilde{x}(n)$ 的一个周期

$$x(n)=\begin{cases}\tilde{x}(n), & n=0, 1, \cdots, N-1\\ 0, & \text{其他}\end{cases}$$

则其 Z 变换存在，即

$$X(z)=\sum_{n=-\infty}^{\infty}x(n)z^{-n}=\sum_{n=0}^{N-1}x(n)z^{-n}=\sum_{n=0}^{N-1}\tilde{x}(n)z^{-n} \tag{5.2-7}$$

对比式(5.2-5)与式(5.2-7)，可知

$$\tilde{X}(k)=X(z)\big|_{z=W_N^{-k}} \tag{5.2-8}$$

式(5.2-8)表明，$\tilde{X}(k)$ 是 $\tilde{x}(n)$ 的一个周期形成的有限长序列 $x(n)$ 的 Z 变换在 z 平面的单位圆上以等间隔角$\frac{2\pi}{N}$进行采样得到的。

同样，$x(n)$ 的傅里叶变换为

$$X(e^{j\omega})=\sum_{n=-\infty}^{\infty}x(n)e^{-j\omega n}=\sum_{n=0}^{N-1}x(n)e^{-j\omega n}=\sum_{n=0}^{N-1}\tilde{x}(n)e^{-j\omega n} \tag{5.2-9}$$

对比式(5.2-5)与式(5.2-9)，可知

$$\tilde{X}(k)=X(e^{j\omega})\big|_{\omega=\frac{2\pi}{N}k} \tag{5.2-10}$$

式(5.2-10)表明，$\tilde{X}(k)$ 是 $\tilde{x}(n)$ 的一个周期形成的有限长序列 $x(n)$ 的傅里叶变换以$\frac{2\pi}{N}$为间隔进行等间隔采样得到的。

因而，离散傅里叶级数实质上是建立了周期序列与有限长序列之间的映射关系。

例 5-1　设 $\tilde{x}(n)$ 为周期冲激串，即 $\tilde{x}(n)=\sum\limits_{r=-\infty}^{\infty}\delta(n+rN)$，求 $\tilde{x}(n)$ 的 DFS。

解　当 $0\leqslant n\leqslant N-1$ 时，$\tilde{x}(n)=\delta(n)$，因而利用式(5.2-5)可得到

$$\tilde{X}(k)=\sum_{n=0}^{N-1}\delta(n)W_N^{kn}=1$$

即对于所有的 k 值，$\tilde{X}(k)$ 均为 1。因此，利用式(5.2-6)，$\tilde{x}(n)$ 表示成级数形式为

$$\tilde{x}(n)=\frac{1}{N}\sum_{k=0}^{N-1}\tilde{X}(k)W_N^{-kn}=\frac{1}{N}\sum_{k=0}^{N-1}W_N^{-kn}=\frac{1}{N}\sum_{k=0}^{N-1}e^{j\frac{2\pi}{N}kn}=\begin{cases}1, & n=rN\\ 0, & \text{其他}\end{cases}$$

例 5-2　设 $\tilde{x}(n)$ 的周期 $N=10$，在主值区间内，当 $0\leqslant n\leqslant 4$ 时，$\tilde{x}(n)=1$，当 $5\leqslant n\leqslant 9$ 时，$\tilde{x}(n)=0$。假设 $\tilde{x}(n)$ 的主值序列为 $x(n)$，其傅里叶变换为 $X(e^{j\omega})$。试求 $\tilde{X}(k)$ 和 $X(e^{j\omega})$，并分别画出它们的幅度特性图。

解　按照式(5.2-5)，有

$$\tilde{X}(k)=\sum_{n=0}^{4}W_{10}^{kn}=\sum_{n=0}^{4}e^{-j\frac{2\pi}{10}kn}=e^{-j\frac{4\pi}{10}k}\cdot\frac{\sin\frac{\pi k}{2}}{\sin\frac{\pi k}{10}}$$

按照式(5.2-9)，有

$$X(e^{j\omega}) = \sum_{n=-\infty}^{\infty} x(n)e^{-j\omega n} = \sum_{n=0}^{4} e^{-j\omega n} = \frac{1-e^{-j5\omega}}{1-e^{-j\omega}} = e^{-j2\omega} \cdot \frac{\sin\frac{5\omega}{2}}{\sin\frac{\omega}{2}}$$

$X(e^{j\omega})$的幅度特性图(一个周期)和$\widetilde{X}(k)$的幅度特性图(一个周期)如图5-1所示。

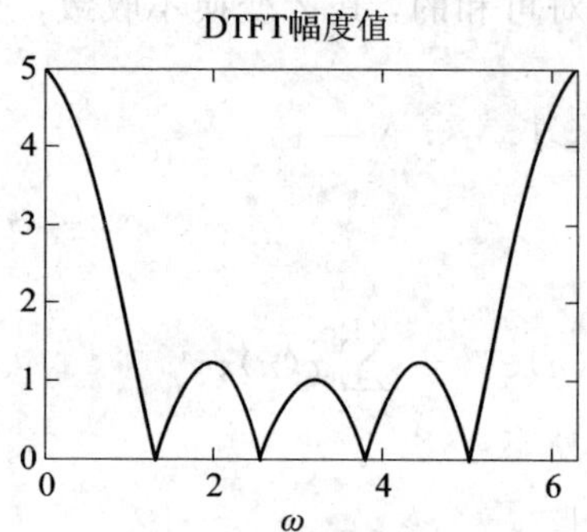

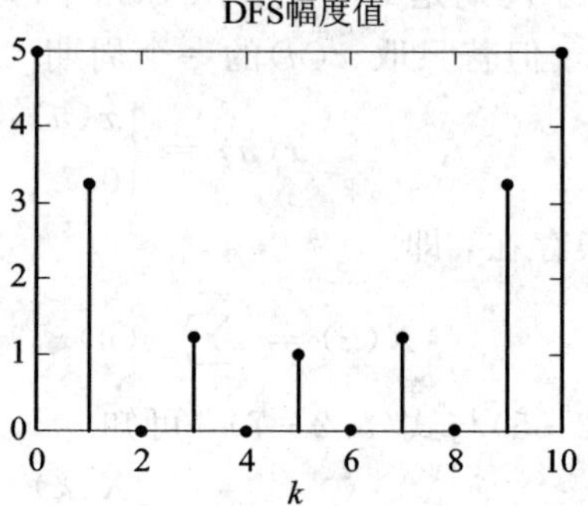

图5-1 例5-2的DTFT与DFS幅度图

从图5-1可以看出，$\widetilde{X}(k)$相当于在$\omega=0$到$\omega=2\pi$的范围内，以$2\pi/10$的频率间隔在10个等间隔的频率上对$x(n)$的傅里叶变换进行采样。这里也说明了DFS实际上代表了序列各个频率分量的幅度。

注意，若$x(n)$不是取主值周期的序列，而是随便取$\tilde{x}(n)$的一个周期序列，比如n取5～14，则再次计算离散傅里叶级数$\widetilde{X}_2(k)$，得到的结果和取主值周期的序列计算得到的结果$\widetilde{X}(k)$是一样的。

5.2.2 DFT与DFS

上面已经提过，对于有限长序列

$$x(n) = \begin{cases} x(n), & 0 \leqslant n \leqslant N-1 \\ 0, & \text{其他} \end{cases}$$

与周期序列

$$\tilde{x}(n) = \sum_{r=-\infty}^{\infty} x(n+rN), \quad r\text{为整数}$$

$x(n)$可看做是$\tilde{x}(n)$的一个周期(主值序列)，而$\tilde{x}(n)$可看做是$x(n)$的以N为周期的周期延拓。所以，不论n的取值如何，我们都有

$$\tilde{x}(n) = x(n\text{模}N) \tag{5.2-11}$$

通过引入求余符号$((n))_N$来表示式(5.2-11)中的(n模N)，同时利用矩形序列的符号$R_N(n)$，就可以将周期序列$\tilde{x}(n)$与其主值序列$x(n)$之间的关系表示为

$$\begin{cases} x(n) = \tilde{x}(n)R_N(n) \\ \tilde{x}(n) = x((n))_N \end{cases} \tag{5.2-12}$$

同理，频域的周期序列$\widetilde{X}(k)$也可看做是对频域的有限长序列$X(k)$的周期延拓，而有限长序列$X(k)$可看成是周期序列$\widetilde{X}(k)$的主值序列，即

$$\begin{cases} X(k) = \widetilde{X}(k) \cdot R_N(k) \\ \widetilde{X}(k) = X((k))_N \end{cases} \tag{5.2-13}$$

我们回头再来看式(5.2-5)与式(5.2-6)的DFS及IDFS的表达式，其中的求和都只限定在主值区间内进行，故完全适用于主值序列。假设时域和频域的主值序列分别为 $x(n)$ 与 $X(k)$，则有

$$\begin{cases}\widetilde{X}(k)=\mathrm{DFS}[\widetilde{x}(n)]=\sum_{k=0}^{N-1}\widetilde{x}(n)W_N^{kn}=\sum_{k=0}^{N-1}x(n)W_N^{kn}\\ \widetilde{x}(n)=\mathrm{IDFS}[\widetilde{X}(k)]=\frac{1}{N}\sum_{k=0}^{N-1}\widetilde{X}(k)W_N^{-kn}=\frac{1}{N}\sum_{k=0}^{N-1}X(k)W_N^{-kn}\end{cases}\tag{5.2-14}$$

与

$$\begin{cases}X(k)=\widetilde{X}(k)R_N(k)=\sum_{n=0}^{N-1}x(n)W_N^{kn},\quad 0\leqslant k\leqslant N-1\\ x(n)=\widetilde{x}(n)R_N(n)=\frac{1}{N}\sum_{k=0}^{N-1}X(k)W_N^{-kn},\quad 0\leqslant n\leqslant N-1\end{cases}\tag{5.2-15}$$

可以看出，式(5.2-15)恰为 N 点DFT的表达式，这说明DFT与DFS之间有着紧密的关系：有限长序列 $x(n)$ 的 N 点离散傅里叶变换 $X(k)$，就是以 N 为周期将 $x(n)$ 进行周期延拓后的周期序列 $x((n))_N$ 的离散傅里叶级数 $\widetilde{X}(k)$ 的主值序列；式(5.2-14)说明，周期序列 $\widetilde{x}(n)$ 的离散傅里叶级数 $\widetilde{X}(k)$，就是 $\widetilde{x}(n)$ 的主值序列(假设为 N 点)$x(n)$ 的 N 点离散傅里叶变换 $X(k)$ 以 N 为周期的周期延拓序列。所以，既然 $\widetilde{X}(k)$ 是 $x(n)$ 的傅里叶变换以 $\frac{2\pi}{N}$ 为间隔的等间隔采样，那么 $X(k)$ 作为 $\widetilde{X}(k)$ 的主值序列，就是 $x(n)$ 的傅里叶变换以 $\frac{2\pi}{N}$ 为间隔在[0，2π]区间的等间隔采样。

因此，离散傅里叶变换(DFT)与周期序列的离散傅里叶级数(DFS)之间存在本质的联系。虽然DFT是针对有限长序列的，但根据傅里叶变换的时域、频域的对偶关系，频域的离散化必然对应着时域序列本身的周期性。因此，进行离散傅里叶变换的原始序列必然是周期的，即DFT隐含着序列的周期性，有限长序列都是作为周期序列的一个周期来表示的，都隐含有周期性意义。

5.3　DFT的性质与定理

由于DFT与DTFT和Z变换之间以及DFS之间的本质联系，因此它们的许多性质具有相似性。但是，由于在DFT变换中 $x(n)$ 和 $X(k)$ 均为有限长序列，因此它们之间的性质还有一些重要差别。DFT的许多性质在数字信号处理中有广泛的应用。本节讨论DFT的一些主要性质。以下讨论中，假设序列 $x_1(n)$ 和 $x_2(n)$ 都是有限长序列，且设

$$X_1(k)=\mathrm{DFT}[x_1(n)],\quad X_2(k)=\mathrm{DFT}[x_2(n)]$$

5.3.1　DFT的隐含周期性

DFT的正反变换式定义了一对 N 点离散傅里叶变换，其中 n 和 k 的取值范围均定义为 $0\sim N-1$，如果式(5.1-1)中 k 的取值域为[$-\infty$，$+\infty$]，就会发现 $X(k)$ 是以 N 为周

期的，即

$$X(k) = X(k+mN),\quad m\ \text{为任意整数} \tag{5.3-1}$$

我们把 $X(k)$ 的这一性质称为 DFT 的隐含周期性。

证明　$$X(k+mN) = \sum_{n=0}^{N-1} x(n) W_N^{(k+mN)n} = \sum_{n=0}^{N-1} x(n) W_N^{kn} = X(k)$$

DFT 的隐含周期性可以从两种不同的角度得出：

(1) 如前综述，$X(k)$ 是对 $X(e^{j\omega})$ 的采样，由于 $X(e^{j\omega})$ 是以 2π 为周期的周期函数，即 $X(k)$ 是对 $X(e^{j\omega})$ 在主值区 $[0, 2\pi]$ 上的 N 点等间隔采样。显然，当自变量 k 超出 DFT 变换区间时，必然得到 $[0, 2\pi]$ 之外区间上 $X(e^{j\omega})$ 的采样，且以 N 为周期重复出现，得到 $\widetilde{X}(k) = X((k))_N$。

(2) 利用 $X(k)$ 与 $x(n)$ 的周期延拓序列 $x((n))_N$ 的离散傅里叶级数 $\widetilde{X}(k)$ 之间的关系，也可以得出 DFT 的隐含周期性。

5.3.2　线性性质

设有限长序列 $x_1(n)$ 和 $x_2(n)$ 的长度分别为 N_1 和 N_2，若

$$x(n) = ax_1(n) + bx_2(n),\quad a\ \text{和}\ b\ \text{为常数}$$

则有

$$X(k) = aX_1(k) + bX_2(k),\quad k = 0, 1, \cdots, N-1 \tag{5.3-2}$$

式中，$N \geqslant \max[N_1, N_2]$，$X(k)$、$X_1(k)$、$X_2(k)$ 分别是 $x(n)$、$x_1(n)$、$x_2(n)$ 的 N 点 DFT。注意，这里以 N 为变换长度，相对较短的序列需通过尾部补零使其长度增加为 N。

该性质可以直接用 DFT 的定义式证明，请读者自己练习。

5.3.3　循环移位性质

1. 有限长序列的循环移位

设序列 $x(n)$ 的长度为 M，对 $x(n)$ 以 N 为周期进行周期延拓，得到

$$\widetilde{x}_N(n) = x((n))_N$$

则定义 $x(n)$ 的循环移位序列为

$$y(n) = \widetilde{x}_N(n+m) R_N(n) = x((n+m))_N R_N(n) \tag{5.3-3}$$

式(5.3-3)表示，将序列 $x(n)$ 以 N 为周期进行周期延拓得到的周期序列 $\widetilde{x}(n)$，再移位 m 个单位之后，得到的周期序列 $\widetilde{x}(n+m)$ 仍旧是一个周期为 N 的序列，并取 $\widetilde{x}(n+m)$ 的主值序列，就得到 $x(n)$ 的循环移位序列 $y(n)$。当 $m<0$ 时，表示向右循环移位。$x(n)$ 及其循环移位的过程如图 5-2 所示，图(a)、(b)、(c)、(d)分别对应序列 $x(n)$、$\widetilde{x}_N(n)$、$\widetilde{x}_N(n+m)$ 和 $y(n)$ 的波形，其中 $M=6$，$N=8$，$m=2$。

2. 循环移位性质

设序列 $x(n)$ 的长度为 M，$x(n)$ 的循环移位序列 $y(n)$ 为

$$y(n) = x((n+m))_N R_N(n),\quad N \geqslant M$$

令 $X(k) = \text{DFT}[(x(n)]$，则

$$Y(k) = \text{DFT}[y(n)] = W_N^{-km} X(k),\quad 0 \leqslant k \leqslant N-1 \tag{5.3-4}$$

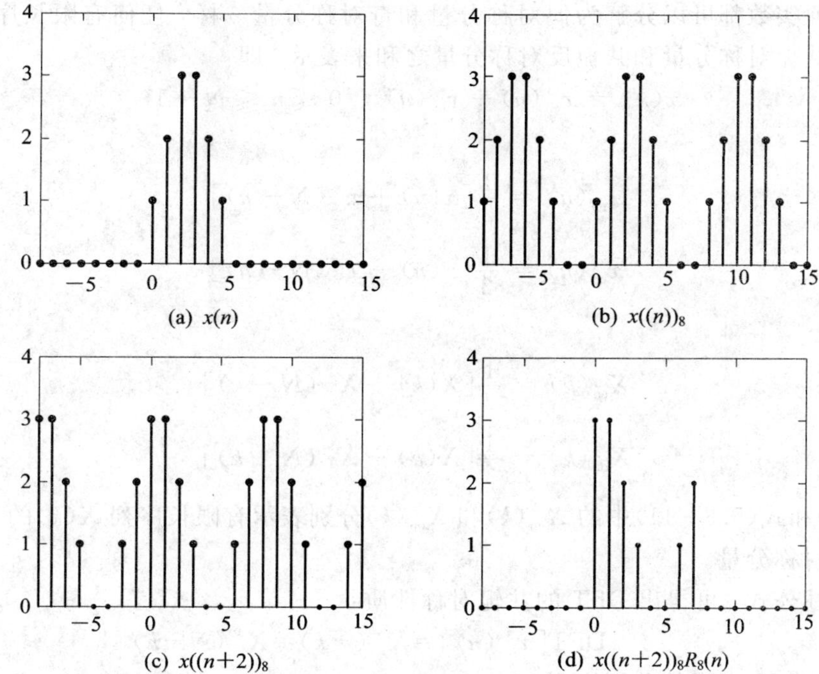

图 5-2 序列的循环移位过程

证明

$$Y(k)=\mathrm{DFT}[y(n)]=\sum_{n=0}^{N-1}x((n+m))_N R_N(n)W_N^{kn}$$

$$=\sum_{n=0}^{N-1}x((n+m))_N W_N^{kn}$$

令 $n+m=l$，得到

$$Y(k)=\sum_{l=m}^{N-1+m}x((l))_N W_N^{k(l-m)}=W_N^{-km}\sum_{l=m}^{N-1+m}x((l))_N W_N^{kl}$$

上式中的 $x((l))_N$ 和 W_N^{kl} 都是以 N 为周期的，对其在任意一个周期的求和结果相等。将上式的求和区间设在主值区间，就有

$$\sum_{l=m}^{N-1+m}x((l))_N W_N^{kl}=\sum_{l=0}^{N-1}x((l))_N W_N^{kl}=\mathrm{DFT}[x(n)]=X(k)$$

因此

$$Y(k)=W_N^{-km}X(k)$$

5.3.4 DFT 的共轭对称性

我们知道，序列傅里叶变换的对称性是关于坐标原点的纵坐标的对称性。DFT 也有类似的对称性，但在 DFT 中涉及的序列 $x(n)$和 $X(k)$均为有限长序列，且取值区间均为主值区间[0，$N-1$]，所以讨论对称性时，不能再以坐标原点作为对称点，而是以 $n=N/2$ 点作为对称点。为了区别于无限长共轭对称序列，我们用 $x_{\mathrm{ep}}(n)$和 $x_{\mathrm{op}}(n)$分别表示有限长(或圆周)共轭对称序列和共轭反对称序列，其定义分别为

$$x_{\mathrm{ep}}(n)=x_{\mathrm{ep}}^{*}(N-n),\quad 0\leqslant n\leqslant N-1 \tag{5.3-5}$$

$$x_{\mathrm{op}}(n)=-x_{\mathrm{op}}^{*}(N-n),\quad 0\leqslant n\leqslant N-1 \tag{5.3-6}$$

如同任何实数都可以分解为偶对称分量和奇对称分量一样，任何有限长序列 $x(n)$ 都可以用它的共轭对称分量和共轭反对称分量之和来表示，即

$$x(n)=x_{\mathrm{ep}}(n)+x_{\mathrm{op}}(n),\quad 0\leqslant n\leqslant N-1 \tag{5.3-7}$$

其中

$$x_{\mathrm{ep}}(n)=\frac{1}{2}[x(n)+x^*(N-n)] \tag{5.3-8}$$

$$x_{\mathrm{op}}(n)=\frac{1}{2}[x(n)-x^*(N-n)] \tag{5.3-9}$$

同理可得

$$X_{\mathrm{ep}}(k)=\frac{1}{2}[X(k)+X^*(N-k)] \tag{5.3-10}$$

$$X_{\mathrm{op}}(k)=\frac{1}{2}[X(k)-X^*(N-k)] \tag{5.3-11}$$

式(5.3-10)和式(5.3-11)中的 $X_{\mathrm{ep}}(k)$ 和 $X_{\mathrm{op}}(k)$ 分别表示有限长序列 $X(k)$ 的共轭对称分量和共轭反对称分量。

利用上述公式，可得出 DFT 的共轭对称性质：

(1)
$$\mathrm{DFT}[x^*(n)]=X^*(-k)=X^*(N-k) \tag{5.3-12}$$

式中，$x^*(n)$ 表示 $x(n)$ 的共轭序列。

证明

$$\mathrm{DFT}[x^*(n)]=\sum_{n=0}^{N-1}x^*(n)W_N^{nk}=\Big[\sum_{n=0}^{N-1}x(n)W_N^{-nk}\Big]^*=X^*(-k)$$

因为

$$W_N^{(N-k)n}=\mathrm{e}^{-\mathrm{j}2\pi(N-k)n/N}=\mathrm{e}^{-\mathrm{j}2\pi n}\cdot\mathrm{e}^{\mathrm{j}2\pi kn/N}=\mathrm{e}^{\mathrm{j}2\pi kn/N}=W_N^{-kn}$$

所以

$$\mathrm{DFT}[x^*(n)]=\Big[\sum_{n=0}^{N-1}x(n)W_N^{(N-k)n}\Big]^*=X^*(N-k)$$

(2)
$$\mathrm{DFT}[x^*(-n)]=X^*(k) \tag{5.3-13}$$

证明

$$\mathrm{DFT}[x^*(-n)]=\sum_{n=0}^{N-1}x^*(-n)W_N^{nk}=\Big[\sum_{n=0}^{N-1}x(-n)W_N^{-nk}\Big]^*=\Big[\sum_{n=-(N-1)}^{0}x(n)W_N^{nk}\Big]^*$$

因为 DFT 的周期性，取 $x(n)$ 的主值序列求和就有

$$\mathrm{DFT}[x^*(-n)]=\Big[\sum_{n=0}^{N-1}x(n)W_N^{nk}\Big]^*=X^*(k)$$

(3) 如果序列 $x(n)$ 可以表示为

$$x(n)=x_{\mathrm{r}}(n)+\mathrm{j}x_{\mathrm{i}}(n),\quad 0\leqslant n\leqslant N-1$$

其中

$$x_{\mathrm{r}}(n)=\mathrm{Re}[x(n)]=\frac{1}{2}[x(n)+x^*(n)]$$

$$x_{\mathrm{i}}(n)=\mathrm{Im}[x(n)]=\frac{1}{2}[x(n)-x^*(n)]$$

则有

$$X_{ep}(k) = \text{DFT}[x_r(n)] \tag{5.3-14}$$

$$X_{op}(k) = \text{DFT}[jx_i(n)] \tag{5.3-15}$$

式(5.3-14)和式(5.3-15)表明，如果序列 $x(n)$的 DFT 为 $X(k)$，则 $x(n)$实部的 DFT 对应于 $X(k)$的共轭对称分量 $X_{ep}(k)$，$x(n)$虚部的 DFT 对应于 $X(k)$的共轭反对称分量 $X_{op}(k)$。

证明　利用式(5.3-8)和式(5.3-9)，可分别得到

$$\begin{aligned}\text{DFT}[x_r(n)] &= \frac{1}{2}\text{DFT}[x(n)+x^*(n)]\\ &= \frac{1}{2}[X(k)+X^*(N-k)] = X_{ep}(k)\end{aligned}$$

$$\begin{aligned}\text{DFT}[jx_i(n)] &= \frac{1}{2}\text{DFT}[x(n)-x^*(n)]\\ &= \frac{1}{2}[X(k)-X^*(N-k)] = X_{op}(k)\end{aligned}$$

因此

$$X(k) = \text{DFT}[x(n)] = \text{DFT}[x_r(n)] + \text{DFT}[jx_i(n)] = X_{ep}(k) + X_{op}(k)$$

(4) 如果将序列 $x(n)$表示为

$$x(n) = x_{ep}(n) + x_{op}(n),\quad 0 \leqslant n \leqslant N-1$$

则有

$$\text{Re}[X(k)] = \text{DFT}[x_{ep}(n)] \tag{5.3-16}$$

$$\text{jIm}[X(k)] = \text{DFT}[x_{op}(n)] \tag{5.3-17}$$

证明　利用式(5.3-8)和式(5.3-9)，可分别得到

$$\begin{aligned}\text{DFT}[x_{ep}(n)] &= \frac{1}{2}\text{DFT}[x(n)+x^*(N-n)]\\ &= \frac{1}{2}[X(k)+X^*(k)] = \text{Re}[X(k)]\end{aligned}$$

$$\begin{aligned}\text{DFT}[x_{op}(n)] &= \frac{1}{2}\text{DFT}[x(n)-x^*(N-n)]\\ &= \frac{1}{2}[X(k)-X^*(k)] = \text{jIm}[X(k)]\end{aligned}$$

因此

$$\begin{aligned}X(k) &= \text{DFT}[x(n)] = \text{DFT}[x_{ep}(n)] + \text{DFT}[x_{op}(n)]\\ &= \text{Re}[X(k)] + \text{jIm}[X(k)]\end{aligned}$$

式(5.3-16)表明，序列 $x(n)$的共轭对称分量的 DFT 为 $X(k)$的实部；式(5.3-17)表明，序列 $x(n)$的共轭反对称分量的 DFT 为 $X(k)$的虚部乘以 j。

上述公式(5.3-12)到公式(5.3-17)是序列 DFT 共轭对称的基本公式，下面给出 $x(n)$为实序列时的 DFT 共轭对称公式，这些公式可以利用上述基本公式进行证明。

(5) 实信号 DFT 的共轭对称性。设 $x(n)$为长度为 N 的实序列，且 $X(k)=\text{DFT}[x(n)]$。

① $X(k)$共轭对称，即

$$X(k)=X^{*}(N-k),\quad 0\leqslant k\leqslant N-1 \tag{5.3-18}$$

② 如果 $x(n)$实偶对称，即

$$x(n)=x(N-n)$$

则 $X(k)$也实偶对称，即

$$X(k)=X(N-k) \tag{5.3-19}$$

③ 如果 $x(n)$实奇对称，即

$$x(n)=-x(N-n)$$

则 $X(k)$纯虚奇对称，即

$$X(k)=-X(N-k) \tag{5.3-20}$$

实际中实序列的 DFT 应用非常广泛。利用上述性质可知，只要 $x(n)$是实序列，则其离散傅里叶变换 $X(k)$必然共轭对称。所以只要计算出 $X(k)$的前一半 $N/2$ 个值，后一半的 $X(k)$值即可利用对称性求得。这样可以减少近一半的运算量，提高运算效率。

5.3.5 循环卷积定理

对应于傅里叶变换中的线性卷积定理，DFT 有循环卷积定理。下面首先介绍循环卷积的概念，然后介绍循环卷积定理和计算循环卷积的方法。

1. 两个有限长序列的循环卷积

设序列 $h(n)$和 $x(n)$的长度分别为 N 和 M。$h(n)$和 $x(n)$的 L 点循环卷积定义为

$$y_c(n)=\left[\sum_{m=0}^{L-1}h(m)x((n-m))_L\right]R_L(n) \tag{5.3-21}$$

式中，L 称为循环卷积的长度，且 $L\geqslant\max[M,N]$。为了区别于第 3 章和第 4 章介绍的线性卷积，这里用$\otimes$来表示循环卷积，即 $y_c(n)=x(n)\otimes h(n)$。

循环卷积可以采用图解法、列表法等多种方法来计算，在计算机中常采用矩阵相乘的方法来计算。下面介绍如何用矩阵计算来表示循环卷积的公式。

在式(5.3-21)中，令 $n=0$，则在求和区间内由 $x((n-m))_L$ 形成的关于 $x(n)$的循环倒相序列为

$$\{x(0),\ x(L-1),\ \cdots,\ x(1)\}$$

与由 $x((n))_L$ 的主值区间 $x(n)$取值形成的序列$\{x(0),\ x(1),\ \cdots,\ x(L-1)\}$相比，该循环倒相序列相当于第一个序列值 $x(0)$不动，将后面的序列反转 180°再放在 $x(0)$后面。

在式(5.3-21)中，令 $n=1$，则在求和区间内由 $x((n-m))_L$ 形成的 $x(n)$循环倒相序列为

$$\{x(1),\ x(0),\ x(L-1),\ \cdots,\ x(2)\}$$

观察可以发现，它相当于将上述 $n=0$ 时形成的关于 $x(n)$的循环倒相序列向右循环移一位而成。

继续增加 n 的取值，可以发现，所得到的序列都是在前一次移位的基础上再向右移一位形成的。因此，当 m 和 n 均从 0 变化到 $L-1$ 时，我们就得到式(5.3-21)中关于 $x((n-m))_L$取值的矩阵为

$$\begin{bmatrix} x(0) & x(L-1) & x(L-2) & \cdots & x(1) \\ x(1) & x(0) & x(L-1) & \cdots & x(2) \\ x(2) & x(1) & x(0) & \cdots & x(3) \\ x(3) & x(2) & x(1) & \cdots & x(4) \\ \vdots & \vdots & \vdots & \ddots & \vdots \\ x(L-1) & x(L-2) & x(L-3) & \cdots & x(0) \end{bmatrix}$$

我们把上面的矩阵称为序列 $x(n)$的 L 点循环卷积矩阵。其特点是：

(1) 矩阵的第1行是 $x(n)$的循环倒相序列，即由 $x((n))_L$ 的主值区间的 $x(n)$取值形成的序列。注意，此时如果 $x(n)$的长度 $M<L$，则在 $x(n)$后面补 $L-M$ 个零。

(2) 矩阵第1行以后的各行均由前一行向右循环移动一位所形成。

(3) 矩阵各主对角线上的值均相等。

利用序列 $x(n)$的 L 点循环卷积矩阵，式(5.3-21)可以写成矩阵形式

$$\begin{bmatrix} y_c(0) \\ y_c(1) \\ y_c(2) \\ \vdots \\ y_c(L-1) \end{bmatrix} = \begin{bmatrix} x(0) & x(L-1) & x(L-2) & \cdots & x(1) \\ x(1) & x(0) & x(L-1) & \cdots & x(2) \\ x(2) & x(1) & x(0) & \cdots & x(3) \\ \vdots & \vdots & \vdots & \ddots & \vdots \\ x(L-1) & x(L-2) & x(L-3) & \cdots & x(0) \end{bmatrix} \begin{bmatrix} h(0) \\ h(1) \\ h(2) \\ \vdots \\ h(L-1) \end{bmatrix} \tag{5.3-22}$$

例5-3　已知 $x(n)=R_4(n)$，$h(n)=\{1, 2, 0, 1\}$，试分别求 $x(n)$和 $h(n)$的4点与8点循环卷积。

解　利用式(5.3-22)，计算 $x(n)$和 $h(n)$的4点循环卷积 $y_c(n)=x(n)\otimes h(n)$如下

$$\begin{bmatrix} y_c(0) \\ y_c(1) \\ y_c(2) \\ y_c(3) \end{bmatrix} = \begin{bmatrix} 1 & 1 & 1 & 1 \\ 1 & 1 & 1 & 1 \\ 1 & 1 & 1 & 1 \\ 1 & 1 & 1 & 1 \end{bmatrix} \begin{bmatrix} 1 \\ 2 \\ 0 \\ 1 \end{bmatrix} = \begin{bmatrix} 4 \\ 4 \\ 4 \\ 4 \end{bmatrix}$$

同理，计算 $x(n)$和 $h(n)$的8点循环卷积 $y_c(n)=x(n)\otimes h(n)$如下

$$\begin{bmatrix} y_c(0) \\ y_c(1) \\ y_c(2) \\ y_c(3) \\ y_c(4) \\ y_c(5) \\ y_c(6) \\ y_c(7) \end{bmatrix} = \begin{bmatrix} 1 & 0 & 0 & 0 & 0 & 1 & 1 & 1 \\ 1 & 1 & 0 & 0 & 0 & 0 & 1 & 1 \\ 1 & 1 & 1 & 0 & 0 & 0 & 0 & 1 \\ 1 & 1 & 1 & 1 & 0 & 0 & 0 & 0 \\ 0 & 1 & 1 & 1 & 1 & 0 & 0 & 0 \\ 0 & 0 & 1 & 1 & 1 & 1 & 0 & 0 \\ 0 & 0 & 0 & 1 & 1 & 1 & 1 & 0 \\ 0 & 0 & 0 & 0 & 1 & 1 & 1 & 1 \end{bmatrix} \begin{bmatrix} 1 \\ 2 \\ 0 \\ 1 \\ 0 \\ 0 \\ 0 \\ 0 \end{bmatrix} = \begin{bmatrix} 1 \\ 3 \\ 3 \\ 4 \\ 3 \\ 1 \\ 1 \\ 0 \end{bmatrix}$$

2. DFT的时域循环卷积定理

设有限长序列 $h(n)$和 $x(n)$，长度分别为 N 和 M，$L=\max[N, M]$。$h(n)$和 $x(n)$的 L 点DFT分别为

$$H(k) = \mathrm{DFT}[h(n)]$$

$$X(k) = \mathrm{DFT}[x(n)]$$

如果

$$Y(k)=H(k)\cdot X(k)$$

则

$$y(n)= \mathrm{IDFT}[X(k)] = \Big[\sum_{m=0}^{L-1} h(m)x((n-m))_L\Big]R_L(n)$$

$$= x(n)\otimes h(n) \tag{5.3-23}$$

或

$$y(n) = \mathrm{IDFT}[X(k)] = \Big[\sum_{m=0}^{L-1} x(m)h((n-m))_L\Big]R_L(n) = h(n)\otimes x(n)$$

证明　假设式(5.3-23)成立，对式(5.3-23)的两边进行 DFT，可得

$$Y(k) = \sum_{n=0}^{L-1} y(n)W_L^{kn} = \sum_{n=0}^{L-1}[h(n)\otimes x(n)]\cdot W_L^{kn}$$

利用循环卷积公式(5.3-21)，有

$$Y(k)= \sum_{n=0}^{L-1}[h(n)\otimes x(n)]\cdot W_L^{kn}$$

$$= \sum_{n=0}^{L-1}\Big[\sum_{m=0}^{L-1} h(m)x((n-m))_L R_L(n)\Big]\cdot W_L^{kn}$$

$$= \Big[\sum_{m=0}^{L-1} h(m)W_L^{km}\Big]\cdot\Big[\sum_{n=0}^{L-1} x((n-m))_L W_L^{k(n-m)}\Big]$$

上式中，令 $n_1=n-m$，则有

$$Y(k) = \Big[\sum_{m=0}^{L-1} h(m)W_L^{km}\Big]\cdot\Big[\sum_{n_1=-m}^{L-1-m} x((n_1))_L W_L^{kn_1}\Big]$$

因为上式中 $x((n_1))_L W_L^{kn_1}$ 是以 L 为周期的，所以对其在任何一个周期上求和的结果都是相等的。因此，对 $x((n_1))_L$ 的主值区间 $0\sim L-1$ 进行求和，则有

$$Y(k) = \Big[\sum_{m=0}^{L-1} h(m)W_L^{km}\Big]\cdot\Big[\sum_{n_1=0}^{L-1} x((n_1))_L W_L^{kn_1}\Big]= H(k)\cdot X(k)$$

时域循环卷积定理表明，两序列时域的循环卷积，相当于两序列的 DFT 相乘。因此，利用该定理可以使两序列时域的循环卷积计算得到大大简化，计算过程如图 5-3 所示。

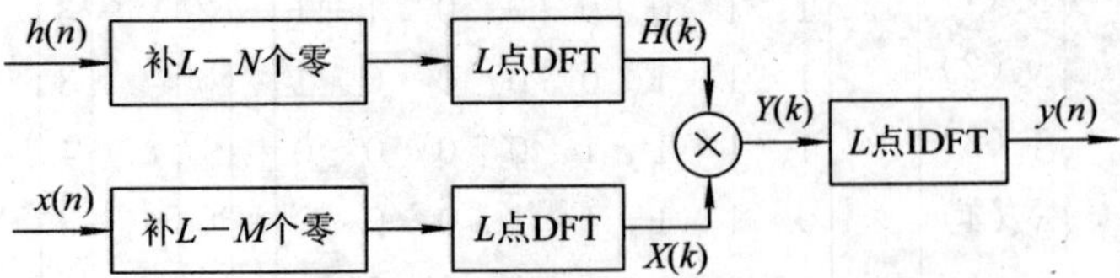

图 5-3　用时域循环卷积定理计算两序列时域的循环卷积

3. DFT 的频域循环卷积定理

利用时域与频域的对称性，可以得到 DFT 的频域循环卷积定理。

设有限长序列 $h(n)$ 和 $x(n)$，长度分别为 N 和 M，$L=\max[N, M]$。$h(n)$ 和 $x(n)$ 的 L 点 DFT 分别为

$$H(k) = \mathrm{DFT}[h(n)]$$

$$X(k)=\mathrm{DFT}[x(n)]$$

如果

$$y(n)=h(n)x(n)$$

则

$$\begin{aligned}Y(k)&=\mathrm{DFT}[y(n)]=\frac{1}{L}\Big[\sum_{m=0}^{L-1}X(m)H((k-m))_L\Big]R_L(k)\\&=\frac{1}{L}X(k)\otimes H(k)\end{aligned}\tag{5.3-24}$$

或

$$\begin{aligned}Y(k)&=\mathrm{DFT}[y(n)]=\frac{1}{L}\Big[\sum_{m=0}^{L-1}H(m)X((k-m))_L\Big]R_L(k)\\&=\frac{1}{L}H(k)\otimes X(k)\end{aligned}$$

关于 DFT 频域循环卷积定理的证明留作习题，请读者证明。

4. 线性卷积与循环卷积的关系

设 $x_1(n)$和 $x_2(n)$分别是 N 点和 M 点的有限长序列，对 $x_1(n)$和 $x_2(n)$作线性卷积

$$\begin{aligned}y_1(n)&=x_1(n)*x_2(n)=\sum_{m=-\infty}^{\infty}x_1(m)x_2(n-m)\\&=\sum_{m=0}^{N-1}x_1(m)x_2(n-m)\end{aligned}\tag{5.3-25}$$

则 $y_1(n)$是长度为 $M+N-1$ 点的有限长序列，其长度等于参与卷积的两个序列的长度和减 1。

再对 $x_1(n)$和 $x_2(n)$作循环卷积。首先对 $x_1(n)$和 $x_2(n)$分别补零，使之长度均为 L，$L\geqslant\max[N,M]$，然后进行 L 点循环卷积

$$y_c(n)=x_1(n)\otimes x_2(n)=\Big[\sum_{m=0}^{L-1}x_1(m)x_2((n-m))_L\Big]R_L(n)\tag{5.3-26}$$

由于 $x_2((n-m))_L$ 是周期延拓序列，因此有

$$x_2((n-m))_L=\sum_{r=-\infty}^{\infty}x_2(n-m+rL)$$

代入式(5.3-26)，得到

$$\begin{aligned}y_c(n)&=\Big[\sum_{m=0}^{L-1}x_1(m)\sum_{r=-\infty}^{\infty}x_2(n-m+rL)\Big]R_L(n)\\&=\Big[\sum_{r=-\infty}^{\infty}\sum_{m=0}^{L-1}x_1(m)x_2(n+rL-m)\Big]R_L(n)\\&=\Big[\sum_{r=-\infty}^{\infty}y_1(n+rL)\Big]R_L(n)\end{aligned}\tag{5.3-27}$$

式(5.3-27)说明，有限长序列 $x_1(n)$和 $x_2(n)$的线性卷积 $y_1(n)$以 L 为周期的周期延拓序列的主值序列即为这两个有限长序列的循环卷积。$y_1(n)$的长度为 $M+N-1$，要想在周期延拓时不发生混叠，则要求延拓的周期 L 不小于$M+N-1$，如果满足了这个条件，延拓序列的主值序列就是 $y_1(n)$本身。此时，循环卷积和线性卷积相同。延拓周期 L 若小于

$M+N-1$，则各延拓周期发生混叠，其循环卷积和线性卷积不相同。

一般在实际情况中常常要求线性卷积，但线性卷积计算复杂，计算量大，因而在满足一定条件下可以利用循环卷积代替线性卷积，简化计算，提高运算效率。

5.3.6 DFT形式下的帕斯维尔(Parseval)定理

设有限长序列 $h(n)$和 $x(n)$，长度分别为 N 和 M，$L=\max[N, M]$。$h(n)$和 $x(n)$的 L 点 DFT 分别为

$$H(k)=\mathrm{DFT}[h(n)]$$
$$X(k)=\mathrm{DFT}[x(n)]$$

则有

$$\sum_{n=0}^{L-1} x(n)h^*(n)=\frac{1}{L}\sum_{k=0}^{L-1} X(k)H^*(k) \tag{5.3-28}$$

证明

$$\begin{aligned}\sum_{n=0}^{L-1} x(n)h^*(n) &= \sum_{n=0}^{L-1} x(n)\left[\frac{1}{L}\sum_{k=0}^{L-1} H(k)W_L^{-kn}\right]^* \\ &= \frac{1}{L}\sum_{k=0}^{L-1} H^*(k)\sum_{n=0}^{L-1} x(n)W_L^{kn} \\ &= \frac{1}{L}\sum_{k=0}^{L-1} X(k)H^*(k)\end{aligned}$$

式(5.3-28)中，令 $h(n)=x(n)$，则有

$$\sum_{n=0}^{L-1} x(n)x^*(n)=\frac{1}{L}\sum_{k=0}^{L-1} X(k)X^*(k)$$
$$\sum_{n=0}^{L-1} |x(n)|^2=\frac{1}{L}\sum_{k=0}^{L-1} |X(k)|^2$$

上式表明：一个序列在时域计算的能量与在频域计算的能量相等。

5.4 频域采样

我们知道，对模拟信号进行时域等间隔采样，则时域采样信号的频谱是原模拟信号频谱的周期延拓。根据时域采样定理，针对带限信号，当采样频率大于等于奈奎斯特采样频率时，可以由时域离散采样信号恢复原来的连续信号，而不丢失任何信息。那么，根据时域和频域的对偶性质，对离散时间序列 $x(n)$的连续频谱在频域等间隔采样，也应该有类似的情况出现。下面就对序列的频域采样加以讨论。

1. 频域采样和频域采样定理

在5.2节中已经提到，周期为 N 的周期序列 $\tilde{x}(n)$的离散傅里叶级数的系数 $\tilde{X}(k)$与 $\tilde{x}(n)$的一个周期 $x(n)$的Z变换在 z 平面单位圆的 N 个均分点上的采样值相等。由于 $\tilde{x}(n)$可以看做是 $x(n)$的以 N 为周期的延拓序列，因此也可以这样认为：对长度为 N 的有限长序列 $x(n)$的Z变换在单位圆上进行 N 点等间隔采样，则该频域采样序列的离散傅里叶级

数的反变换就是周期延拓序列 $\tilde{x}(n)$。那么，当 $x(n)$ 的长度与采样点数不一样的时候又是什么情况呢？因此，需要一般性地讨论任意一个绝对可和的非周期序列 $x(n)$ 的情况。

对于绝对可和的非周期序列 $x(n)$，它的 Z 变换为

$$X(z)=\sum_{n=-\infty}^{\infty}x(n)z^{-n}$$

由于 $x(n)$ 绝对可和，因此其傅里叶变换存在且连续，故 Z 变换的收敛域包括单位圆。如果在 z 平面的单位圆上，对 $X(z)$ 以等间隔角 $\frac{2\pi}{N}$ 进行采样，就可得到周期为 N 的频域周期序列

$$\tilde{X}(k)=X(z)\big|_{z=e^{j\frac{2\pi}{N}k}}=\sum_{n=-\infty}^{\infty}x(n)e^{-j\frac{2\pi}{N}kn}=\sum_{n=-\infty}^{\infty}x(n)W_N^{kn} \tag{5.4-1}$$

显然，这就是对 $x(n)$ 的频谱函数 $X(e^{j\omega})$ 在间隔为 $\frac{2\pi}{N}$ 的 N 个均分频率点上的等间隔采样。对周期序列 $\tilde{X}(k)$，令其离散傅里叶级数的反变换为 $\tilde{x}_N(n)$，则

$$\tilde{x}_N(n)=\text{IDFS}[\tilde{X}(k)]=\frac{1}{N}\sum_{k=0}^{N-1}\tilde{X}(k)W_N^{-kn}$$

将式(5.4-1)代入上式，得到

$$\tilde{x}_N(n)=\frac{1}{N}\sum_{k=0}^{N-1}\Big[\sum_{m=-\infty}^{\infty}x(m)W_N^{km}\Big]W_N^{-kn}=\sum_{m=-\infty}^{\infty}x(m)\Big[\frac{1}{N}\sum_{k=0}^{N-1}W_N^{(m-n)k}\Big]$$

由于

$$\frac{1}{N}\sum_{k=0}^{N-1}W_N^{(m-n)k}=\begin{cases}1, & m=n+rN,\ r\text{为任意整数}\\ 0, & \text{其他 } m\end{cases}$$

因此

$$\tilde{x}_N(n)=\sum_{r=-\infty}^{\infty}x(n+rN) \tag{5.4-2}$$

这说明频域采样序列 $\tilde{X}(k)$ 所对应的时域周期序列 $\tilde{x}_N(n)$ 是原序列 $x(n)$ 的以 N 为周期的周期延拓，也就是说，频域采样会造成时域的周期延拓。

根据 DFT 与 DFS 之间的关系知道，若分别截取 $\tilde{x}_N(n)$ 和 $\tilde{X}(k)$ 的主值序列 $x_N(n)$ 与 $X(k)$，则 $x_N(n)$ 和 $X(k)$ 构成一对 DFT，即

$$X(k)=\text{DFT}[x_N(n)]$$
$$x_N(n)=\text{IDFT}[X(k)]$$

由于 $X(k)$ 是 $\tilde{X}(k)$ 的主值序列，因而其频域的采样就是对 $X(e^{j\omega})$ 在频率区间 $[0, 2\pi]$ 上的 N 点等间隔采样。而 $x_N(n)$ 是 $\tilde{x}_N(n)$ 的主值序列，也就是原序列 $x(n)$ 的以 N 为周期的周期延拓序列的主值序列。显然，只有在延拓周期大于等于 $x(n)$ 的长度时，其周期延拓才不会发生混叠，才能使 $x_N(n)=x(n)$。

综上所述，可以总结出频域采样定理：如果原序列 $x(n)$ 的长度为 M，且对其频谱 $X(e^{j\omega})$ 在频率区间 $[0, 2\pi]$ 上等间隔采样 N 点，得到的序列为 $X(k)$，则仅当采样点数 $N\geqslant M$ 时，才能由频域采样 $X(k)$ 不失真地恢复出 $x(n)=\text{IDFT}[X(k)]$，否则将产生时域混叠失真，不能利用 $x(n)=\text{IDFT}[X(k)]$ 恢复原序列 $x(n)$。

频域采样定理告诉我们，如果时域序列 $x(n)$是无限长的，则其频域采样必然会造成时域混叠，从而不可能无失真地恢复原序列；只有对有限长序列，才能以适当的采样间隔进行频域采样而不丢失信息。

2. z 域内插公式与频域内插公式

我们已经知道，对于时域采样，其时域恢复过程可以用时域内插公式来表示。同样地，对于频域采样，也可由 z 域内插公式恢复出原序列的 Z 变换，由频域内插公式恢复出原序列的傅里叶变换。

设序列 $x(n)$的长度为 M，在 z 平面的单位圆上对 $X(z)$进行 N 点等间隔采样，且满足频域采样定理(即 $N\geqslant M$)，则有

$$X(z)=\sum_{n=-\infty}^{\infty}x(n)z^{-n} \tag{5.4-3}$$

$$X(k)=X(z)\big|_{z=e^{j\frac{2\pi}{N}k}},\quad k=0,1,\cdots,N-1 \tag{5.4-4}$$

$$x(n)=\mathrm{IDFT}[X(k)]=\frac{1}{N}\sum_{k=0}^{N-1}X(k)W_N^{-kn},\quad n=0,1,\cdots,N-1 \tag{5.4-5}$$

将式(5.4-5)代入式(5.4-3)，得到

$$\begin{aligned}X(z)&=\sum_{n=0}^{N-1}\left[\frac{1}{N}\sum_{k=0}^{N-1}X(k)W_N^{-kn}\right]z^{-n}\\&=\frac{1}{N}\sum_{k=0}^{N-1}X(k)\left[\sum_{n=0}^{N-1}(W_N^{-k}z^{-1})\right]^n\\&=\frac{1}{N}\sum_{k=0}^{N-1}X(k)\frac{1-W_N^{-kN}z^{-N}}{1-W_N^{-k}z^{-1}}\end{aligned}$$

由于 $W_N^{-kN}=1$，因此

$$X(z)=\frac{1-z^{-N}}{N}\sum_{k=0}^{N-1}\frac{X(k)}{1-W_N^{-k}z^{-1}} \tag{5.4-6}$$

令

$$\varphi_k(z)=\frac{1}{N}\cdot\frac{1-z^{-N}}{1-W_N^{-k}z^{-1}} \tag{5.4-7}$$

则

$$X(z)=\sum_{k=0}^{N-1}X(k)\varphi_k(z) \tag{5.4-8}$$

式(5.4-8)就称为用 $X(k)$即 N 个频率抽样来恢复 $X(z)$的 z 域内插公式，其中 $\varphi_k(z)$称为 z 域内插函数。

将 $z=e^{j\omega}$代入式(5.4-6)，经化简求得其频率响应为

$$X(e^{j\omega})=\sum_{k=0}^{N-1}X(k)\Phi\left(\omega-\frac{2\pi}{N}k\right) \tag{5.4-9}$$

其中

$$\Phi(\omega)=\frac{1}{N}\cdot\frac{\sin\left(\frac{\omega N}{2}\right)}{\sin\left(\frac{\omega}{2}\right)}e^{-j\omega\frac{N-1}{2}} \tag{5.4-10}$$

利用时域和频域的对称特性，同样可以分析由式(5.4-9)如何得到序列 $x(n)$ 的频率响应，请读者将其与时域采样信号的恢复重建相对比，采用类似的方法自行分析其恢复过程。

5.5　基2时间抽取FFT算法

快速傅里叶变换(FFT)并不是一种新的变换，而是计算离散傅里叶变换(DFT)的一种快速算法。

我们知道，有限长序列可以通过离散傅里叶变换(DFT)将其频域也离散化成有限长序列，这在数字信号处理中非常有用。但由于计算量太大，直接利用DFT计算很难实时地处理问题，因此引出了快速傅里叶变换(FFT)。FFT最初是在1965年，由Cooley和Tukey提出的计算离散傅里叶变换(DFT)的快速算法引出的，它将DFT的运算量减少了几个数量级。从此，对快速傅里叶变换(FFT)算法的研究便不断深入，形成了一套高效的运算方法，使DFT的计算大大简化。数字信号处理这门新兴学科也随FFT的出现和发展而迅速发展。到目前为止，根据对序列分解与选取方法的不同而产生了FFT的多种算法，基本上可以分为两大类：按时间抽选法(用DIT表示)和按频率抽选法(用DIF表示)。这里我们主要讨论两种基本算法：基2 DIT FFT(时间抽选FFT)和基2 DIF FFT(频率抽选FFT)算法。

根据DFT的定义式

$$X(k)=\sum_{n=0}^{N-1}x(n)W_N^{kn}$$

在将所有 W_N^{kn} 的值计算好的情况下，计算每一个 $X(k)$ 值需要 N 次复数乘法和 $N-1$ 次复数加法。因此计算出全部 N 点的 $X(k)$ 即整个DFT运算共需 N^2 次复数乘法和 $N(N-1)$ 次复数加法。可见，直接计算DFT的计算量与 N^2 成正比，当 N 很大时，运算量是很可观的。例如，当 $N=8$ 时，DFT需64次复乘，而当 $N=1024$ 时，DFT所需复乘为1 048 576次，即一百多万次复乘运算，这对实时性要求很高的信号处理来说，对计算速度的要求就太高了。因而需要对DFT的计算方法进行改进，以大大减少运算量。

观察DFT的计算公式就可以发现，利用 W_N^{kn} 因子的下列固有性质，可使DFT运算量减少：

(1) 周期性：

$$W_N^{nk}=W_N^{(n+N)k}=W_N^{(k+N)n}$$

(2) 对称性：

$$(W_N^{nk})^*=W_N^{-nk}$$

利用这两个性质，可以使DFT运算中的有些项合并，以减少乘法次数。例如，当 $N=4$ 时，求 $X(2)$ 的值。

$$\begin{aligned}X(2)&=\sum_{n=0}^{3}x(n)W_4^{2n}=x(0)W_4^0+x(1)W_4^2+x(2)W_4^4+x(3)W_4^6\\&=[x(0)+x(2)]W_4^0+[x(1)+x(3)]W_4^2\qquad(\text{周期性})\end{aligned}$$

$$=[x(0)+x(2)]W_4^0-[x(1)+x(3)]W_4^0 \qquad (\text{对称性})$$

通过合并，可以使上式的乘法运算次数由 4 次减少到 1 次。

由于 DFT 运算中的运算量直接与 N^2 成正比，因此 N 越小，运算量就越小。因而利用上述特性把长序列的 DFT 分解为短序列的 DFT，可以大大减少运算量。FFT 正是基于这种思路而发展起来的。

5.5.1 基 2 DIT FFT 算法原理

为了将大点数的 DFT 分解为小点数的 DFT 运算，要求序列的长度 N 为复合数，最常用的是 $N=2^L$ 的情况(L 为正整数)。如果不满足这个条件，可以人为地加上若干零值点，使其满足这个条件。我们把这种 N 为 2 的整数幂的 FFT 称为基 2 FFT。下面我们首先讨论 $N/2$ 点 DFT 的计算，在此基础上说明基 2 DIT FFT 算法的计算原理和过程。

1. *N*/2 点 DFT

(1) 将序列 $x(n)$ 按 n 的奇偶分为两组子序列，这样有

$$n\text{ 为偶数时：}x(2r)=x_1(r),\ r=0,\ 1,\ \cdots,\ \frac{N}{2}-1$$

$$n\text{ 为奇数时：}x(2r+1)=x_2(r),\ r=0,\ 1,\ \cdots,\ \frac{N}{2}-1$$

则序列 $x(n)$ 的 DFT 就变为

$$\begin{aligned}
X(k)&=\text{DFT}[x(n)]=\sum_{n=0}^{N-1}x(n)W_N^{nk}\\
&=\sum_{\substack{n=0\\(n\text{为偶数})}}^{N-1}x(n)W_N^{nk}+\sum_{\substack{n=0\\(n\text{为奇数})}}^{N-1}x(n)W_N^{nk}\\
&=\sum_{r=0}^{\frac{N}{2}-1}x(2r)W_N^{2rk}+\sum_{r=0}^{\frac{N}{2}-1}x(2r+1)W_N^{(2r+1)k}\\
&=\sum_{r=0}^{\frac{N}{2}-1}x_1(r)(W_N^2)^{rk}+W_N^k\cdot\sum_{r=0}^{\frac{N}{2}-1}x_2(r)(W_N^2)^{rk}
\end{aligned}\tag{5.5-1}$$

由于

$$W_N^2=e^{-j\frac{2\pi}{N}\cdot 2}=e^{-j\frac{2\pi}{(N/2)}}=W_{\frac{N}{2}}$$

因此，式(5.5-1)可表示为

$$X(k)=\sum_{r=0}^{\frac{N}{2}-1}x_1(r)W_{\frac{N}{2}}^{rk}+W_N^k\cdot\sum_{r=0}^{\frac{N}{2}r-1}x_2(r)W_{\frac{N}{2}}^{rk}=X_1(k)+W_N^kX_2(k)\tag{5.5-2}$$

其中，$X_1(k)$和 $X_2(k)$分别为 $x_1(r)$和 $x_2(r)$的 $N/2$ 点 DFT，即

$$X_1(k)=\sum_{r=0}^{\frac{N}{2}-1}x_1(r)W_{\frac{N}{2}}^{rk}=\sum_{r=0}^{\frac{N}{2}-1}x(2r)W_{\frac{N}{2}}^{rk}\tag{5.5-3}$$

$$X_2(k)=\sum_{r=0}^{\frac{N}{2}-1}x_2(r)W_{\frac{N}{2}}^{rk}=\sum_{r=0}^{\frac{N}{2}-1}x(2r+1)W_{\frac{N}{2}}^{rk}\tag{5.5-4}$$

式(5.5-2)表明，一个 N 点的 DFT 可以分解为两个 $N/2$ 点的 DFT。但由于 $x_1(r)$、$x_2(r)$ 以及 $X_1(k)$、$X_2(k)$都是 $N/2$ 点的序列，因此利用式(5.5-2)只能得到 $X(k)$的 $k=0, 1, \cdots, \frac{N}{2}-1$ 个值，即 $X(k)$的前半部分。要得到全部的 $X(k)$值，就必须应用 DFT 中 W_N^m 因子的性质。

(2) $X(k)$的后半部分 $\left(k=\frac{N}{2}, \frac{N}{2}+1, \cdots, N-1\right)$的确定。利用 W_N^m 因子的周期性，有

$$W_{\frac{N}{2}}^{r\left(k+\frac{N}{2}\right)} = W_{\frac{N}{2}}^{rk+r\frac{N}{2}} = W_{\frac{N}{2}}^{rk}$$

得到

$$X_1\left(\frac{N}{2}+k\right)=\sum_{r=0}^{\frac{N}{2}-1} x_1(r) W_{\frac{N}{2}}^{r\left(\frac{N}{2}+k\right)} = \sum_{r=0}^{\frac{N}{2}-1} x_1(r) W_{\frac{N}{2}}^{rk} = X_1(k) \qquad (5.5-5)$$

$$X_2\left(\frac{N}{2}+k\right)=\sum_{r=0}^{\frac{N}{2}-1} x_2(r) W_{\frac{N}{2}}^{r\left(\frac{N}{2}+k\right)} = \sum_{r=0}^{\frac{N}{2}-1} x_2(r) W_{\frac{N}{2}}^{rk} = X_2(k) \qquad (5.5-6)$$

又由于

$$W_N^{\left(\frac{N}{2}+k\right)} = W_N^{\frac{N}{2}} \cdot W_N^k = -W_N^k$$

所以根据式(5.5-2)，有

$$\begin{aligned} X\left(k+\frac{N}{2}\right) &= X_1\left(k+\frac{N}{2}\right) + W_N^{k+\frac{N}{2}} \cdot X_2\left(k+\frac{N}{2}\right) \\ &= X_1(k) - W_N^k X_2(k), \qquad k=0, 1, \cdots, \frac{N}{2}-1 \end{aligned} \qquad (5.5-7)$$

这样，只要求出 0～$(N/2-1)$区间的所有 $X_1(k)$和 $X_2(k)$值，就可根据式(5.5-7)求出 $N/2$到$(N-1)$区间内的所有 $X(k)$值，也就是说后半部分的 $X(k)$完全可由 $X_1(k)$和 $X_2(k)$确定。

综上所述，$X(k)$的前后两部分均可由 $X_1(k)$和 $X_2(k)$表示，而 $X_1(k)$和 $X_2(k)$即为 $x_1(r)$和 $x_2(r)$的 $N/2$ 点 DFT。这样，一个 N 点的 DFT 完全可由两个 $N/2$ 点的 DFT 来计算。为方便起见，以下的 $X_1(k)$和 $X_2(k)$均指 $x_1(r)$和 $x_2(r)$的 $N/2$ 点 DFT。

(3) 蝶形运算。由 $X_1(k)$、$X_2(k)$表示 $X(k)$的运算是一种特殊的运算，我们定义为蝶形运算：

$$\begin{cases} X(k) = X_1(k) + W_N^k X_2(k) \\ X\left(k+\frac{N}{2}\right) = X_1(k) - W_N^k X_2(k) \end{cases}, \quad k=0, 1, \cdots, \frac{N}{2}-1 \qquad (5.5-8)$$

式(5.5-8)的蝶形运算可用图 5-4 所示的蝶形信号流图符号表示。流图的表示方法将在第 6 章讨论。

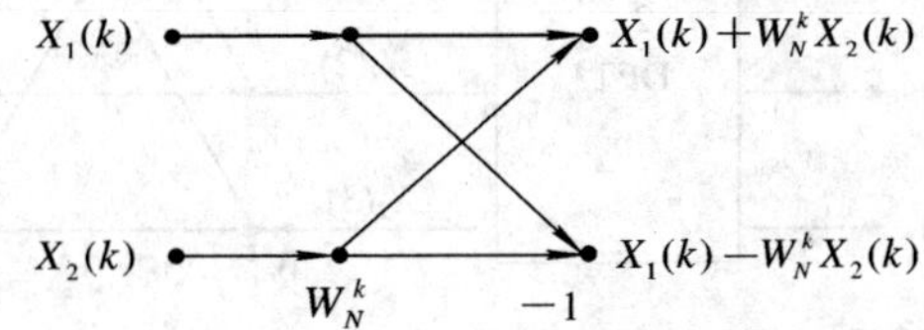

图 5-4　按时间抽取的蝶形运算流图符号

(4) 计算工作量分析。通过将序列 $x(n)$ 按奇、偶分组后，可将其 N 点 DFT 分解为两个 $N/2$ 点 DFT，然后经过 $N/2$ 个蝶形运算来完成。从图 5-4 可以看出，每个蝶形运算需要一次复数乘法及两次复数加法。这样，一个 N 点 DFT 分解为两个 $N/2$ 点 DFT 后，如果直接计算 $N/2$ 点 DFT，则每一个 $N/2$ 点 DFT 只需要 $(N/2)^2$ 次复数乘法和 $(N/2)(N/2-1)$ 次复数加法，因此两个 $N/2$ 点 DFT 共需 $N^2/2$ 次复数乘法和 $N(N/2-1)$ 次复数加法。再加上利用蝶形运算把两个 $N/2$ 点 DFT 合成为 N 点 DFT 时的 $N/2$ 个蝶形运算的计算量，通过这种分解方法计算 N 点 DFT，总共需要复数乘法次数和复数加法次数都近似为 $N^2/2$，因此通过这种分解后，运算工作量差不多减少到原来的一半。

现以 $N=2^3=8$ 点 DFT 为例，详细分析这一分解过程。

① n 为偶数时的序列为 $x(0)$，$x(2)$，$x(4)$，$x(6)$，分别记作：

$$x_1(0)=x(0),\ x_1(1)=x(2),\ x_1(2)=x(4),\ x_1(3)=x(6)$$

对这组序列进行 $N/2=4$ 点的 DFT，得

$$X_1(k)=\sum_{r=0}^{3}x_1(r)W_4^{rk}=\sum_{r=0}^{3}x(2r)W_4^{rk},\quad k=0,1,2,3$$

② n 为奇数时的序列为 $x(1)$，$x(3)$，$x(5)$，$x(7)$，分别记作：

$$x_2(0)=x(1),\ x_2(1)=x(3),\ x_2(2)=x(5),\ x_2(3)=x(7)$$

对这组序列进行 $N/2=4$ 点的 DFT，得

$$X_2(k)=\sum_{r=0}^{3}x_2(r)W_4^{rk}=\sum_{r=0}^{3}x(2r+1)W_4^{rk},\quad k=0,1,2,3$$

因此

$$X(k)=X_1(k)+W_N^kX_2(k),\quad k=0,1,2,3$$
$$X(k+4)=X_1(k)-W_N^kX_2(k),\quad k=0,1,2,3$$

③ 对 $X_1(k)$ 和 $X_2(k)$ 进行蝶形运算，这里前半部分项数为 $X(0)\sim X(3)$，后半部分项数为 $X(4)\sim X(7)$。整个过程如图 5-5 所示。

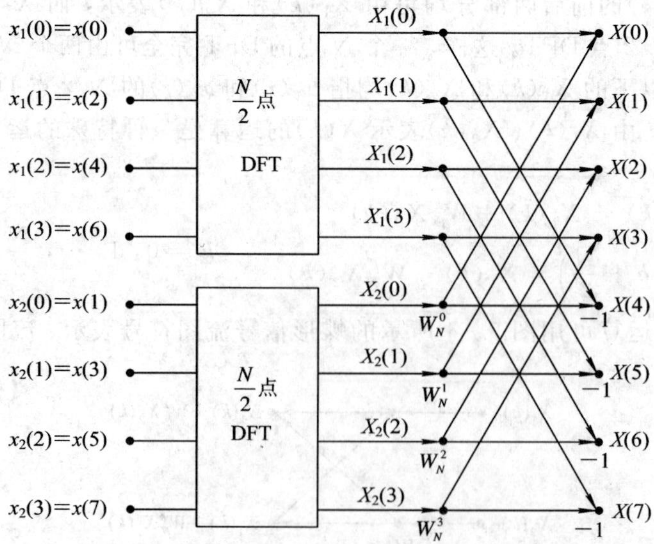

图 5-5　按时间抽取，将一个 N 点 DFT 分解为两个 $N/2$ 点 DFT($N=8$)

2. 继续分解

既然如此，由于 $N=2^L$，则 $N/2$ 仍是偶数，可以采用同样的方法进一步将每个 $N/2$ 点 DFT 的输入再按奇偶分组，进而将每个 $N/2$ 点 DFT 分解为两个 $N/4$ 点 DFT。

首先，将原来 n 为偶数时的 $N/2$ 点序列 $x_1(r)$ 分解为

$$x_1(2l)=x_3(l),\quad l=0,1,\cdots,\frac{N}{4}-1\quad(偶中偶)$$

$$x_1(2l+1)=x_4(l),\quad l=0,1,\cdots,\frac{N}{4}-1\quad(偶中奇)$$

对这两个 $N/4$ 点的序列进行 DFT，得到

$$X_3(k)=\sum_{l=0}^{\frac{N}{4}-1}x_3(l)W_{N/4}^{lk}=\sum_{l=0}^{\frac{N}{4}-1}x_1(2l)W_{N/2}^{2lk}$$

$$X_4(k)=\sum_{l=0}^{\frac{N}{4}-1}x_4(l)W_{N/4}^{lk}=\sum_{l=0}^{\frac{N}{4}-1}x_1(2l+1)W_{N/2}^{(2l+1)k}$$

从而可得到 $X_1(k)$ 前 $N/4$ 项为

$$X_1(k)=X_3(k)+W_{\frac{N}{2}}^{k}X_4(k),\quad k=0,1,\cdots,\frac{N}{4}-1\qquad(5.5-9)$$

则 $X_1(k)$ 的后 $N/4$ 项为

$$X_1\left(\frac{N}{4}+k\right)=X_3(k)-W_{\frac{N}{2}}^{k}X_4(k),\quad k=0,1,\cdots,\frac{N}{4}-1\qquad(5.5-10)$$

同理，对序列中原来 n 为奇数的 $\frac{N}{2}$ 点序列 $x_2(r)$ 再按奇偶分为两个 $\frac{N}{4}$ 点序列：

$$x_2(2l)=x_5(l),\quad l=0,1,\cdots,\frac{N}{4}-1\quad(奇中偶)$$

$$x_2(2l+1)=x_6(l),\quad l=0,1,\cdots,\frac{N}{4}-1\quad(奇中奇)$$

则得到

$$X_2(k)=X_5(k)+W_{\frac{N}{2}}^{k}X_6(k),\quad k=0,1,\cdots,\frac{N}{4}-1\qquad(5.5-11)$$

$$X_2\left(\frac{N}{4}+k\right)=X_5(k)-W_{\frac{N}{2}}^{k}X_6(k),\quad k=0,1,\cdots,\frac{N}{4}-1\qquad(5.5-12)$$

其中，$X_5(k)$ 与 $X_6(k)$ 分别为序列 $x_5(l)$ 和 $x_6(l)$ 的 $\frac{N}{4}$ 点 DFT。

下面，我们以将 $N=8$ 时的 DFT 继续分解为四个 $N/4$ 点 DFT 的计算过程为例进行说明，具体如下。

(1) 将原序列 $x(n)$ 的"偶中偶"部分，即 $x_3(l)=x_1(r)=x(n)$ 取出如下

$$x_3(0)=x_1(0)=x(0),\ x_3(1)=x_1(2)=x(4)$$

计算所构成序列的 $N/4$ 点 DFT，从而得到 $X_3(0)$ 和 $X_3(1)$。

(2) 将原序列 $x(n)$ 的"偶中奇"部分，即 $x_4(l)=x_1(r)=x(n)$ 取出如下

$$x_4(0)=x_1(1)=x(2),\quad x_4(1)=x_1(3)=x(6)$$

计算所构成序列的 $N/4$ 点 DFT，从而得到 $X_4(0)$ 和 $X_4(1)$。

(3) 将原序列 $x(n)$的"奇中偶"部分，即 $x_5(l)=x_2(r)=x(n)$取出如下

$$x_5(0)=x_2(0)=x(1),\quad x_5(1)=x_2(2)=x(5)$$

计算所构成序列的 $N/4$ 点 DFT，从而得到 $X_5(0)$和 $X_5(1)$。

(4) 将原序列 $x(n)$的"奇中奇"部分，即 $x_6(l)=x_2(r)=x(n)$取出如下

$$x_6(0)=x_2(1)=x(3)$$
$$x_6(1)=x_2(3)=x(7)$$

计算所构成序列的 $N/4$ 点 DFT，从而得到 $X_6(0)$和 $X_6(1)$。

(5) 由 $X_3(0)$、$X_3(1)$、$X_4(0)$、$X_4(1)$进行蝶形运算，得到 $X_1(0)\sim X_1(3)$。

(6) 由 $X_5(0)$、$X_5(1)$、$X_6(0)$、$X_6(1)$进行蝶形运算，得到 $X_2(0)\sim X_2(3)$。

(7) 由 $X_1(0)\sim X_1(3)$和 $X_2(0)\sim X_2(3)$进行蝶形运算，得到 $X(0)\sim X(7)$。

整个过程如图 5-6 所示。

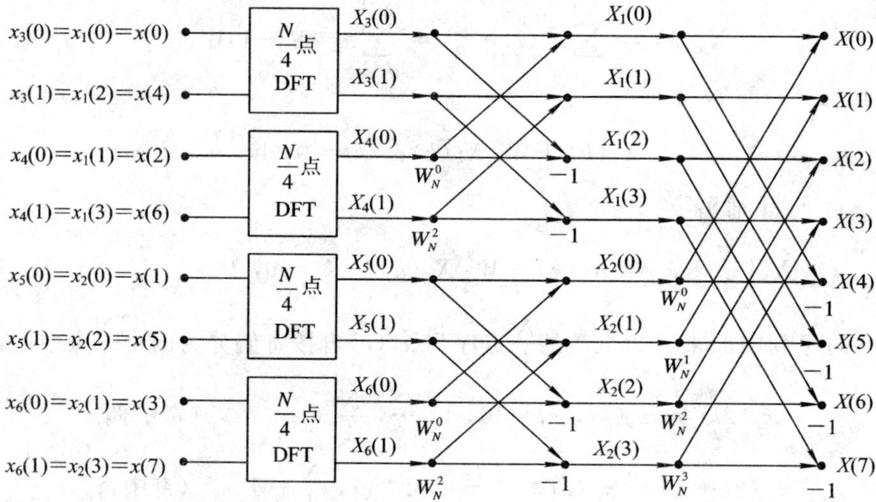

图 5-6 按时间抽取，将一个 N 点 DFT 分解为四个 $N/4$ 点 DFT 的组合($N=8$)

这样，经过又一次分解(得到四个 $N/4$ 点 DFT)和两级蝶形运算，其运算量又大约减少一半，即为 N 点 DFT 的 1/4。

这样的分解可以一直进行到最后，也就是最后剩下的是两点 DFT，它只有加减运算，但为了统一运算结构，我们仍然采用系数为 W_N^0 的蝶形运算来表示。比如，对于 $N=8$ 时的 DFT，$N/4$ 点即为两点 DFT，因此

$$X_3(k)=\sum_{l=0}^{1}x_3(l)W_{N/4}^{lk},\quad k=0,1$$

$$X_4(k)=\sum_{l=0}^{1}x_4(l)W_{N/4}^{lk},\quad k=0,1$$

$$X_5(k)=\sum_{l=0}^{1}x_5(l)W_{N/4}^{lk},\quad k=0,1$$

$$X_6(k)=\sum_{l=0}^{1}x_6(l)W_{N/4}^{lk},\quad k=0,1$$

亦即

$$X_3(0) = x_3(0) + W_2^0 x_3(1) = x(0) + W_N^0 x(4)$$
$$X_3(1) = x_3(0) + W_2^1 x_3(1) = x(0) - W_N^0 x(4)$$
$$X_4(0) = x_4(0) + W_2^0 x_4(1) = x(2) + W_N^0 x(6)$$
$$X_4(1) = x_4(0) + W_2^1 x_4(1) = x(2) - W_N^0 x(6)$$
$$X_5(0) = x_5(0) + W_2^0 x_5(1) = x(1) + W_N^0 x(5)$$
$$X_5(1) = x_5(0) + W_2^1 x_5(1) = x(1) - W_N^0 x(5)$$
$$X_6(0) = x_6(0) + W_2^0 x_6(1) = x(3) + W_N^0 x(7)$$
$$X_6(1) = x_6(0) + W_2^1 x_6(1) = x(3) - W_N^0 x(7)$$

因此，8 点 DFT 的 FFT 的蝶形运算流图如图 5 - 7 所示。

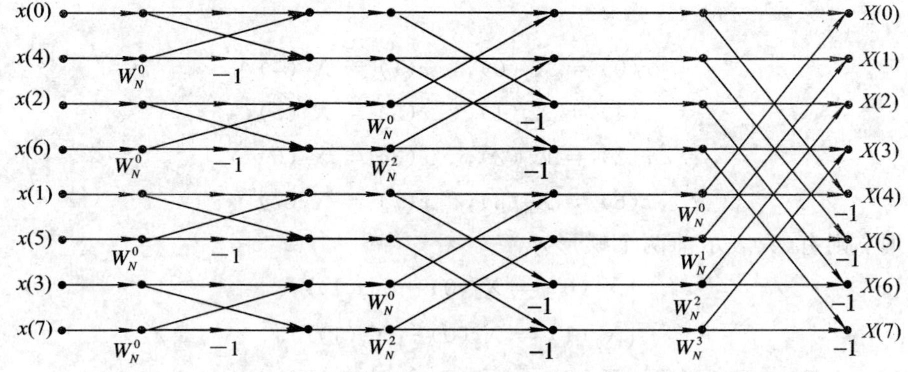

图 5 - 7　8 点 FFT 的时间抽选算法信号流图

这种方法按照输入序列在时间上的次序是属于偶数还是奇数，将序列进一步分解为两个更短的子序列，所以称做“按时间抽取法”。

5.5.2　DIT FFT 运算量分析

由上述分析可知，当 $N=2^L$ 时共需 L 级蝶形运算，而且每级都由 $N/2$ 个蝶形运算组成，每个蝶形运算都有一次复数乘法和两次复数加法。因此，最终计算一个序列的 N 点 FFT，所需的总的复数乘法次数和复数加法次数分别为

复数乘

$$m_F = \frac{N}{2}L = \frac{N}{2}\log_2 N$$

复数加

$$a_F = NL = N\log_2 N$$

由于计算机的乘法运算比加法运算所需的时间多得多，故通常以乘法作为比较基准。

根据前面的分析我们知道，如果直接用 DFT 的计算公式计算 N 点 DFT，所需的复数乘法次数是 $m_F = N^2$。相比之下，在计算大点数的 DFT 时，FFT 的优势体现得更为明显，如 $N=1024$ 时，直接用定义式计算所需的复数乘法次数为 $N^2 = 1024^2 = 126\ 976$，而 FFT

所需的复数乘法次数为$\frac{N}{2}\log_2 N=5120$，计算次数不到原来的 1/20，因而计算时间大大减少。在 N 的数值继续增大时，与直接计算 DFT 相比，FFT 的运算效率还将更加突出。

5.5.3 DIT FFT 算法的特点

针对任意的 $N=2^L$ 点的 DIT FFT 算法，我们来讨论一下它的运算特点。

1. 原位运算

由上述运算流图可知，一共有 N 个输入/输出行，$\log_2 N=L$ 级蝶形运算(基本迭代运算)。设用 $m(m=1, 2, \cdots, L)$表示第 m 级迭代，用 k、j 表示蝶形输入数据所在的(上/下)行数($k, j=0, 1, \cdots, N-1$)，则任何一个蝶形运算都可用下面的通用式来表示

$$\begin{cases}X_m(k)=X_{m-1}(k)+X_{m-1}(j)W_N^r\\X_m(j)=X_{m-1}(k)-X_{m-1}(j)W_N^r\end{cases}\tag{5.5-13}$$

令

$$x(0)=X_0(0),\quad x(1)=X_0(4)$$
$$x(4)=X_0(1),\quad x(5)=X_0(5)$$
$$x(2)=X_0(2),\quad x(3)=X_0(6)$$
$$x(6)=X_0(3),\quad x(7)=X_0(7)$$

当 $m=1$ 时，则有(只表示前两个蝶形)

$$\begin{cases}X_1(0)=X_0(0)+X_0(1)W_N^0\\X_1(1)=X_0(0)-X_0(1)W_N^0\end{cases}$$
$$\begin{cases}X_1(2)=X_0(2)+X_0(3)W_N^0\\X_1(3)=X_0(2)-X_0(3)W_N^0\end{cases}$$

当 $m=2$ 时，则有(只表示前两个蝶形)

$$\begin{cases}X_2(0)=X_1(0)+X_1(2)W_N^0\\X_2(2)=X_1(0)-X_1(2)W_N^0\end{cases}$$
$$\begin{cases}X_2(1)=X_1(1)+X_1(3)W_N^2\\X_2(3)=X_1(1)-X_1(3)W_N^2\end{cases}$$

当 $m=3$ 时，则有(只表示前两个蝶形)

$$\begin{cases}X_3(0)=X_2(0)+X_2(4)W_N^0\\X_3(4)=X_2(0)-X_2(4)W_N^0\end{cases}$$
$$\begin{cases}X_3(1)=X_2(1)+X_2(5)W_N^1\\X_3(5)=X_2(1)-X_2(5)W_N^1\end{cases}$$

可见，通过在某级进行蝶形运算的两个节点变量 k 和 j 就完全可以确定该蝶形运算的结果，而与其他节点变量无关。这样，蝶形运算的两个输出值仍可放回蝶形运算的两个输入所在的存储器中，最终实现输入数据、中间运算结果和最后输出均使用同一组存储器的原位运算。因此，虽然 DIF FFT 算法共有 L 级且每级均有 $N/2$ 个蝶形运算，但实际上只需 N 个存储单元。可见，这种原位运算结构可以节省存储单元，降低设备成本。

2. 倒位序规律

由图5-8可知，输出$X(k)$按正常顺序排列在存储单元，而输入则是按以下顺序排列的

$$x(0),\ x(4),\ x(2),\ x(6),\ x(1),\ x(5),\ x(3),\ x(7)$$

这种顺序看起来好像“混乱无序”，但实际上也是有规律的，我们将这种顺序称做倒位序，即二进制数倒位。

这种倒位序是由奇偶分组造成的，以$N=8$为例示于图5-8。

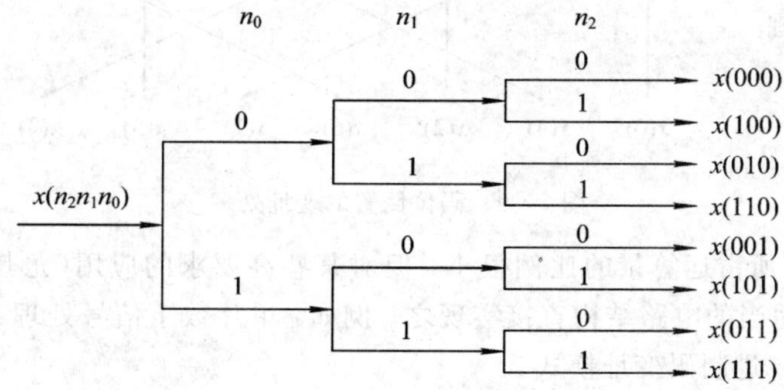

图5-8　倒位序的树状图

3. 倒位序实现

一般实际运算中，总是先将输入序列按自然序存入存储单元，为了得到倒位序的排列，可以通过变址运算来完成。假设输入序列的序号为n，用二进制表示为$(n_2n_1n_0)_2$，则其倒位序$\hat{n}$的二进制数即为$(n_0n_1n_2)_2$。例如，$N=8$时的自然序与倒位序的关系如表5-1所示。

表5-1　自然序与倒位序的二进制数对照表

自然序	二进制表示	码位倒置	倒位序
0	000	000	0
1	001	100	4
2	010	010	2
3	011	110	6
4	100	001	1
5	101	101	5
6	110	011	3
7	111	111	7

有了自然序号n与倒位序号$\hat{n}$，就可以通过变址处理将按自然顺序存放在存储单元中的数据换成所要求的倒位序。具体的变址功能如图5-9所示。当$n=\hat{n}$时，不必调换；当

$n \neq \hat{n}$ 时，必须将数据 $x(\hat{n})$ 调入原来存放数据 $x(n)$ 的存储单元内，而将数据 $x(n)$ 调入存放 $x(\hat{n})$ 的存储单元内。注意，在具体实现时必须避免把已调换过的数据再次调换(否则又回到原状)，这可通过比较 n 和 $\hat{n}$ 的大小来实现：若 $\hat{n}$ 比 n 小，则意味着此 $x(n)$ 已经和 $x(\hat{n})$ 调换过，不必再调换了；只有当 $\hat{n}>n$ 时才进行调换。

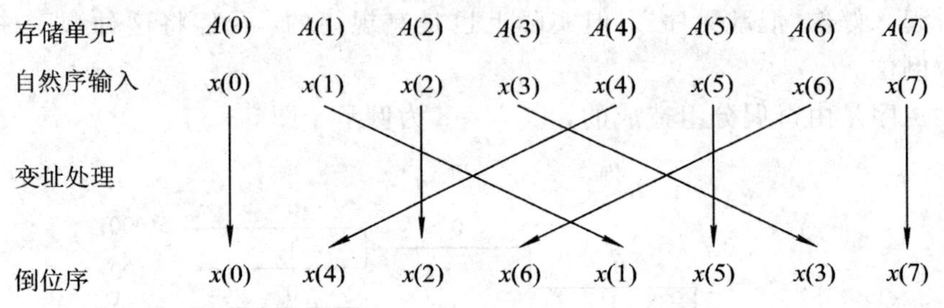

图 5-9　码位倒置的变址处理

尽管变址运算所占运算量的比例很小，但对某些高要求的应用(尤其在实时信号处理中)，也可设法用适当的电路结构直接实现之。例如，单片数字信号处理器 TMS320C25 就有专用于 FFT 的二进制码变址模式。

4. 蝶形运算两节点的距离

以图 5-7 所示的 8 点 DIT FFT 为例，其第一级每个蝶形运算的两节点间的距离为 1，第二级每个蝶形的两节点间的距离为 2，第三级每个蝶形的两节点间的距离为 4。由此类推，对于 $N=2^L$ 点的 DIT FFT，其第 m 级运算中的每个蝶形的两节点间的距离为 2^{m-1}。因此，我们可以将蝶形运算表示为

$$\begin{cases} X_m(k) = X_{m-1}(k) + X_{m-1}(k+2^{m-1})W_N^r \\ X_m(k+2^{m-1}) = X_{m-1}(k) - X_{m-1}(k+2^{m-1})W_N^r \end{cases} \tag{5.5-14}$$

5. W_N^r 的确定

在每个蝶形运算中都要乘以因子 W_N^r，我们称其为旋转因子。由于 $N=2^L$ 为已知，因此只需确定 r 的值。通过观察图 5-7 不难发现，r 的变化是有一定规律的，针对这些规律可以采用多种方法确定 r 的值。一种简便的方法是：

(1) 将蝶形运算两节点中的第一个节点标号值 k 表示成 L 位($N=2^L$)二进制数：$k=(n_{L-1}\cdots n_1 n_0)_2$。

(2) 将 $k=(n_{L-1}\cdots n_1 n_0)_2$ 左移($L-m$)位(m 指 m 级的运算)，右边位置补零，就可得到$(r)_2$ 的值，即$(r)_2=(k)_2 2^{L-m}$。

例如，$N=8=2^3$，有

(1) $k=2$，$m=3$ 时的 r 值：

$k=2=(010)_2$，左移 $L-m=3-3=0$，则 $r=(010)_2=2$

(2) $k=3$，$m=3$ 时的 r 值：

$k=3=(011)_2$，左移 $L-m=3-3=0$，则 $r=(011)_2=3$

(3) $k=5$，$m=2$ 的 r 值：

$k=5=(101)_2$，左移 $L-m=3-2=1$，则 $r=(010)_2=2$

5.6 基2频率抽取FFT算法

同样是基于将长序列分解为短序列的思想，如果把输出序列 $X(k)$（假设也是 N 点序列）按其顺序的奇偶性分解为越来越短的子序列，就形成了另一种 FFT 算法，称为按频率抽取(DIF)的 FFT 算法。

5.6.1 DIF FFT 算法原理

1. N 点 DFT 的另一种表达形式

仍设序列点数 $N=2^L$，L 为整数。我们把输入序列 $x(n)$ 按 n 的顺序分成前后两部分（注意，这不是频率抽取），可得到 N 点 DFT 的另一种表达形式

$$
\begin{aligned}
X(k) &= \sum_{n=0}^{N-1} x(n)W_N^{nk} = \sum_{n=0}^{\frac{N}{2}-1} x(n)W_N^{nk} + \sum_{n=\frac{N}{2}}^{N-1} x(n)W_N^{nk} \\
&= \sum_{n=0}^{\frac{N}{2}-1} x(n)W_N^{nk} + \sum_{n=0}^{\frac{N}{2}-1} x\left(n+\frac{N}{2}\right)W_N^{\left(n+\frac{N}{2}\right)k} \\
&= \sum_{n=0}^{\frac{N}{2}-1}\left[x(n)+x\left(n+\frac{N}{2}\right)W_N^{\frac{N}{2}k}\right]W_N^{nk}, \qquad k=0,1,\cdots,N-1
\end{aligned}
$$

由于 $W_N^{\frac{N}{2}}=\mathrm{e}^{-\mathrm{j}\pi}=-1$，故 $W_N^{\frac{N}{2}k}=(-1)^k$，因此 $X(k)$可进一步表示为

$$
X(k) = \sum_{n=0}^{\frac{N}{2}-1}\left[x(n)+(-1)^k x\left(n+\frac{N}{2}\right)\right]W_N^{nk}, \quad k=0,1,\cdots,N-1 \tag{5.6-1}
$$

2. X(k)按奇偶分组

当 k 为偶数时，$(-1)^k=1$；当 k 为奇数时，$(-1)^k=-1$。因此，按 k 的奇偶可将 $X(k)$ 分为两部分。令

$$
\begin{cases} k=2r \\ k=2r+1 \end{cases} \qquad r=0,1,\cdots,\frac{N}{2}-1
$$

则

$$
\begin{aligned}
X(2r) &= \sum_{n=0}^{\frac{N}{2}-1}\left[x(n)+x\left(n+\frac{N}{2}\right)\right]W_N^{2nr} \\
&= \sum_{n=0}^{\frac{N}{2}-1}\left[x(n)+x\left(n+\frac{N}{2}\right)\right]W_{\frac{N}{2}}^{nr}, \quad r=0,1,\cdots,\frac{N}{2}-1
\end{aligned} \tag{5.6-2}
$$

$$
\begin{aligned}
X(2r+1) &= \sum_{n=0}^{\frac{N}{2}-1}\left[x(n)-x\left(n+\frac{N}{2}\right)\right]W_N^{n(2r+1)} \\
&= \sum_{n=0}^{\frac{N}{2}-1}\left\{\left[x(n)-x\left(n+\frac{N}{2}\right)\right]W_N^{n}\right\}W_{\frac{N}{2}}^{nr}, \quad r=0,1,\cdots,\frac{N}{2}-1
\end{aligned} \tag{5.6-3}
$$

3. 蝶形运算

可以看出，式(5.6-2)为前一半输入与后一半输入之和的 $N/2$ 点 DFT，式(5.6-3)为前一半输入与后一半输入之差再与 W_N^n 乘积的 $N/2$ 点 DFT。如果令

$$\begin{cases} x_1(n)=x(n)+x\left(n+\dfrac{N}{2}\right) \\ x_2(n)=\left[x(n)-x\left(n+\dfrac{N}{2}\right)\right]W_N^n \end{cases} \quad n=0,1,\cdots,\frac{N}{2}-1 \tag{5.6-4}$$

则

$$\begin{cases} X(2r)=\sum\limits_{n=0}^{\frac{N}{2}-1} x_1(n)W_{\frac{N}{2}}^{nr} \\ X(2r+1)=\sum\limits_{n=0}^{\frac{N}{2}-1} x_2(n)W_{\frac{N}{2}}^{nr} \end{cases} \quad r=0,1,\cdots,\frac{N}{2}-1 \tag{5.6-5}$$

式(5.6-4)所表示的运算关系可以用图 5-10 所示的蝶形运算来表示。

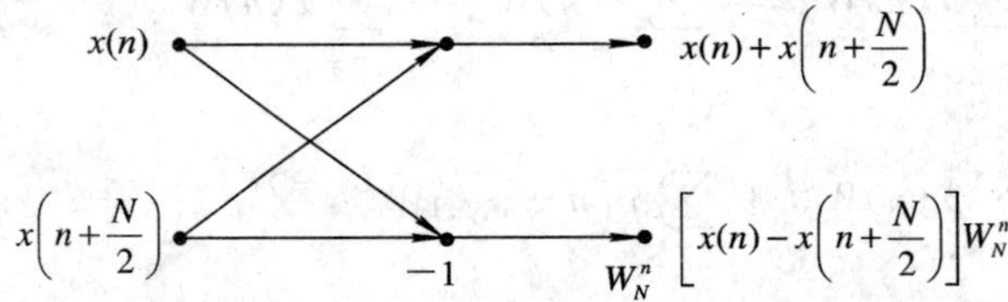

图 5-10　按频率抽取蝶形运算流图符号

这样，就可以把一个 N 点 DFT 按 k 的奇偶分解为两个 $N/2$ 点 DFT 了。比如当 $N=8$ 时，上述分解过程如图 5-11 所示。

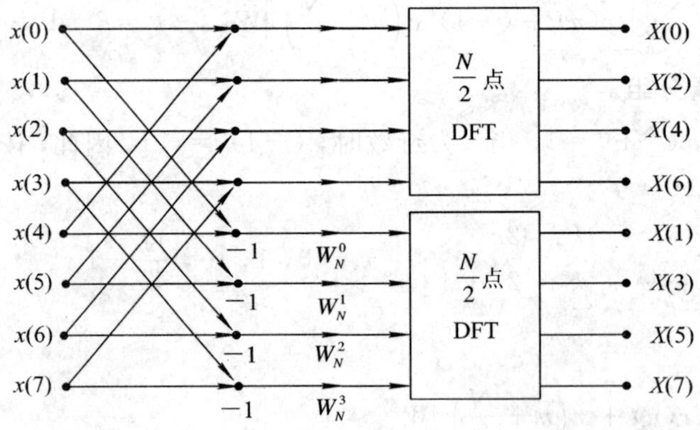

图 5-11　按频率抽取将一个 N 点 DFT 分解为两个 $N/2$ 点 DFT 的组合($N=8$)

4. 继续分解

同时间抽取法的推导过程一样，由于 $N=2^L$，$N/2$ 仍是一个偶数，因而可以将每个 $N/2$ 点 DFT 的输出再分解为偶数组与奇数组，这就将 $N/2$ 点 DFT 进一步分解为两个 $N/4$ 点 DFT。这两个 $N/4$ 点 DFT 的输入也是先将 $N/2$ 点 DFT 的输入(即前一级蝶形的输出)上下对半分开后通过蝶形运算之后形成的，这一步分解过程如图 5-12 所示。

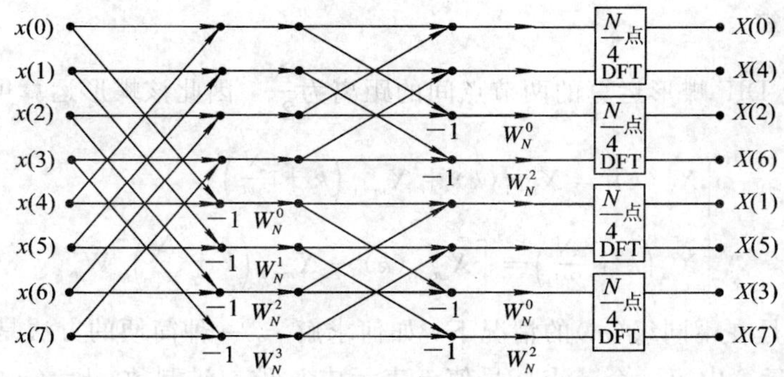

图 5-12　按频率抽取将一个 N 点 DFT 分解为四个 $N/4$ 点 DFT 的组合($N=8$)

这样的分解可以一直进行到第 L 级($N=2^L$)，第 L 级实际上就是作两点 DFT，它只有加减运算，但为了统一运算结构，我们仍然采用系数为 W_N^0 的蝶形运算来表示，这 $N/2$ 个两点 DFT 的 N 个输出即为 $x(n)$的 N 点 DFT 的结果 $X(k)$。图 5-13 表示了一个 $N=8$ 的完整的按频率抽取的 FFT 运算流图。

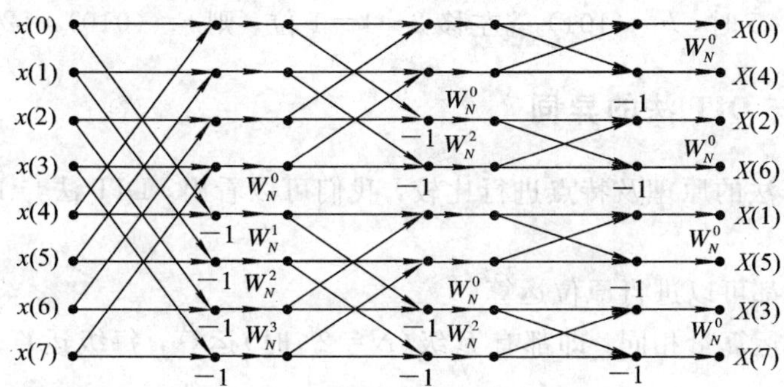

图 5-13　按频率抽取的 FFT 流图($N=8$)

5.6.2　DIF FFT 算法特点

1. 原位运算

从图 5-13 可以看出，这种运算和按时间抽取法一样，是很有规律的。其每级(列)都是由 $N/2$ 个蝶形运算构成的，每一个蝶形结构完成同样的基本迭代运算：

$$\begin{cases} X_m(k) = X_{m-1}(k) + X_{m-1}(j) \\ X_m(j) = [X_{m-1}(k) - X_{m-1}(j)]W_N^r \end{cases} \tag{5.6-6}$$

式中，m 表示第 m 级迭代，k、j 为数据所在行数。通过进行蝶形运算的两个节点变量 k 和 j 完全可以确定蝶形运算的结果，而与其他节点变量无关。因而蝶形运算的两个输出值仍可放回蝶形运算的两个输入所在的存储器中，实现原位运算。

2. 蝶形运算两节点的距离

从图 5-13 中可以看出，当计算第一级蝶形($m=1$)时，参与同一蝶形运算的两节点之间的距离为 4；第二级每个蝶形的两节点之间的距离为 2，第三级每个蝶形的两节点之间的距离为 1。因此对于 $N=2^L$ 的一般情况，可推出其蝶形运算两节点之间的距离为 $2^{L-m}=\frac{N}{2^m}$，其中，m 是指第 m 级蝶形，$m=1, 2, \cdots, L$。

3. W_N^r 的计算

由于第 m 级 DIF 蝶形运算的两节点间的距离为$\frac{N}{2^m}$，因此该蝶形运算可表示为

$$\begin{cases} X_m(k) = X_{m-1}(k) + X_{m-1}\left(k + \frac{N}{2^m}\right) \\ X_m\left(k+\frac{N}{2^m}\right) = \left[X_{m-1}(k) - X_{m-1}\left(k + \frac{N}{2^m}\right)\right]W_N^r \end{cases} \tag{5.6-7}$$

现在的问题是在不同级(m)的情况下，如何求解 r。一种简便的方法是：

(1) 将蝶形运算中第一个节点标号值 k 表示成 L 位二进制数：$k=(n_{L-1}\cdots n_1 n_0)_2$。

(2) 将 $k=(n_{L-1}\cdots n_1 n_0)_2$ 左移 $m-1$ 位，右边位置补零，就可得到$(r)_2$ 的值，即$(r)_2=(n_{L-1}\cdots n_1 n_0)_2 2^{m-1}$。

例如，$N=8$ 时，有

(1) $m=1$，$k=2$ 时，$k=(010)_2$，左移 $1-1=0$ 位，则 $r=(010)_2=2$

(2) $m=2$，$k=1$ 时，$k=(001)_2$，左移 $2-1=1$ 位，则 $r=(010)_2=2$

(3) $m=2$，$k=5$ 时，$k=(101)_2$，左移 $2-1=1$ 位，则 $r=(010)_2=2$

5.6.3 DIF 法与 DIT 法的异同

通过对两种算法的原理及特点进行比较，我们可以看出，DIT 法与 DIF 法在以下两个方面是相同的：

(1) 两种算法都可以进行原位运算。

(2) 两种算法运算量相同，即都有 L 级($N=2^L$ 时)运算，每级运算均需 $N/2$ 个蝶形，每个蝶形均有一次复乘、两次复加，故总的运算量均为$\frac{N}{2}\log_2 N$ 次复乘和 $N\ \log_2 N$ 次复加。

两种算法的不同点在于：

(1) DIT 输入为倒位序，输出为自然序，而 DIF 恰好相反。初看起来，这一点不同是显而易见的。但对于任何流图，只要保持各节点所连的支路以及传输系数不变，则不论节点位置怎么排列，所得流图都是等效的，因而不论是哪种算法，都可以将输入或输出进行重排，使其变为自然序或倒位序，所以这并不是二者的本质区别。

(2) 基本蝶形不同。DIT 中的蝶形运算是先作复乘后再作加减法，而 DIF 的复数乘法则仅出现在减法之后，这一点才是二者本质上的不同。

如果将 DIT FFT 的基本蝶形运算

$$\begin{cases} X_m(k) = X_{m-1}(k) + X_{m-1}(j)W_N^r \\ X_m(j) = X_{m-1}(k) - X_{m-1}(j)W_N^r \end{cases}$$

写为矩阵形式，则有

$$\begin{bmatrix} x_m(k) \\ x_m(j) \end{bmatrix} = \begin{bmatrix} 1 & W_N^r \\ 1 & -W_N^r \end{bmatrix} \begin{bmatrix} x_{m-1}(k) \\ x_{m-1}(j) \end{bmatrix} \tag{5.6-8}$$

同样，将 DIF FFT 的基本蝶形运算

$$\begin{cases} X_m(k) = X_{m-1}(k) + X_{m-1}(j) \\ X_m(j) = [X_{m-1}(k) - X_{m-1}(j)]W_N^r \end{cases}$$

写为矩阵形式，则有

$$\begin{bmatrix} x_m(k) \\ x_m(j) \end{bmatrix} = \begin{bmatrix} 1 & 1 \\ W_N^r & -W_N^r \end{bmatrix} \begin{bmatrix} x_{m-1}(k) \\ x_{m-1}(j) \end{bmatrix} \tag{5.6-9}$$

从式(5.6-8)和式(5.6-9)可以看出，两个蝶形运算的传输矩阵互为转置。另外，从图 5-4 和图 5-10 也可以看出，如果将 DIT 的基本蝶形的所有支路方向都反向，并且交换输入和输出，就得到了 DIF 的基本蝶形；反过来将 DIF 的基本蝶形的所有支路方向都反向，并且交换输入和输出，就得到了 DIT 的基本蝶形。因此，DIT 与 DIF 的基本蝶形运算是互为转置的。

5.7 IDFT 的快速实现——IFFT 算法

DFT 的 FFT 算法同样可以适用于离散傅里叶反变换的运算，即快速傅里叶反变换(IFFT)。IFFT 可以通过以下两种方法来快速实现。

一种方法需要稍微改动 FFT 程序和参数来实现。由于

$$X(k) = \mathrm{DFT}[x(n)] = \sum_{n=0}^{N-1} x(n)W_N^{nk}$$

$$x(n) = \mathrm{IDFT}[X(k)] = \frac{1}{N}\sum_{k=0}^{N-1} X(k)W_N^{-nk}$$

比较两式可知，只要把 DFT 运算中的每个系数 W_N^{nk} 换成 W_N^{-nk}，最后再乘以常数 $\frac{1}{N}$，就可以得到 IDFT 的快速算法——IFFT。

此外，可以将常数 $\frac{1}{N}$ 分配到每级运算中，由于 $\frac{1}{N}=\frac{1}{2^L}=\left(\frac{1}{2}\right)^L$，因此每级蝶形运算均乘以 1/2 即可。

另一种方法则完全不用改变 FFT 的程序而可以直接实现 IFFT。考虑到

$$[W_N^{-nk}]^* = W_N^{nk}$$

$$[A \cdot B]^* = A^* \cdot B^*$$

将上述的 IDFT 公式两边同时取共轭，可得

$$x^*(n) = \left[\frac{1}{N}\sum_{k=0}^{N-1} X(k)W_N^{-nk}\right]^* = \frac{1}{N}\sum_{k=0}^{N-1} X^*(k)W_N^{nk}$$

因此

$$x(n) = [x^*(n)]^* = \frac{1}{N}\left[\sum_{k=0}^{N-1} X^*(k)W_N^{nk}\right]^* = \frac{1}{N}\{\mathrm{DFT}[X^*(k)]\}^* \tag{5.7-1}$$

式(5.7-1)说明，只要先将 $X(k)$ 取共轭，然后将 $X^*(k)$ 作为输入直接调用 FFT 程序计算 DFT，最后再取一次共轭，并乘以 $1/N$，即可得到 $x(n)$。所以，FFT 和 IFFT 的运算完全可以调用同一个子程序，使用起来十分方便。

5.8 MATLAB 实现

5.8.1 用 MATLAB 计算序列的 DFT 与 IDFT

1. 直接计算 DFT 与 IDFT

根据 DFT 与 IDFT 的定义式

$$X(k)=\sum_{n=0}^{N-1}x(n)W_N^{nk},\qquad 0\leqslant k\leqslant N-1$$

$$x(n)=\frac{1}{N}\sum_{k=0}^{N-1}X(k)W_N^{-nk},\qquad 0\leqslant n\leqslant N-1$$

可以编写 MATLAB 函数来完成 DFT 与 IDFT 的计算。考虑到每计算一个 $X(k)$ 都需要一个 for … end 循环来计算 N 项的和式，为了计算所有的 $X(k)$ 又需要另一个 for … end 循环，这就会得到一种两重循环嵌套的实现方式。为了提高计算效率，在 MATLAB 中可以采用矩阵向量乘法来实现上述计算。令行向量 $\boldsymbol{X}$ 表示 $X(k)$ 的各点的值，行向量 $\boldsymbol{x}$ 表示 $x(n)$ 的各点的值，则上面两式可表示为

$$\boldsymbol{X}=\boldsymbol{x}\boldsymbol{W}_N \tag{5.8-1}$$

$$\boldsymbol{x}=\frac{1}{N}\boldsymbol{X}\boldsymbol{W}_N^* \tag{5.8-2}$$

式中矩阵 $\boldsymbol{W}_N$ 为

$$\boldsymbol{W}_N=\begin{bmatrix} W_N^{0\cdot 0} & W_N^{0\cdot 1} & \cdots & W_N^{0\cdot(N-1)} \\ W_N^{1\cdot 0} & W_N^{1\cdot 1} & \cdots & W_N^{1\cdot(N-1)} \\ \vdots & \vdots & \ddots & \vdots \\ W_N^{(N-1)\cdot 0} & W_N^{(N-1)\cdot 1} & \cdots & W_N^{(N-1)\cdot(N-1)} \end{bmatrix}=[W_N^{nk}],\quad 0\leqslant n,k\leqslant N-1 \tag{5.8-3}$$

矩阵 $\boldsymbol{W}_N$ 是一个方阵，称为 DFT 矩阵。因此，可以编写下面的 MATLAB 函数来实现上述的计算过程。计算 DFT 的函数为：

```
function [Xk]=dft(xn,N)
%计算 DFT
%[Xk]=dft(xn,N)
%Xk 是频域的 DFT 序列
%xn 是时域的有限长序列
%N 是 DFT 的长度
n=[0:1:N-1];
k=[0:1:N-1];
WN=exp(-j*2*pi/N);
nk=n'*k;
WNnk=WN.^nk;
if (N>length(xn))
    xn=[xn,zeros(1,N-length(xn))];
```

```
    else
        xn=xn(1:N);
    end
        Xk=xn*WNnk;
```

计算 IDFT 的函数为：

```
    function [xn]=idft(Xk,N)
    %计算 IDFT
    %[xn]=idft(Xk,N)
    %Xk是频域的DFT序列
    %xn是时域的有限长序列
    %N是IDFT的长度
    n=[0:1:N-1];
    k=[0:1:N-1];
    WN=exp(-j*2*pi/N);
    nk=n'*k;
    WNnk=WN.^nk;
    if (N>length(Xk))
        Xk=[Xk,zeros(1,N-length(Xk))];
    else
        Xk=Xk(1:N);
    end
        xn=(Xk*WNnk)/N;
```

例 5-4　已知信号 $x(n)=R_4(n)$，完成：

(1) 计算 $x(n)$的 4 点 DFT$X(k)=\text{DFT}[x(n)]$；

(2) 对第一步计算出的 $X(k)$进行 IDFT。

解　利用计算 DFT 和 IDFT 的两个函数，编写以下程序：

```
    xn=[1,1,1,1];
    Xk=dft(xn,4)
    yn=idft(Xk,4)
```

程序运行结果为：

```
    Xk=4.0000   -0.0000-0.0000i   0-0.0000i   0.0000-0.0000i
    yn=1.0000-0.0000i   1.0000-0.0000i   1.0000+0.0000i   1.0000+0.0000i
```

可以看出，在不考虑计算误差的情况下，对 $X(k)$ 进行 IDFT 的结果与原序列完全相同。

2. DFT 的快速算法——FFT

MATLAB 中直接提供了快速傅立叶变换的函数 fft，其调用格式如下：

```
    Xk=fft(xn,N);
```

其中，调用参数 xn 为被变换的时域序列向量，N 是 DFT 变换区间长度。当 N 大于 xn 的长度时，fft 函数自动在 xn 后面补零至 N 点，函数返回 xn 的 N 点 DFT 变换结果 Xk。而当 N 小于 xn 的长度时，fft 函数计算 xn 的前 N 点序列的 N 点 DFT。当缺省 N 时，DFT 的点数和 x(n)的长度一致。

这个 fft 函数不是用 MATLAB 命令(也就是说它不是作为一个 .m 文件来用的)，而是用机器语言写成的，因此执行起来非常快。而且，该函数是作为一种混合基算法写成的。如果 N 是 2 的整数幂，那么就使用基 2 FFT 算法；如果 N 不是 2 的某个幂，那么就将 N 分解为若干个因子并用一个较慢的混合基 FFT 算法；如果 N 是某个素数，则 fft 函数就蜕化为原始的 DFT 算法。

快速计算 IDFT 的函数是 ifft 函数，其特性和调用格式与 fft 相同，具体可参考 help 文件。

例 5-5 使用 fft 与 ifft 函数完成例 5-4 的计算。

解 程序清单如下：

```
xn=[1,1,1,1];
Xk=fft(xn,4);
yn=ifft(Xk,4);
```

程序运行结果为：

```
Xk=4  0  0  0
yn= 1  1  1  1
```

5.8.2 利用 MATLAB 验证 DFT 与 DTFT 的关系

通过前面的理论学习已经知道，序列的 N 点 DFT 就是对其频谱在[0, 2π]上的 N 点等间隔采样，而且，当 N 越大时，采样的谱线越密，$X(k)$ 的包络线就越逼近 $X(e^{j\omega})$的幅频特性曲线。下面，我们利用 MATLAB 对其进行验证。

例 5-6 已知信号 $x(n)=R_8(n)$，$X(e^{j\omega})=\text{DTFT}[x(n)]$。

(1) 计算 $X(e^{j\omega})$，并画出它的幅度和相位曲线；

(2) 计算 $x(n)$的 32 点和 64 点 DFT，并分别画出其幅频特性和相频特性。

解 (1) 根据 DTFT 的定义式，可得

$$X(e^{j\omega}) = \sum_{n=-\infty}^{\infty} R_8(n)e^{-j\omega n} = \sum_{n=0}^{7} e^{-j\omega n} = \frac{1-e^{j8\omega}}{1-e^{-j\omega}}$$

为了利用计算机画出连续频谱的幅度和相位曲线，可以对频谱函数进行大量的采样。这里采用对连续频谱在其主值区间采样 2048 个点来作为连续频谱的近似。程序清单如下：

```
w=2*pi*(0:2047)/2048;
Xw=(1-exp(-j*8*w))./(1-exp(-j*w));
subplot(3,2,1);plot(w/pi,abs(Xw),'k');
xlabel('ω/π');ylabel('幅度');
title('DTFT 的幅度曲线');
subplot(3,2,2);plot(w/pi,angle(Xw),'k');
xlabel('ω/π');ylabel('相位');
title('DTFT 的相位曲线');axis([0,2,-3.5,3.5]);
```

(2) 可以直接利用 fft 函数计算序列的 DFT。为了方便比较，在 32 点 DFT 的幅度和相位特性图上用虚线画出连续频谱的幅度和相位曲线。继续输入以下程序：

```
xn=[1 1 1 1 1 1 1 1];        %输入时域序列向量 xn=R8(n)
Xk32=fft(xn,32);             %计算 xn 的 32 点 DFT
Xk64=fft(xn,64);             %计算 xn 的 64 点 DFT
```

```
k=0:31;wk=2*k/32;          %产生32点DFT对应的采样点频率(关于π归一化值)
subplot(3,2,3);stem(wk,abs(Xk32),'k.'); %绘制32点DFT的幅频特性
title('32点DFT的幅频特性');xlabel('ω/π');ylabel('幅度');
hold on;plot(w/pi,abs(Xw),'k--');
subplot(3,2,4);stem(wk,angle(Xk32),'k.'); %绘制32点DFT的相频特性
title('32点DFT的相频特性');
xlabel('ω/π');ylabel('相位');axis([0,2,-3.5,3.5]);
hold on;plot(w/pi,angle(Xw),'k--');
k=0:63;wk=2*k/64; %产生64点DFT对应的采样点频率(关于π归一化值)
subplot(3,2,5);stem(wk,abs(Xk64),'k.'); %绘制64点DFT的幅频特性
title('64点DFT的幅频特性');xlabel('ω/π');ylabel('幅度');
subplot(3,2,6);stem(wk,angle(Xk64),'k.'); %绘制64点DFT的相频特性
title('64点DFT的相频特性');
xlabel('ω/π');ylabel('相位');
axis([0,2,-3.5,3.5]);
```

整个程序的运行结果如图5-14所示。从图中可以清楚地看到$X(k)$与$X(e^{j\omega})$之间的采样关系，且随着N的增大，采样的谱线越密，$X(k)$的包络线就越逼近$X(e^{j\omega})$。

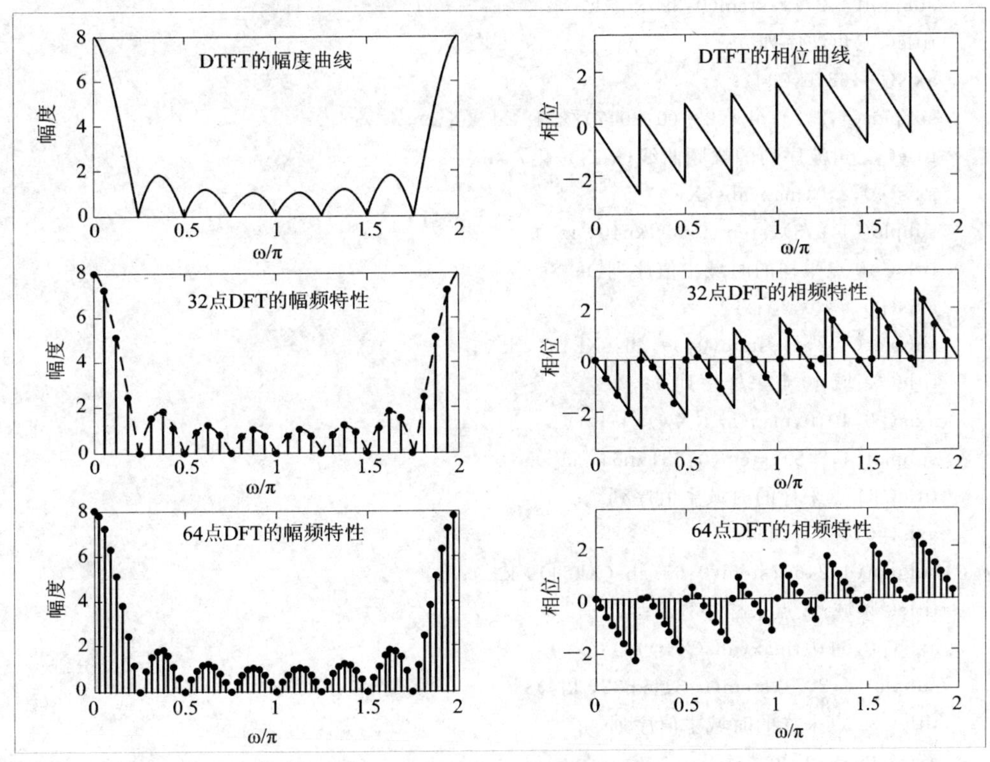

图5-14 例5-6的各幅度、相位特性图

5.8.3 利用MATLAB验证频域采样特性

我们已经知道，频域采样会带来序列在时域的周期延拓，因此，只有在采样点数大于等于序列长度时才不会发生时域的混叠失真。

例 5-7 产生一个长度为40的三角波序列 $x(n)$，然后对其频谱分别进行$[0, 2\pi]$上的32点、40点和64点等间隔采样，并比较和分析这三种采样对序列在时域的影响。

解 由DFT与DTFT的关系可知，当 N 大于等于序列的长度时，对序列的频谱在频率区间$[0, 2\pi]$上的 N 点等间隔采样就是序列的 N 点DFT。因此，对三角波序列 $x(n)$ 的频谱进行40点和64点等间隔采样，实际上就是计算 $x(n)$ 的40点DFT和64点DFT，这可以通过调用fft函数来求解。对于32点等间隔采样，可以认为是对64点采样序列进行隔点采样的结果。因此可以编写程序如下：

```
M=40;
xn=[0:floor(M/2),ceil(M/2)-1:-1:1];          %产生长度为M=40的三角波序列
Xw=fft(xn,2048);                             %2048点采样作为连续频谱的近似
Xk40=fft(xn,40);                             %频域40点等间隔采样
Xk64=fft(xn,64);                             %频域64点等间隔采样
Xk32=Xk64(1:2:64);                           %对64点采样序列进行隔点采样
xn40=ifft(Xk40,40);                          %40点采样带来的时域主值序列
xn64=ifft(Xk64,64);                          %64点采样带来的时域主值序列
xn32=ifft(Xk32,32);                          %32点采样带来的时域主值序列
subplot(4,2,1);stem(0:39,xn,'k.');
title('三角波序列');
axis([0,63,0,20]);
subplot(4,2,2);plot(2*(0:2047)/2048,abs(Xw),'k');
title('三角波序列的幅频曲线(π归一化)');
axis([0,2,0,max(abs(Xw))]);
subplot(4,2,3);stem(0:39,xn40,'k.');
title('40点采样的时域主值序列');
axis([0,63,0,20]);
subplot(4,2,4);stem(0:39,abs(Xk40),'k');
title('频域40点采样序列');
axis([0,40,0,max(abs(Xw))]);
subplot(4,2,5);stem(0:63,xn64,'k.');
title('64点采样的时域主值序列');
axis([0,63,0,20]);
subplot(4,2,6);stem(0:63,abs(Xk64),'k.');
title('频域64点采样序列');
axis([0,64,0,max(abs(Xw))]);
subplot(4,2,7);stem(0:31,xn32,'k.');
title('32点采样的时域主值序列');
axis([0,63,0,20]);
subplot(4,2,8);stem(0:31,abs(Xk32),'k.');
title('频域32点采样序列');
axis([0,32,0,max(abs(Xw))]);
```

程序运行结果如图5-15所示。

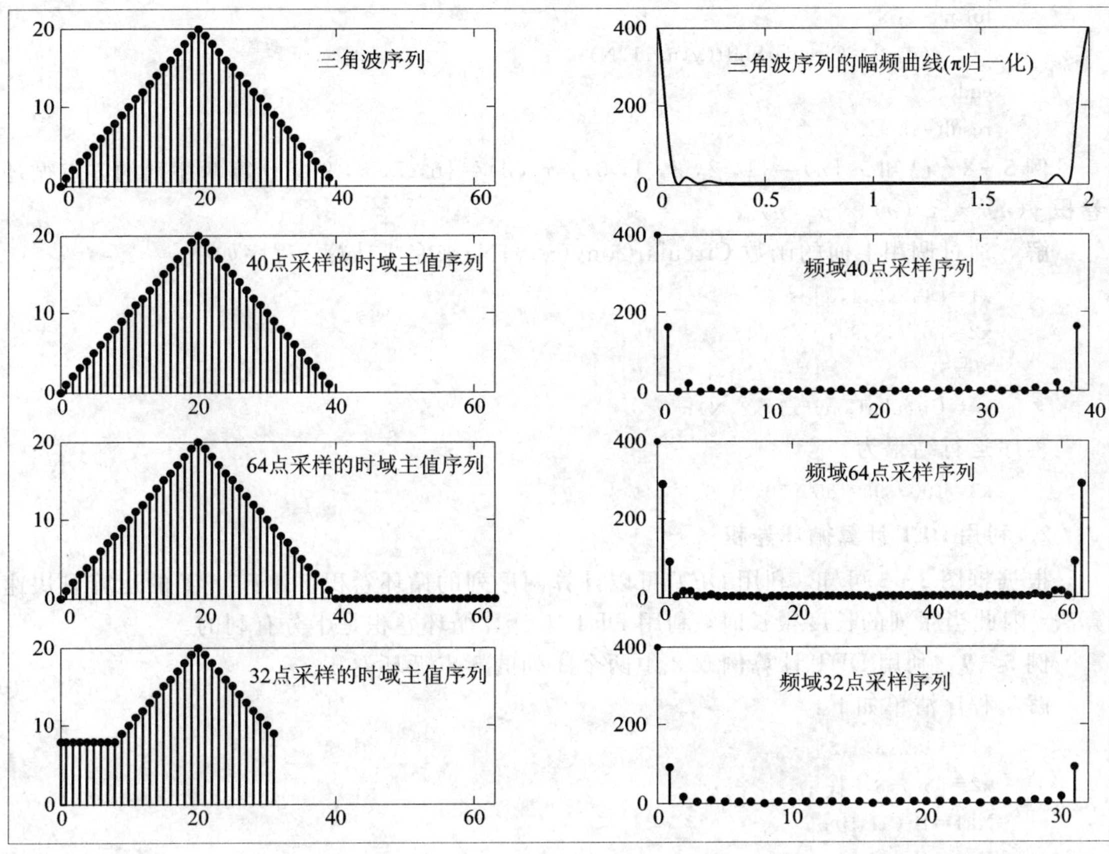

图 5-15　三角波序列的频域采样

可以看出，在频域[0, 2π]上采样点数为 40 和 64 时，由于采样点数大于或等于 $x(n)$ 的长度，因此在时域没有混叠失真，可以根据频域采样数据恢复出原信号；而当采样点数为 32，小于信号长度时，产生了时域混叠现象，因而不能由频域采样数据恢复出原序列。

5.8.4　利用 MATLAB 实现由 DFT 计算线性卷积

1. 直接计算循环卷积

根据循环卷积的计算原理，可以利用 MATLAB 编写下面的函数来完成两个序列的 N 点循环卷积运算。

```
function result=CircularConv(x,y,N)
%result=CircularConv(x,y,N)
%result 是循环卷积运算的结果序列
%x,y 是输入的有限长序列
%N 是循环卷积的长度
x=[x,zeros(1,N-length(x))];
y=[y,zeros(1,N-length(y))];
k=0:N-1;
y=y(mod(-k,N)+1);
Z=zeros(N,N);
```

```
for n=1:N
    Z(n,:)=CircularShift(y,n-1,N);
end
result=x*Z';
```

例 5-8 已知 $x_1(n)=\{\underline{1}, 2, 3, 4, 5\}$，$x_2(n)=\{\underline{6}, 7, 8, 9\}$，计算两序列的5点循环卷积 $y(n)=x_1(n)\otimes x_2(n)$。

解 通过调用上面的函数 CircularConv(x,y,N)来完成计算。程序如下：

```
x1=[1,2,3,4,5];
x2=[6,7,8,9];
N=5;
x3=CircularConv(x1,x2,N);
```

程序运行结果为：

```
x3=100  95  85  70  100
```

2. 利用 DFT 计算循环卷积

根据框图 5-3 可知，利用 DFT 可以计算两序列的循环卷积。由于 DFT 的运算有快速算法，因此当序列的长度很长时，利用 DFT 来计算循环卷积是十分有利的。

例 5-9 利用 DFT 计算例 5.8 中两个序列的 5 点循环卷积。

解 程序清单如下：

```
x1=[1,2,3,4,5];
x2=[6,7,8,9];
Xk1=fft(x1,5);
Xk2=fft(x2,5);
Xk3=Xk1.*Xk2;
x3=ifft(Xk3,5);
```

程序运行结果为：

```
x3=100  95  85  70  100
```

显然，这个结果与直接计算的结果完全相同。

3. 利用 DFT 计算有限长序列的线性卷积

虽然利用 DFT 计算循环卷积十分方便，但在实际应用中，往往并不需要计算循环卷积，而只需要计算线性卷积。线性卷积是信号处理中的最重要的运算之一，信号处理系统能够进行高效的线性卷积计算(尤其是序列长度很长时)是十分必要的。

通过前面所述的循环卷积和线性卷积的关系，我们知道，若假设两个有限长序列的长度分别是 M 和 N，则在满足 $L\geqslant M+N-1$ 的条件时，这两个序列的 L 点循环卷积就可以代替线性卷积。而利用 DFT 计算循环卷积又十分方便，因此可以利用 DFT 来计算线性卷积。

例 5-10 已知序列 $x(n)=\{\underline{1}, 2, 3, 4, 5\}$，$h(n)=\{\underline{10}, 12, 9, 7\}$。

(1) 利用 DFT 计算离散线性卷积 $x(n)*h(n)$；

(2) 直接计算离散线性卷积 $x(n)*h(n)$；

(3) 比较两种方法的计算误差。

解　理论上，在满足 $L \geqslant M+N-1$ 条件时，利用 DFT 计算线性卷积和直接计算线性卷积的结果应该是一样的，但由于计算误差的存在，会使二者之间存在微小的误差。程序如下：

```
x=[1,2,3,4,5];
h=[10,12,9,7];
L=length(x)+length(h)-1;
Xk=fft(x,L);
Hk=fft(h,L);
result_dftconv=ifft(Xk. * Hk);
n=0:L-1;
subplot(3,1,1);
stem(n,real(result_dftconv));
title('利用 DFT 计算的线性卷积');
result_conv=conv(x,h);
subplot(3,1,2);
stem(n,result_conv);
title('直接计算的线性卷积');
error=abs(result_dftconv-result_conv);
subplot(3,1,3);
stem(n,error);
title('两种方法的计算误差');
```

程序运行结果如图 5-16 所示。

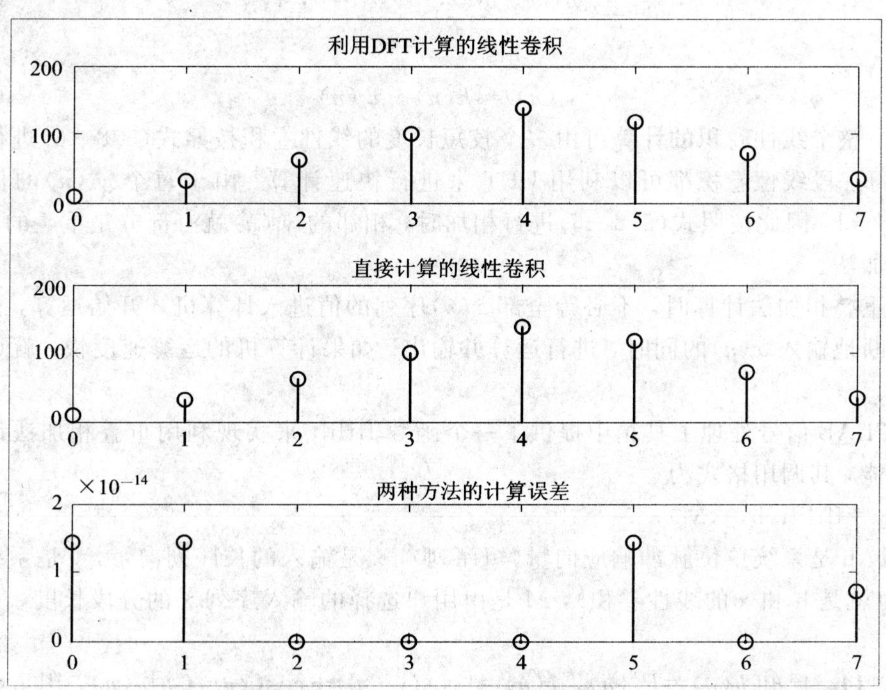

图 5-16　DFT 计算线性卷积、直接计算线性卷积以及二者之间的误差

从图 5-16 中可以看出，利用 DFT 计算线性卷积的结果与直接计算线性卷积的结果之间的误差非常小。

4. 利用 DFT 计算有限长序列和无限长序列的线性卷积

从例 5-10 可以看出，利用 DFT 计算有限长序列的线性卷积是比较方便的。但是，在实际中经常会遇到系统的单位脉冲响应是有限长，但输入序列可能非常长或无限长。例如地震监测信号和数字电话系统中的数字语音信号都可以看成是非常长或者无限长序列。在这种情况下，一是不得不计算相当大的 DFT，二是直到全部输入样本被处理完才有可能获得输出数据，这就会带来不可接受的大的延迟。解决这个问题的实用算法一般有两种：重叠相加法和重叠保留法。这里仅介绍重叠相加法的基本原理与实现方法。

重叠相加法的基本思想是，将输入序列 $x(n)$ 分段，每段长度为 M，然后依次计算各段与 $h(n)$ 的卷积，再由各段的卷积结果得到输出序列 $y(n)$。

不失一般性，现假设 $x(n)$ 和 $h(n)$ 都是因果序列且 $h(n)$ 的长度为 N。对 $x(n)$ 进行分段，每段的长度为 M，则 $x(n)$ 可表示为

$$x(n) = \sum_{i=0}^{\infty} x_i(n - iM), \quad i = 0, 1, 2, \cdots \tag{5.8-4}$$

其中每一段可表示为

$$x_i(n) = x(n + iM)R_M(n), \quad i = 0, 1, 2, \cdots \tag{5.8-5}$$

则

$$\begin{aligned} y(n) &= h(n) * x(n) = \sum_{i=0}^{\infty} h(n) * x_i(n - iM) \\ &= \sum_{i=0}^{\infty} y_i(n - iM), \qquad i = 0, 1, 2, \cdots \end{aligned} \tag{5.8-6}$$

式中

$$y_i(n) = h(n) * x_i(n) \tag{5.8-7}$$

可见，整个线性卷积的计算可由多个较短长度的线性卷积按照式(5.8-6)进行相加来完成，而每一段线性卷积都可以利用 DFT 来进行快速计算。由于每个 $y_i(n)$ 的长度均为 $L=N+M-1$，因此按照式(5.8-6)进行相加时，相邻的 $y_i(n)$ 就有部分是重叠的，因此称为重叠相加法。

使用重叠相加法计算时，不必等全部 $x(n)$ 序列的值进入计算机才开始运算，而是可以在连续不断地输入 $x(n)$ 的同时，进行运算并输出。如果计算机的运算速度快，就可以实现实时处理。

MATLAB 信号处理工具箱中提供了一个函数 fftfilt 来实现利用重叠相加法计算线性卷积的功能，其调用格式为

```
y=fftfilt(h,x,M)
```

其中，参数 h 是系统单位脉冲响应向量(短序列)，x 是输入的长序列向量，y 是系统输出序列向量(也就是 h 和 x 的线性卷积)，M 是由用户选择的输入序列 x 的分段长度，其默认值为 512。

例 5-11　已知 $h(n)=R_4(n)$，$x(n)=[\cos(\pi n/8)+\cos(2\pi n/5)]u(n)$，用重叠相加法计算 $y(n)=h(n) * x(n)$。

解　$x(n)$和$y(n)$均为无限长序列，现只观察前50点数据。又假设对$x(n)$进行分段时每段长度为5，则计算$y(n)=h(n)*x(n)$的MATLAB程序如下：

```
L=50;
hn=[1,1,1,1];
n=0:L-1;
xn=cos(pi*n/8)+cos(2*pi*n/5);
yn=fftfilt(hn,xn,5);
subplot(3,1,1);stem(0:3,hn,'fill');xlabel('n');ylabel('h(n)');
axis([0,L-1,-inf,inf]);
subplot(3,1,2);stem(n,xn,'fill');xlabel('n');ylabel('x(n)');
axis([0,L-1,-inf,inf]);
subplot(3,1,3);stem(n,yn,'fill');xlabel('n');ylabel('y(n)');
axis([0,L-1,-inf,inf]);
```

程序运行结果如图5-17所示。

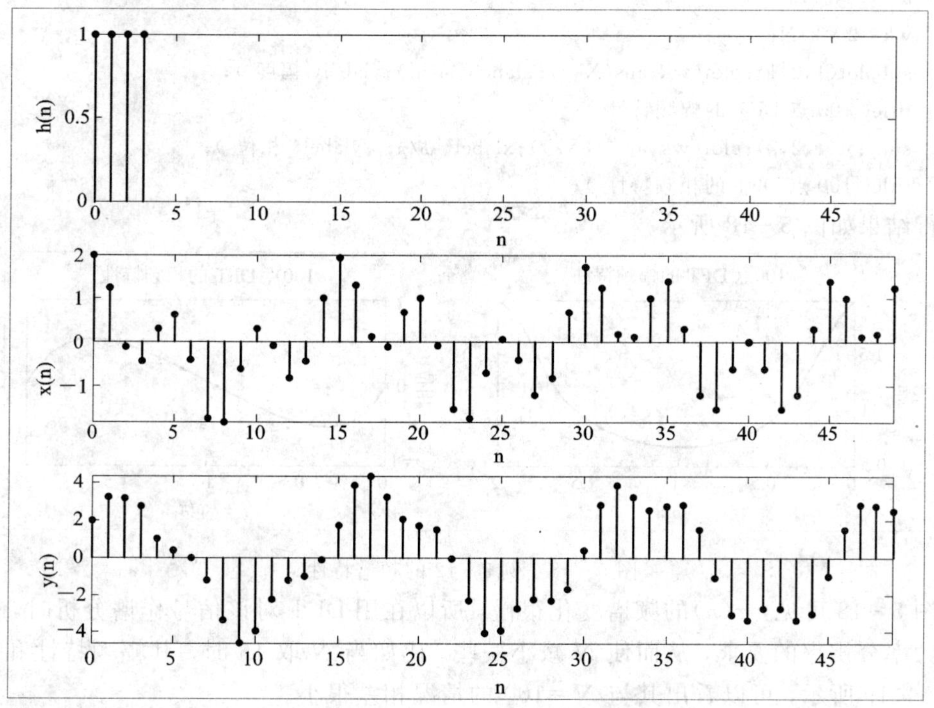

图5-17　重叠相加法计算线性卷积

5.8.5　利用MATLAB进行频谱分析

对信号进行频谱分析，就是计算信号的傅里叶变换。由于DFT有快速算法，因此经常用DFT(FFT)对信号进行频谱分析。

1. 对有限长时域离散信号进行频谱分析

我们已经知道，如果有限长序列的长度为M，则该序列的$N(N\geqslant M)$点DFT就是它的频谱函数在$[0, 2\pi]$区间上的N点等间隔采样。显然，DFT的变换点数N越大，频域的抽样就越密集，其DFT结果就越能反映频谱曲线的变化情况。但实际应用中不可能选择无

限大的 N，而是根据频率分辨率(也叫谱分辨率)的要求确定 N 的值。频率分辨率是指频谱分析中能够分辨的两个相邻频率点谱线的最小距离。如果以弧度为单位，则 N 点 DFT 的频域采样间隔为 $2\pi/N$，也就是说 N 点 DFT 能够实现的频率分辨率是 $2\pi/N$。如果要求的频率分辨率是 D 弧度，则 N 必须满足 $2\pi/N\leqslant D$，即 $N\geqslant 2\pi/D$。

例 5-12 假设 $x(n)=0.5^n R_{10}(n)$，试用 DFT 分析其频谱，要求频率分辨率为 0.02π。

解 根据频率分辨率要求，有

$$\frac{2\pi}{N}\leqslant 0.02\pi$$

即 $N\geqslant 100$，因此取 $N=100$。程序清单如下：

```
N=100;
n=0:9;
xn=0.5.^n;
Xk=fft(xn,N);
k=0:N-1;
wk=2*k/N;
subplot(1,2,1);plot(wk,abs(Xk));xlabel('ω/π');ylabel('幅度');
title('100点DFT的幅频特性');
subplot(1,2,2);plot(wk,angle(Xk));xlabel('ω/π');ylabel('相位');
title('100点DFT的相频特性');
```

运行结果如图 5-18 所示。

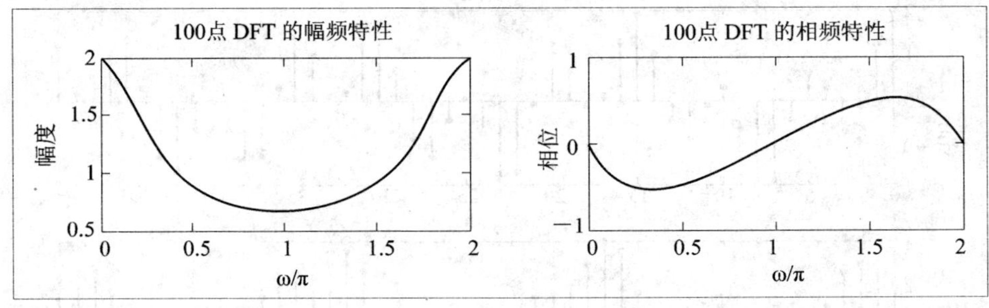

图 5-18 例 5-12 的频谱特性

从图 5-18 可见，$x(n)$的频谱变化很慢，所以在用 DFT 对该信号作谱分析时，可以适当降低频率分辨率的要求，从而使 N 减小一些。比如当 N 取 16 时，其幅频特性和相频特性如图 5-19 所示，可以看出其与 $N=100$ 的情况相差很小。

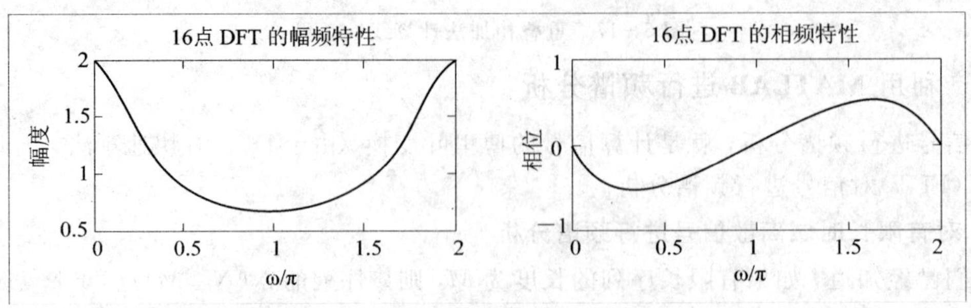

图 5-19 例 5-12 的 16 点 DFT 的频率特性

2. 对无限长时域离散信号进行频谱分析

如果是对无限长序列作谱分析，则需要将序列截取为有限长的一段，再用 DFT 作频谱分析。但这种截取必然会带来失真，因此得到的是近似频谱，其性能也与截取时所用的窗函数有关。

例 5-13　假设 $x(n)=\cos(\pi n/10)+\sin(\pi n/6)+\cos(2\pi n/5)$，试用 DFT 对其进行频谱分析。要求分别使用矩形窗和海明窗进行截取，并假设有三种不同的截取长度，即 $N=16$，64 和 128。

解　程序清单如下：

```
N1=16;N2=64;N3=128;
%矩形窗截取
n=0:N1-1;
xn1=cos(pi*n/10)+sin(pi*n/6)+cos(2*pi*n/5);
Xk1=fft(xn1,2048);                %2048 点 DFT 作为连续频谱的近似
wk=2*(0:2047)/2048;
subplot(3,2,1);plot(wk,abs(Xk1));xlabel('ω/π');ylabel('幅度');
title('矩形窗截取(长度为 16)');
n=0:N2-1;
xn2=cos(pi*n/10)+sin(pi*n/6)+cos(2*pi*n/5);
Xk2=fft(xn2,2048);                %2048 点 DFT 作为连续频谱的近似
subplot(3,2,3);plot(wk,abs(Xk2));xlabel('ω/π');ylabel('幅度');
title('矩形窗截取(长度为 64)');
n=0:N3-1;
xn3=cos(pi*n/10)+sin(pi*n/6)+cos(2*pi*n/5);
Xk3=fft(xn3,2048);                %2048 点 DFT 作为连续频谱的近似
subplot(3,2,5);plot(wk,abs(Xk3));xlabel('ω/π');ylabel('幅度');
title('矩形窗截取(长度为 128)');
%海明窗截取
wn=hamming(N1);
xn1=xn1.*wn';
Xk1=fft(xn1,2048);                %2048 点 DFT 作为连续频谱的近似
wk=2*(0:2047)/2048;
subplot(3,2,2);plot(wk,abs(Xk1));xlabel('ω/π');ylabel('幅度');
title('海明窗截取(长度为 16)');
wn=hamming(N2);
xn2=xn2.*wn';
Xk2=fft(xn2,2048);                %2048 点 DFT 作为连续频谱的近似
subplot(3,2,4);plot(wk,abs(Xk2));xlabel('ω/π');ylabel('幅度');
title('海明窗截取(长度为 64)');
wn=hamming(N3);
xn3=xn3.*wn';
Xk3=fft(xn3,2048);                %2048 点 DFT 作为连续频谱的近似
subplot(3,2,6);plot(wk,abs(Xk3));xlabel('ω/π');ylabel('幅度');
title('海明窗截取(长度为 128)');
```

程序运行结果如图 5-20 所示。

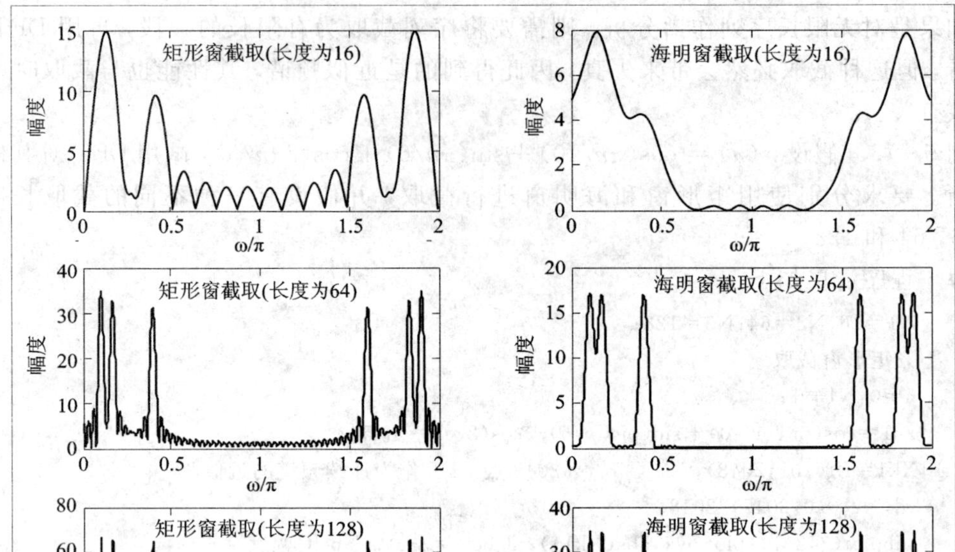

图 5-20 利用 DFT 对无限长序列作谱分析

从图 5-20 中可以看出，截取使原频谱中的离散谱线向两边展宽(也称为频谱泄漏)，从而使频谱模糊，谱分辨率降低。而且，泄漏的程度随着截取长度的增加而降低，截取长度越长，泄漏越少，谱分辨率越高。当截取长度较短时，比如本例中 $N=16$ 的情况，中心频率相近的两根谱线已经完全分辨不出了。

另外，截取使本来应该为 0 的频段上出现了一些大小不等的小谱包，这是由于窗函数的频谱存在许多旁瓣，从而使窗函数频谱与主信号频谱卷积以后也形成了许多旁瓣的结果。这些旁瓣起着谱间干扰的作用，同样会降低谱分辨率。泄漏和谱间干扰统称为信号的截取效应。

比较矩形窗和海明窗的谱分析结果可见，用矩形窗比用海明窗的频率分辨率高(泄漏小)，但是谱间干扰大，因此，海明窗实际上是以牺牲谱分辨率为代价来换取谱间干扰的降低的。更详细的分析以及各种窗函数性能可以参考后面章节以及其他相关资料。

3. 对时域连续信号进行谱分析

由于时域连续信号及其频谱一般都是连续函数，不能直接用计算机进行数值计算，因此需要通过时域采样把模拟信号变成时域离散信号，然后再用 DFT(FFT)进行频谱分析。其具体方法为：

(1) 对模拟信号进行采样。假设模拟信号为 $x_a(t)$，其傅里叶变换为

$$X_a(\mathrm{j}\Omega)=\int_{-\infty}^{\infty}x_a(t)\mathrm{e}^{-\mathrm{j}\Omega t}\,\mathrm{d}t \tag{5.8-8}$$

对 $x_a(t)$ 以 T 为间隔进行采样，得到 $x_a(nT)=x_a(t)|_{t=nT}=x(n)$。由于

$$t \to nT,\quad \mathrm{d}t \to T,\quad \int_{-\infty}^{\infty} \mathrm{d}t \to \sum_{n=-\infty}^{\infty} T$$

因此得到

$$X_a(\mathrm{j}\Omega) \approx \sum_{n=-\infty}^{\infty} x_a(nT)\mathrm{e}^{-\mathrm{j}\Omega nT} \cdot T \tag{5.8-9}$$

由于时域抽样带来的是频域以 $2\pi/T$（角频率）为周期的周期延拓，因此式(5.8-9)是周期为 $2\pi/T$ 的周期函数。

根据采样定理，只有当采样频率大于信号最高频率的两倍时才能避免频域混叠，否则分析的频谱就与原信号频谱有较大误差。一般模拟信号只要有不连续点，它的频谱函数总会托着很长的尾巴，而不是锐截止的，因此采样频率要选择得高一些。另外，信号中总含有一些干扰或噪声，这也会引起频谱混叠，所以工程上总是对信号先进行低通滤波，以限制高于折叠频率的频率分量出现。

(2) 一般频域带限信号的持续时间都是无限长的，实际中只能在有限的观测时间内进行采样和谱分析，这实际上就是对采样序列进行截取处理。假设将采样序列 $x_a(nT)$ 截取成长度为 N 的有限长序列，则式(5.8-9)变为

$$X_a(\mathrm{j}\Omega) \approx T\sum_{n=0}^{N-1} x_a(nT)\mathrm{e}^{-\mathrm{j}\Omega nT} \tag{5.8-10}$$

前面通过例5-13已经知道，对序列进行截取会产生频谱泄漏和谱间干扰，而且这种截取效应是无法完全消除的，只能根据要求折中选择有关参量，比如选择合适的截取长度与恰当的窗函数等。

(3) 为了进行数值计算，频域上也要离散化，因此在频域的一个周期内也采样 N 点。假设采样间隔为 Ω_0，则 $\Omega_0 = \frac{2\pi}{TN}$。因此式(5.8-10)可写为

$$\begin{aligned} X_a(\mathrm{j}k\Omega_0) &\approx T\sum_{n=0}^{N-1} x_a(nT)\mathrm{e}^{-\mathrm{j}k\Omega_0 nT} = T\sum_{n=0}^{N-1} x(n)\mathrm{e}^{-\mathrm{j}\frac{2\pi}{N}kn} \\ &= T \cdot \mathrm{DFT}[x(n)],\quad k = 0, 1, \cdots, N-1 \end{aligned} \tag{5.8-11}$$

进而根据式(5.8-11)还可以得到

$$x(n) \approx \frac{1}{T}\mathrm{IDFT}[X_a(\mathrm{j}k\Omega_0)],\quad n = 0, 1, \cdots, N-1 \tag{5.8-12}$$

式(5.8-11)表明，对模拟信号在时域采样 N 点，经过DFT(FFT)，再乘以 T，就是模拟信号在频域的采样。

在对连续信号进行频谱分析时，有几个重要的参数要加以确定，即采样频率 F_s、频率分辨率 F、采样点数 N 以及观测时间(记录时间) T_p。采样频率 F_s 决定于信号的最高截止频率 f_c，为了避免频域混叠，要求

$$F_s \geqslant 2f_c \tag{5.8-13}$$

频率分辨率 F 实际上就是频率域的采样间隔，它显然应根据频谱分析的要求确定。

由于要满足频率分辨率的要求，因此频域一个周期(周期为 F_s)内的采样点数 N 就必须满足

$$N \geqslant \frac{F_s}{F} \tag{5.8-14}$$

记录时间 T_p 实际上就是对模拟信号采样 N 点的时间，因此

$$T_p = \frac{N}{F_s} = \frac{1}{F} \tag{5.8-15}$$

例 5-14　设 $x_a(t)=\cos(200\pi t)+\sin(100\pi t)+\cos(50\pi t)$，试用 DFT 进行频谱分析，要求频率分辨率 $F=1$ Hz。

解　显然信号的最高频率为 200 Hz，因此可选定采样频率 $F_s=400$ Hz，采样点数 $N=F_s/F=400$，记录时间 $T_p=1/F=1$ s。程序清单如下：

```
N=400;fs=400;
T=1/fs;          %采样间隔
n=0:N-1;
xn=cos(200*pi*n*T)+sin(100*pi*n*T)+cos(50*pi*n*T);
Xk=T*fft(xn,400);
fk=2*pi*(0:N-1)/(N*T);
plot(fk,abs(Xk));xlabel('Ω');ylabel('幅度');
title('模拟信号的幅频特性');
```

程序运行结果如图 5-21 所示。

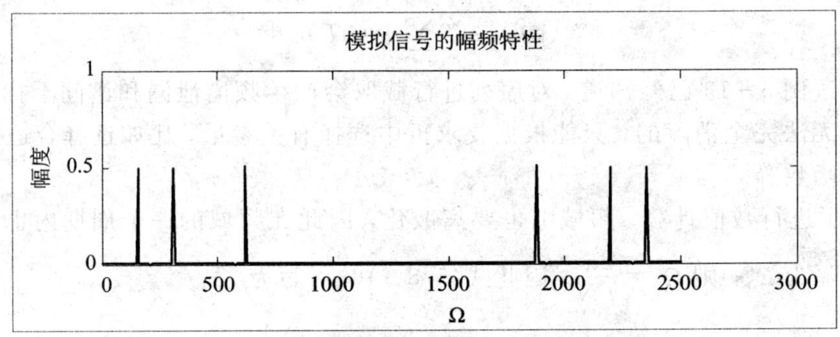

图 5-21　利用 DFT 对连续信号作谱分析

应该注意到，用 DFT 分析的频谱，实际上只是 N 个采样点上的频谱值，在两点之间的频谱值是不知道的，这就好像隔着栅栏观察原信号频谱一样，只能在离散点上看到真实的频谱值，因此称为栅栏效应。为了减轻栅栏效应，可以增多 DFT 的变换点数，即对信号频谱进行更多点的采样，形成高分辨率谱。如果采样点数不能再增多，可以通过在信号尾部加零的方法来加大 DFT 的变换点数，以形成高密度谱。

例 5-15　设 $x(n)=\cos(0.48\pi n)+\cos(0.52\pi n)$。

(1) 取 $0\leqslant n\leqslant 9$，计算其 DFT；

(2) 将(1)中的 $x(n)$ 补零，使 $0\leqslant n\leqslant 99$，计算其 DFT；

(3) 增加采样的个数，即对原 $x(n)$ 取 $0\leqslant n\leqslant 99$，计算其 DFT。

解　程序清单如下：

```
n1=0:9;
xn1=cos(0.48*pi*n1)+cos(0.52*pi*n1);
Xk1=fft(xn1,10);
subplot(3,2,1);stem(n1,xn1,'k.');title('x(n)的10点样本序列');
xlabel('n');ylabel('x(n)');
```

```
k1=0:9;wk1=2*k1/10;
subplot(3,2,2);stem(wk1,abs(Xk1),'k.');title('10点样本的DFT');
xlabel('ω/π');ylabel('|X(k)|');
n2=0:99;
xn2=[xn1,zeros(1,90)];
Xk2=fft(xn2,100);
subplot(3,2,3);stem(n2,xn2,'k.');title('10点样本的补零序列');
xlabel('n');ylabel('x(n)');
k2=0:99;wk2=2*k2/100;
subplot(3,2,4);stem(wk2,abs(Xk2),'k.');title('补零序列的DFT');
xlabel('ω/π');ylabel('|X(k)|');
n3=0:99;
xn3=cos(0.48*pi*n3)+cos(0.52*pi*n3);
Xk3=fft(xn3,100);
subplot(3,2,5);stem(n3,xn3,'k.');title('x(n)的100点样本序列');
xlabel('n');ylabel('x(n)');
k3=0:99;wk3=2*k3/100;
subplot(3,2,6);stem(wk3,abs(Xk3),'k.');title('100点样本的DFT');
xlabel('ω/π');ylabel('|X(k)|');
```

程序运行结果如图5-22所示。

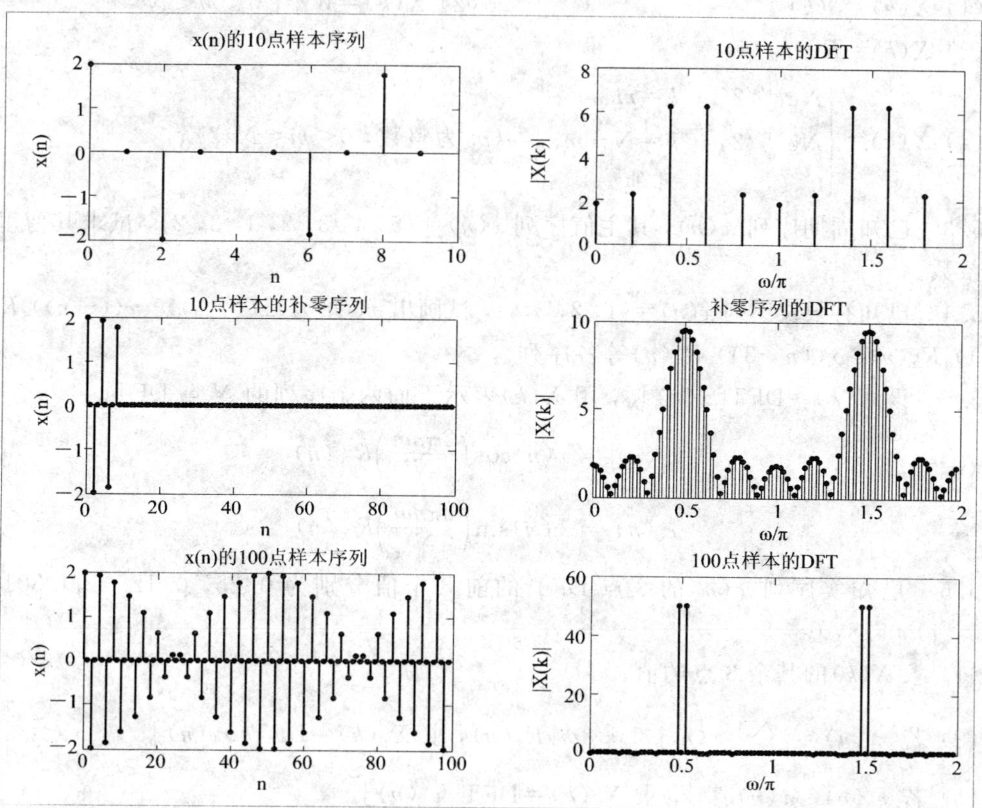

图5-22　高密度谱和高分辨率谱

从图 5-22 可以看出，当取 $0\leqslant n\leqslant 9$ 的 10 个样本时，由于样本数太少，从相应的 DFT 图中几乎无法看出有关信号频谱的信息。在对 10 点样本补上 90 个零后得到了一个相当密的谱，但从中只能大概看出$[0,\pi]$范围内有一个主要频率在 0.5π 附近，仍然很难看出原信号的具体频谱成分(原信号有两个频率)，可见补零只是使 10 点样本的频谱更加平滑而已，并不能提高频率分辨率。这是很容易理解的，原因就是补零并没有增加数据的有效长度，没有提供更多的信息。在对 $x(n)$增加采样数据，得到 100 个样本点之后，由于提供了更多的信息，因而获得了更高的频率分辨率，从其 DFT 图中可以清晰地看到信号的频率成分，因而称其为高分辨率谱。

习　题

5.1　计算以下序列的 N 点 DFT。

(1) $x(n)=\delta(n)$　　(2) $x(n)=\delta(n-m)$，$0<m<N$

(3) $x(n)=R_N(n)$　　(4) $x(n)=R_m(n)$，$0<m<N$

(5) $x(n)=\sin(\omega_0 n)R_N(n)$　　(6) $x(n)=\cos\left(\dfrac{2\pi}{N}mn\right)R_N(n)$，$0<m<N$

(7) $x(n)=a^n R_N(n)$　　(8) $x(n)=nR_N(n)$

5.2　已知下列 $X(k)$，求 $x(n)=\mathrm{IDFT}[X(k)]$。

(1) $X(k)=\delta(k)$　　(2) $X(k)=W_N^{mk}$，$0<m<N$

(3) $X(k)=R_N(k)$

(4) $X(k)=\begin{cases}N\mathrm{e}^{-\mathrm{j}\theta}/2, & k=m\\ N\mathrm{e}^{-\mathrm{j}\theta}/2, & k=N-m\\ 0, & \text{其他 } k\end{cases}$　　(m 为整数，$0<m<N/2$)

5.3　已知周期序列 $\tilde{x}(n)$，其主值序列 $x(n)=\{\underline{5},4,3,2,1,3,2\}$，试求其傅里叶级数的系数。

5.4　已知有限长序列 $x(n)=\{\underline{1},2,3,4\}$，试画出 $x((n))_7$、$x((-n))_5$、$x((-n))_6R_6(n)$、$x((n))_3R_3(n)$、$x((n-3))_5R_5(n)$等各序列。

5.5　设 $X(k)=\mathrm{DFT}[x(n)]_N$，用 $X(k)$表示下面两个序列的 N 点 DFT。

$$x_c(n)=x(n)\cos\left(\frac{2\pi mn}{N}\right)R_N(n)$$

$$x_s(n)=x(n)\sin\left(\frac{2\pi mn}{N}\right)R_N(n)$$

5.6　已知实序列 $x(n)$的 8 点 DFT 的前 5 个值分别为 0.25，0.125−j0.3018，0，0.125−j0.0518，0。

(1) 求 $X(k)$的其余 3 点的值；

(2) 若 $x_1(n)=\sum\limits_{m=-\infty}^{+\infty}x(n+5+8m)R_8(n)$，求 $X_1(k)=\mathrm{DFT}[x_1(n)]$；

(3) 若 $x_2(n)=x(n)\mathrm{e}^{\mathrm{j}\pi n/4}$，求 $X_2(k)=\mathrm{DFT}[x_2(n)]$。

5.7　(1) 设序列 $x(n)=\{1,2,\underline{3},2,1,0\}$，求 $x(n)$的傅里叶变换 $X(\mathrm{e}^{\mathrm{j}\omega})$；

(2) 设序列 $v(n)=\{\underline{3}, 2, 1, 0, 1, 2\}$，求 $V(k)=\mathrm{DFT}[v(n)]_6$；

(3) 请解释 $V(k)$ 与 $X(\mathrm{e}^{\mathrm{j}\omega})$ 之间的关系。

5.8 已知序列 $x(n)$ 的长度为 N，$X(k)=\mathrm{DFT}[x(n)]_N$，并定义

$$y(n)=\begin{cases}x(n), & 0\leqslant n\leqslant N-1\\ 0, & N\leqslant n\leqslant mN-1\end{cases}$$

且 $Y(k)=\mathrm{DFT}[y(n)]_{mN}$，$m$ 为正整数。试确定 $Y(k)$ 与 $X(k)$ 之间的关系。

5.9 已知 $x(n)$ 是长度为 N 的有限长序列且 $X(k)=\mathrm{DFT}[x(n)]_N$，现将 $x(n)$ 的每两点之间补进 $r-1$ 个零点，得到一个长度为 rN 点的有限长序列

$$y(n)=\begin{cases}x(n/r), & n=ir,\ i=0, 1, \cdots, N-1\\ 0, & \text{其他}\end{cases}$$

试求 $Y(k)=\mathrm{DFT}[y(n)]_{rN}$ 与 $X(k)$ 之间的关系。

5.10 已知 $x(n)$ 长度为 N，$X(k)=\mathrm{DFT}[x(n)]_N$，并定义 $h(n)=x((n))_N R_{rN}(n)$，r 为正整数，$H(k)=\mathrm{DFT}[h(n)]_{rN}$。试确定 $H(k)$ 与 $X(k)$ 之间的关系。

5.11 已知序列 $h(n)=R_4(n)$，$x(n)=nR_4(n)$。

(1) 计算 $y(n)=h(n)*x(n)$；

(2) 计算 $y_c(n)=h(n)\otimes x(n)$（循环卷积长度为4）；

(3) 计算 $y_c(n)=h(n)\otimes x(n)$（循环卷积长度为8）。

5.12 设 $x(n)$ 是长度为20的因果序列，$h(n)$ 是长度为8的因果序列。令

$$X(k)=\mathrm{DFT}[x(n)]_{20},\ H(k)=\mathrm{DFT}[h(n)]_{20},\ Y_c(k)=H(k)X(k)$$
$$y_c(n)=\mathrm{IDFT}[Y_c(k)]_{20},\ y(n)=h(n)*x(n)$$

试确定在哪些点上 $y_c(n)=y(n)$，并解释为什么。

5.13 设有限长序列 $x(n)=\{\underline{1}, 1, 1, 1, 1, 1\}$，其Z变换是 $X(z)$。如果在 $z_k=\mathrm{e}^{\mathrm{j}2\pi k/4}$ $(k=0, 1, 2, 3)$ 的时刻对 $X(z)$ 进行采样，就得到一个采样序列。试求该采样序列的4点IDFT。

5.14 已知序列 $x(n)=a^n u(n)$，$0<a<1$，现对 $x(n)$ 的Z变换 $X(z)$ 在单位圆上等间隔采样 N 点，采样值为 $X(k)=X(z)|_{z=W_N^{-k}=\mathrm{e}^{\mathrm{j}\frac{2\pi}{N}k}}$，$k=0, 1, \cdots, N-1$，试求有限长序列 $\mathrm{IDFT}[X(k)]_N$。

5.15 已知 $x(n)$ 与 $y(n)$ 均是长度为 N 的实序列。假设 $f(n)=x(n)+\mathrm{j}y(n)$，$F(k)=\mathrm{DFT}[f(n)]_N$。

(1) 如果已知 $F_r(k)=\mathrm{Re}[F(k)]$，$F_i(k)=\mathrm{Im}[F(k)]$，请求出用 $F_r(k)$ 和 $F_i(k)$ 表示序列 $x(n)$ 和 $y(n)$ 的 N 点DFT的表示式；

(2) 如果已知 $F_e(k)=[F(k)+F^*(N-k)]/2$，$F_o(k)=[F(k)-F^*(N-k)]/2$，试用 $F_e(k)$ 和 $F_o(k)$ 表示 $x(n)$ 和 $y(n)$ 的 N 点DFT。

5.16 令 $X(k)$ 表示 N 点序列 $x(n)$ 的 N 点DFT。

(1) 证明如果 $x(n)$ 满足关系式 $x(n)=-x(N-1-n)$，则 $X(0)=0$；

(2) 证明当 N 为偶数时，如果 $x(n)=x(N-1-n)$，则 $X(N/2)=0$。

5.17 如果用数字信号处理专用芯片计算一次复数乘法需要20 ns，计算一次复数加法需要5 ns，则将其用于直接计算1024点DFT需要多少时间？采用FFT算法需要多少时间？

5.18　已知 $X(k)$和 $Y(k)$分别是两个 N 点实序列 $x(n)$和 $y(n)$的 N 点 DFT，现需要从 $X(k)$和 $Y(k)$来求 $x(n)$和 $y(n)$的值。为了提高运算效率，试用一个 N 点 IFFT 来完成。

5.19　设 $x(n)$是长度为 $2N$ 的实序列，$X(k)$为 $x(n)$的 $2N$ 点 DFT。

(1) 设计用一个 N 点 FFT 完成计算 $X(k)$的高效算法；

(2) 如果知道 $X(k)$，设计用一个 N 点 IFFT 实现从 $X(k)$计算 $x(n)$的高效算法。

5.20　用某信号处理器对信号进行谱分析，在没有采用任何特殊数据处理措施的情况下，假设要求频率分辨率 $F \leqslant 50$ Hz，信号最高频率为 1 kHz，试确定以下参数：

(1) 最小记录时间；

(2) 最大采样间隔；

(3) 最少采样点数；

(4) 在频带宽度不变的情况下，若要将频率分辨率提高一倍，则上述参数分别是多少？

5.21　已知调幅信号的载波频率 $f_c = 1$ kHz，调制信号频率 $f_m = 100$ Hz，若要用 FFT 对其进行谱分析，试确定以下参数：

(1) 最小记录长度；

(2) 最低采样频率；

(3) 在一个记录中的最少点数。

第 6 章　数字滤波器的结构

在信号处理过程中，所处理的信号往往混有噪声，因此使用滤波器来消除或减弱噪声是一个十分重要的问题。数字滤波器的网络结构是滤波器实现中的一个非常重要的内容，它决定了数字滤波器的稳定性、处理速度以及实现成本等许多重要性能。同一个系统函数，可以有多种不同的网络结构实现。本章从介绍数字滤波器结构的表示方法入手，重点研究各种数字滤波器的基本网络结构及其表示方法。

6.1　数字滤波器的原理、结构表示方法及分类

6.1.1　数字滤波器的基本原理

1. 数字滤波器的概念

滤波器指对输入信号起滤波作用的装置，它可以将输入信号的某些频率成分或某个频带进行压缩、放大，从而改变输入信号的频谱结构，因此也可以说它是一个频率选择器。另外，滤波的概念还包括对信号进行检测和参数估计，例如检测噪声中是否存在信号，或者为识别信号估计某一个或几个参数等。

滤波器一般可分为模拟滤波器和数字滤波器两种。数字滤波器是通过对输入信号进行数值计算的方法来实现滤波的，而模拟滤波器则是用电阻、电容、电感及有源器件等来对信号进行滤波的。数字滤波器要求系统的输入、输出信号均为数字信号，一般是一个线性时不变系统，可以用如图 6-1 所示的框图表示。此时，它的时域的输入、输出关系是

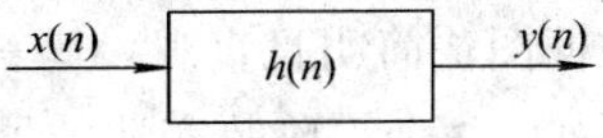

$$y(n)=x(n)*h(n) \tag{6.1-1a}$$

图 6-1　线性时不变系统

若 $x(n)$、$y(n)$的傅里叶变换存在，则输入、输出的频域关系是

$$Y(e^{j\omega})=X(e^{j\omega})H(e^{j\omega}) \tag{6.1-1b}$$

2. 数字滤波器的系统函数与差分方程

前面已经提过，数字滤波器作为一个离散时间系统，可以用系统函数表示为

$$H(z)=\frac{Y(z)}{X(z)}=\frac{\sum_{k=0}^{M}b_k z^{-k}}{1-\sum_{k=1}^{N}a_k z^{-k}} \tag{6.1-2}$$

或者将上式进行 Z 反变换，得到表示输入、输出关系的常系数线性差分方程

$$y(n)=\sum_{k=1}^{N}a_k y(n-k)+\sum_{k=0}^{M}b_k x(n-k) \tag{6.1-3}$$

一般在对数字滤波器的理论设计完成后，只能得到系统的函数或差分方程，因此，还需要设计一种具体的实现方法。

3. 数字滤波器的功能与实现

可以看出，数字滤波器的功能就是对输入序列 $x(n)$进行一定的运算操作，从而得到输出序列。而这些运算不论具体形式是什么，实际上都只包含三种基本的运算单元：加法、单位延迟、乘常数。因此，每一种具体的实现算法都可以用加法器、单位延时器和常数乘法器组合而成，这就是我们所说的运算结构或网络结构。

对于同一个系统函数或差分方程，可能有若干不同的网络结构。从理论上讲，只要是同一个差分方程，不论是什么网络结构都应该有相同的计算效果，但在实际中，不同的网络结构可能有不同的计算误差，计算中要求的存储量不同，计算的复杂性和计算速度不同，设备成本也不同。因而在设计具体的实现算法时要分析和考虑选择什么样的网络结构才合适。

一般来说，设计好数字滤波器的结构后，我们就可以通过两种方法来具体实现数字滤波器：

(1) 将数字滤波器所要完成的运算编成程序，利用计算机进行软件实现；

(2) 设计专用的数字硬件、专用的数字信号处理器或采用通用数字信号处理器(DSP)进行硬件实现。

6.1.2 数字滤波器的结构表示方法

上面已经提过，实现一个数字滤波器需要三种基本的运算单元——加法器、单位延时器和常数乘法器。这些基本运算单元可以采用两种表示法描述：方框图法和信号流图法。因此，一个数字滤波器的网络结构相应地也有这样两种表示法。

1. 方框图法

方框图法简明且直观，其三种基本运算如图 6-2 所示。

例如，一个二阶数字滤波器用差分方程表示为

$$y(n)=a_1 y(n-1)+a_2 y(n-2)+b_0 x(n)$$

它对应的方框图结构如图 6-3 所示。

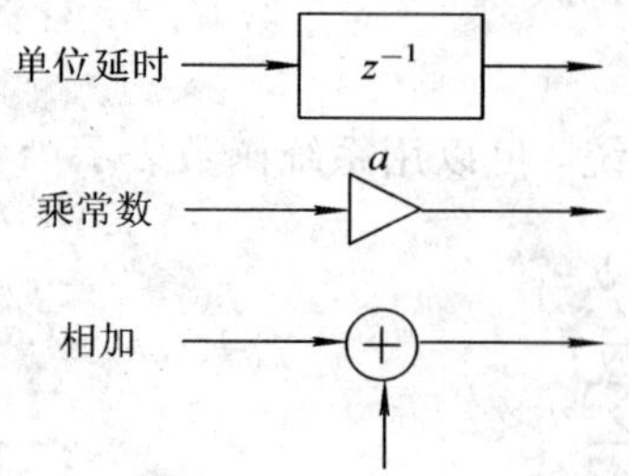

图 6-2　基本运算的方框图表示法

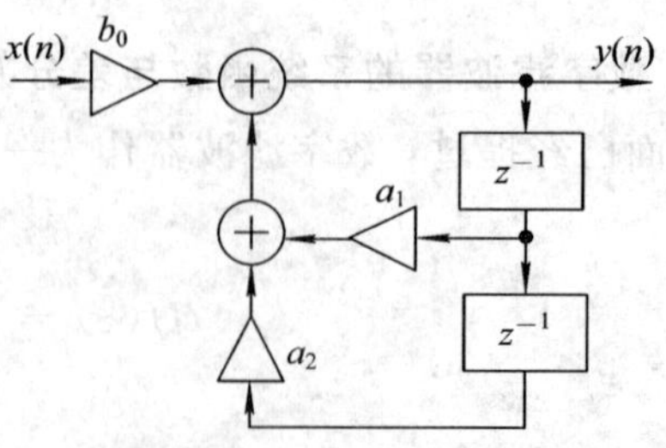

图 6-3　二阶数字滤波器的方框图结构

2. 信号流图法

信号流图法的特点是简单、方便。和方框图法相对应，三种基本运算的信号流图表示如图 6-4 所示。

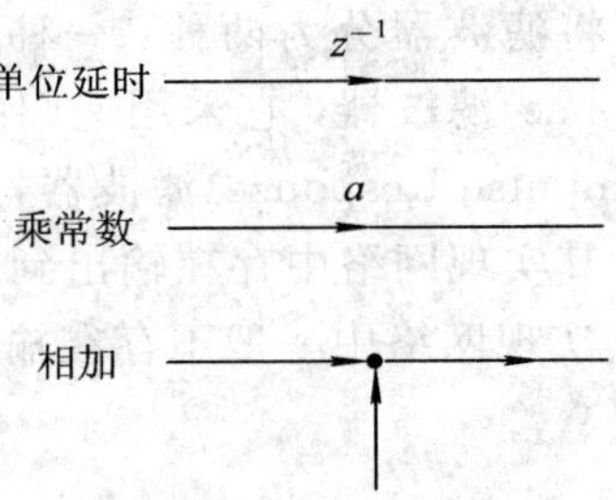

图 6-4　基本运算的信号流图表示法

信号流图在本质上与方框图表示法等效，只是符号上有差异。比如，图 6-3 的二阶数字滤波器用信号流图表示的结构如图 6-5 所示。图中，1，2，3，4，5 称为网络节点，$x(n)$ 处为输入节点或称源节点，$y(n)$ 处为输出节点或称阱节点。节点之间用有向支路相连接，支路上的传输系数如果为常数，则表示乘法运算；如果没有标注传输系数，则表示其传输系数为 1；如果是延时算子 z^{-1}，则表示单位延时。

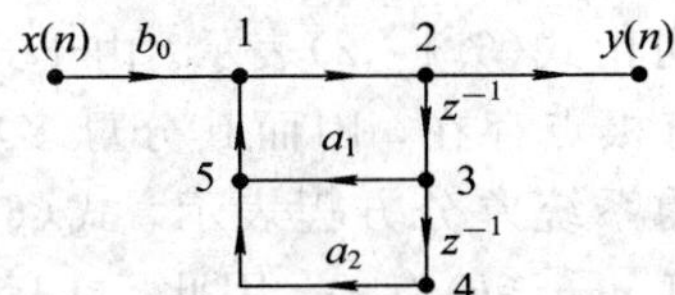

图 6-5　图 6-3 的二阶数字滤波器的信号流图结构

源节点没有输入支路，阱节点没有输出支路，其余网络节点均可以有多条输入支路和多条输出支路。每一个节点的节点值都等于它的所有输入支路的信号之和。这样，通过分析各节点的值，就可以清楚地得到该网络的传输特性。比如图 6-5 所表示的二阶数字滤波器的各节点的值为

$$y(n)=w_2(n)=w_1(n)=b_0x(n)+w_5(n)$$
$$w_5(n)=a_1w_3(n)+a_2w_4(n)$$
$$w_3(n)=w_2(n-1)=y(n-1)$$
$$w_4(n)=w_3(n-1)=y(n-2)$$

利用上述关系，可以得到系统的差分方程表示为

$$y(n)=b_0x(n)+a_1y(n-1)+a_2y(n-2)$$

6.1.3　数字滤波器的分类

数字滤波器的种类很多，分类方法也不相同，但总的来说可以分成两大类，一类是经典滤波器，另一类是现代滤波器。经典滤波器假定输入信号中有用的成分和希望滤除的成分各占不同的频带，可以通过一个合适的选频滤波器滤除干扰成分。但如果信号和噪声的频谱相互重叠，经典滤波器就无法将信号与噪声区分开。而现代滤波器的理论建立在随机信号处理的理论基础上，利用随机信号的统计特性对信号进行滤波、检测或估计等。现代滤波器包括维纳滤波器、卡尔曼滤波器、自适应滤波器等。本书介绍的滤波器属于经典滤

波器，一般指的是用线性系统构成的滤波器。下面介绍经典滤波器的分类。

(1) 从滤波特性方面考虑，数字滤波器可分为数字高通、数字低通、数字带通和数字带阻等滤波器。这些滤波器的滤波性质都反映在它们的名称上，这里不再赘述。

(2) 从实现方法上考虑，可将滤波器分为两种：一种是无限长单位脉冲响应滤波器，简称 IIR(Infinite Impulse Response)滤波器，它采用递归结构；另一种是有限长单位脉冲响应滤波器，简称 FIR(Finite Impulse Response)滤波器，它采用非递归结构。IIR 滤波器的单位脉冲响应为无限长序列，其实现网络中存在输出到输入的反馈回路。FIR 滤波器的单位脉冲响应是有限长序列，其实现网络中一般不存在输出到输入的反馈回路，对应信号流图中也不存在环路。

6.2 IIR 滤波器的特点和基本结构

6.2.1 IIR 滤波器的特点

既然 IIR 数字滤波器的单位脉冲响应是无限长的(不论是左边序列、右边序列还是双边序列)，那么它的系统函数就可由式(6.1-2)表示。由于式(6.1-2)表示的系统函数在有限 z 平面上($0<|z|<\infty$)一定有极点存在，因而其分母多项式中至少有一个系数 $a_k \neq 0$。式(6.1-3)是对应式(6.1-2)的系统差分方程表示，式(6.1-3)表明，当前时刻的输出 $y(n)$ 一定与之前某个时刻的输出 $y(n-k)$ 有关，因此，在运算结构中就一定存在着输出到输入的反馈。我们一般把这种具有反馈环路的网络结构称为“递归型”结构。

综上所述，我们可以总结 IIR 数字滤波器的特点如下：

(1) 单位脉冲响应 $h(n)$ 是无限长的；

(2) 系统函数 $H(z)$ 在有限 z 平面上有极点存在；

(3) 结构上是递归型的，即存在反馈环路。

但是，对于 IIR 数字滤波器，同一个系统函数可以有多种不同的网络结构。基本的网络结构有四种：直接型、级联型、并联型和转置型。

6.2.2 IIR 直接型结构

1. 直接Ⅰ型

IIR 数字滤波器的系统函数和差分方程由式(6.1-2)和式(6.1-3)描述。从式(6.1-3)可以看出，这本身就表示了一种计算方法，其中 $\sum_{k=0}^{M} b_k x(n-k)$ 表示当前输入以及 M 个不同延时后的输入的线性加权之和，因此可以组成 M 节的延时网络，再把每节延时抽头后加权(加权系数是 b_k)，然后把结果相加，形成一个表示 $\sum_{k=0}^{M} b_k x(n-k)$ 的横向结构网络。同样，$\sum_{k=1}^{N} a_k y(n-k)$ 表示将输出加以延时，可以组成 N 节的延时网络，再将每节延时抽头后加权(加权系数是 a_k)，然后把结果相加，形成一个表示 $\sum_{k=1}^{N} a_k y(n-k)$ 的横向结构网络。最后

的输出 $y(n)$ 就是这两部分之和，其结构流图如图 6-6 所示。

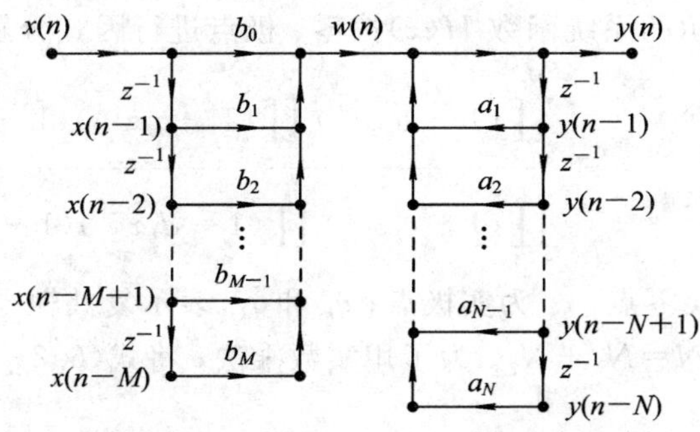

图 6-6　N 阶 IIR 直接Ⅰ型网络结构

由图 6-6 可以看出，总的网络由两部分网络级联组成：第一个网络是输入延时，实现零点，即系统函数中的分子部分；第二个网络是输出延时，实现极点，即系统函数中的分母部分。整个结构共需 $(M+N)$ 个存储延时单元。

2. 直接Ⅱ型(典范型)

我们将直接Ⅰ型的结构看做两个级联的子系统 $H_1(z)$ 和 $H_2(z)$，则 $H(z)=H_1(z)H_2(z)$。对于一个线性时不变系统，交换其级联的子系统的先后次序对结果没有影响，也就是说总的输入、输出关系不变。这样我们可以得到另一种网络结构，如图 6-7(a)所示，它的两个级联子网络中，第一个用来实现系统函数的极点，第二个用来实现系统函数的零点。

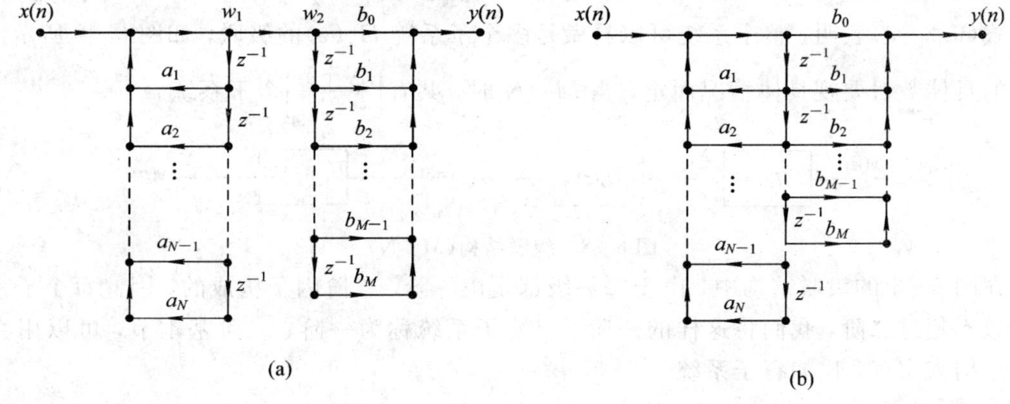

图 6-7　N 阶 IIR 直接Ⅱ型网络结构

从图 6-7(a)可以看出，w_1 和 w_2 的节点值是完全相等的，因此前后延时部分支路可以合并，从而形成如图 6-7(b)所示的网络结构流图。这种结构可由差分方程或者系统函数直接得到，没经过任何重排，因此称为直接Ⅱ型，也称为典范型网络结构。

这种网络结构的优点是简单直观，但是存在以下缺点：① 改变某一个 a_k 将影响所有的极点；② 改变某一个 b_k 将影响所有的零点；③ 这种结构的极点对系统的变化过于灵敏，从而使系统频率响应对系数的变化过于敏感，也就是对有限精度(有限字长)运算过于灵敏，容易出现不稳定现象。因此，对于三阶以上的 IIR 滤波器，几乎都不采用直接型结构，而是采用级联型、并联型等其他形式的网络结构。

6.2.3 IIR 级联型结构

若将式(6.1-2)表示的系统函数 $H(z)$按零、极点进行因式分解，则有

$$H(z)=\frac{\sum_{k=0}^{M}b_k z^{-k}}{1-\sum_{k=1}^{N}a_k z^{-k}}=A\frac{\prod_{k=1}^{M_1}(1-p_k z^{-1})\prod_{k=1}^{M_2}(1-q_k z^{-1})(1-q_k^* z^{-1})}{\prod_{k=1}^{N_1}(1-c_k z^{-1})\prod_{k=1}^{N_2}(1-d_k z^{-1})(1-d_k^* z^{-1})} \tag{6.2-1}$$

式中，A 为常数，p_k 为实零点，c_k 为实极点；q_k 和 q_k^* 表示复共轭零点，d_k 和 d_k^* 表示复共轭极点；$M=M_1+M_2$，$N=N_1+N_2$。为了用实数乘法，将式(6.2-1)中的共轭因子合并成实系数二阶因子，则有

$$H(z)=A\frac{\prod_{k=1}^{M_1}(1-p_k z^{-1})\prod_{k=1}^{M_2}(1+\beta_{1k}z^{-1}+\beta_{2k}z^{-2})}{\prod_{k=1}^{N_1}(1-c_k z^{-1})\prod_{k=1}^{N_2}(1-\alpha_{1k}z^{-1}-\alpha_{2k}z^{-2})} \tag{6.2-2}$$

为了简化级联形式(特别是在有些时候，比如在时分多路复用时，采用相同形式的子网络结构就更有意义)，将实系数的两个一阶因子组合成二阶因子，多余的一阶因子也可以看做是二阶因子的退化形式(2 次系数为 0)，则整个 $H(z)$就可以完全分解成实系数的二阶因子的形式

$$H(z)=A\prod_k\frac{1+\beta_{1k}z^{-1}+\beta_{2k}z^{-2}}{1-\alpha_{1k}z^{-1}-\alpha_{2k}z^{-2}}=A\prod_k H_k(z) \tag{6.2-3}$$

式(6.2-3)表明，整个系统可以看做是多个子系统 $H_k(z)$的级联，如图 6-8 所示。子系统的具体数目要视具体情况而定，当 $M=N$ 时，共有$\left\lfloor\frac{N+1}{2}\right\rfloor$个子系统。

$$x(n)\rightarrow H_1(z)\rightarrow H_2(z)\rightarrow\cdots\rightarrow H_{\lfloor\frac{N+1}{2}\rfloor}(z)\rightarrow y(n)$$

图 6-8　级联结构($M=N$)

在图 6-8 的级联结构中，由于每一级都是由一阶、二阶因子构成的，因此每个子系统的阶数不超过二阶，我们将这样的一阶、二阶子系统称为一阶、二阶基本节，可以用直接Ⅱ型结构来实现。比如有子系统

$$H_k(z)=\frac{1+\beta_1 z^{-1}+\beta_2 z^{-2}}{1-\alpha_1 z^{-1}-\alpha_2 z^{-2}}$$

其网络结构如图 6-9 所示。

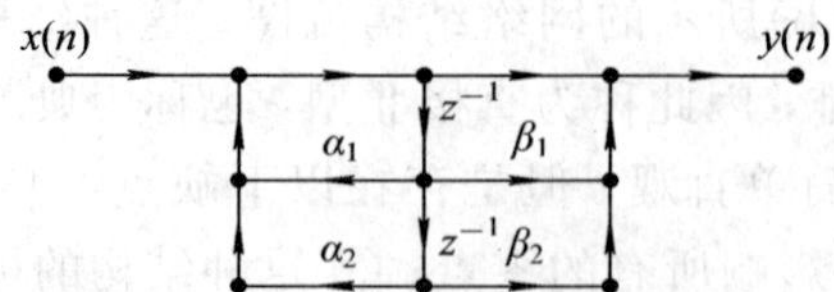

图 6-9　二阶基本节结构

将如图 6-9 所示的各个基本节进行级联，就可以得到 IIR 滤波器的级联型结构。一个六阶 IIR 数字滤波器的级联型结构如图 6-10 所示。

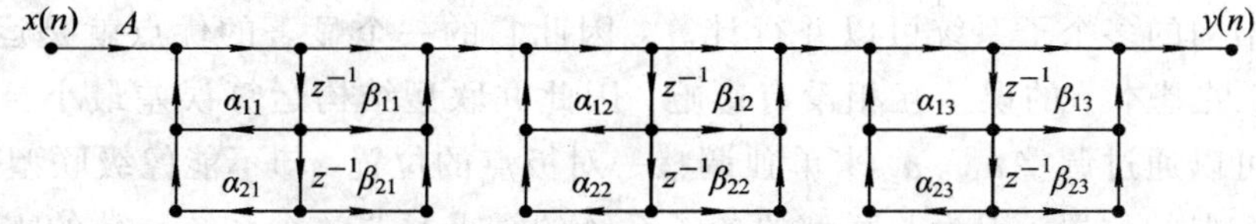

图 6-10　六阶 IIR 滤波器的级联型网络结构

级联型结构的特点是系数 β_{1k}、β_{2k} 仅影响第 k 对零点，同样，系数 α_{1k}、α_{2k} 仅影响第 k 对极点，因而便于准确实现系统的零、极点，调节滤波器的频率响应特性。另外，相对于其他结构，级联结构所用的存储器的个数最少。

6.2.4　IIR 并联型结构

若将式(6.1-2)表示的系统函数 $H(z)$ 作部分分式展开，则得到

$$H(z)=\sum_{k=1}^{N_1}\frac{A_k}{1-c_kz^{-1}}+\sum_{k=1}^{N_2}\frac{B_k(1-g_kz^{-1})}{(1-d_kz^{-1})(1-d_k^*z^{-1})}+\sum_{k=0}^{M-N}G_kz^{-k} \tag{6.2-4}$$

式中，$N=N_1+2N_2$，A_k、B_k、g_k、c_k、G_k 均为实数，d_k^* 是 d_k 的共轭复数。当 $M<N$ 时，式(6.2-4)中不包含 $\sum\limits_{k=0}^{M-N}G_kz^{-k}$ 项；当 $M=N$ 时，该项变为实数 G_0。从式(6.2-4)中可以看出，整个系统是由 N_1 个一阶子系统、N_2 个二阶子系统以及一个延时加权网络(加权系数为 G_k)并联组合而成的。当 $M=N$ 时，延时加权网络退化为一个传输系数为 G_0 的支路。

同样，为了结构上的一致性以便多路复用，并且将复数乘法转化为实数乘法，一般将两个一阶实极点合为一项，将共轭极点对也转化成实系数二阶多项式，如果 N 为奇数，合并时多出的一个一阶节也看做是二阶节的退化形式，则 $H(z)$ 就可表示为

$$\begin{aligned}H(z)&=\sum_{k=0}^{M-N}G_kz^{-k}+\sum_{k=1}^{\lfloor(N+1)/2\rfloor}\frac{\gamma_{0k}+\gamma_{1k}z^{-1}}{1-\alpha_{1k}z^{-1}-\alpha_{2k}z^{-2}}\\&=H_0(z)+\sum_{k=1}^{\lfloor(N+1)/2\rfloor}H_k(z)\end{aligned} \tag{6.2-5}$$

式中，子系统 $H_0(z)$ 是延时加权网络，$H_k(z)$ 是一阶或二阶基本节。将这些子系统用直接Ⅱ型结构表示，然后进行并联，就得到 IIR 数字滤波器的并联型结构。比如，当 $M=N=3$ 时，由于 N 为奇数，系统中包含一个一阶节，故 $H(z)$ 可写为

$$H(z)=G_0+\frac{\gamma_{01}}{1-\alpha_{11}z^{-1}}+\frac{\gamma_{02}+\gamma_{12}z^{-1}}{1-\alpha_{12}z^{-1}-\alpha_{22}z^{-2}}=H_1(z)+H_2(z)+H_3(z)$$

其并联型结构流图如图 6-11 所示。

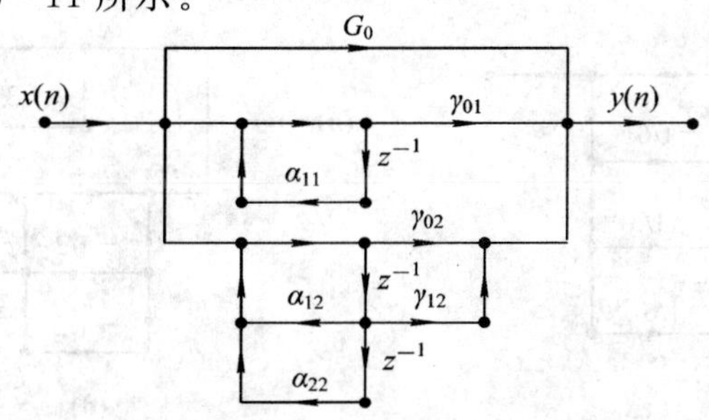

图 6-11　三阶 IIR 数字滤波器的并联型网络结构

并联型结构的多个子系统可以并行计算，因此它的一个显著的优点就是运算速度快。此外，各并联的基本节的误差互相没有影响，因此并联型结构运算误差最小。但是，并联型结构虽然可以通过调整 α_{1k}、α_{2k} 来单独调整一对极点的位置，却不能像级联型那样可以单独准确调整零点的位置。因为并联型的各子系统的零点并非整个系统函数的零点，所以在要求准确地传输零点的情况下，不宜采用并联型结构。

6.2.5　IIR 转置型结构

利用线性信号流图的转置定理，就可以得到 IIR 滤波器的转置型结构。

转置定理：如果将线性时不变网络中所有支路方向加以倒转，支路增益不变，并将输入和输出交换，则其系统函数保持不变。

利用转置定理，可以将上述所讨论过的各种结构进行转置，从而形成各种新的网络结构，这些结构统称为转置型结构。显然，转置型结构的性能依赖于原结构的形式。

例 6-1　已知某三阶数字滤波器的系统函数为

$$H(z)=\frac{3+\frac{5}{3}z^{-1}+\frac{2}{3}z^{-2}}{\left(1-\frac{1}{3}z^{-1}\right)\left(1+\frac{1}{2}z^{-1}+\frac{1}{2}z^{-2}\right)}$$

试画出其直接型、级联型、并联型结构以及对直接型的转置结构。

解　(1) 直接型和其转置型结构。将系统函数 $H(z)$ 表示为

$$H(z)=\frac{3+\frac{5}{3}z^{-1}+\frac{2}{3}z^{-2}}{1+\frac{1}{6}z^{-1}+\frac{1}{3}z^{-2}-\frac{1}{6}z^{-3}}$$

则直接型网络结构如图 6-12(a)所示。按照转置定理画出其转置型网络结构如图 6-12(b)所示。

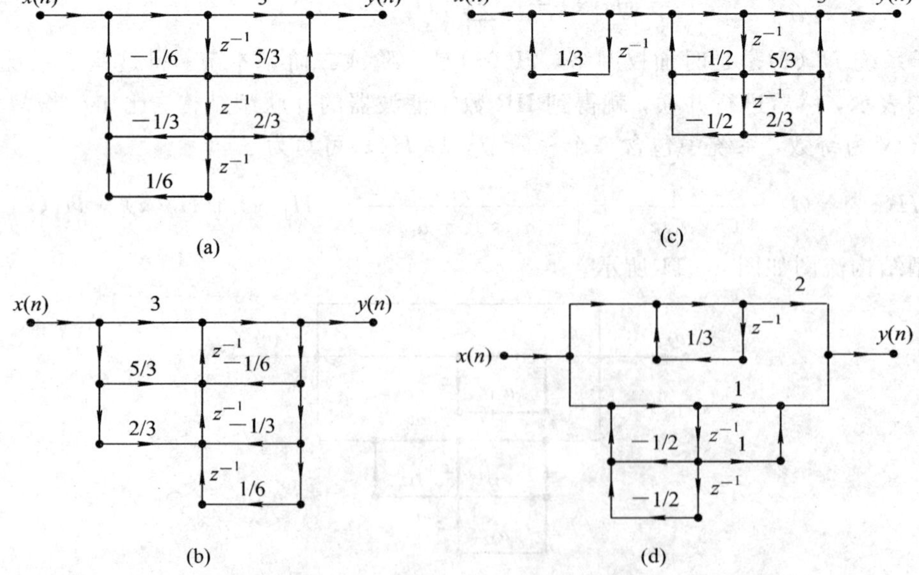

图 6-12　例 6-1 的直接型、级联型、并联型和转置型结构

(2) 级联型结构。将系统函数 $H(z)$展开为一阶、二阶实系数分式之积的形式，即

$$H(z)=\frac{1}{1-\frac{1}{3}z^{-1}}\cdot\frac{3+\frac{5}{3}z^{-1}+\frac{2}{3}z^{-2}}{1+\frac{1}{2}z^{-1}+\frac{1}{2}z^{-2}}$$

则其级联型网络结构如图 6-12(c)所示。

(3) 并联型结构。将系统函数 $H(z)$展开为部分分式之和的形式，即

$$H(z)=\frac{2}{1-\frac{1}{3}z^{-1}}+\frac{1+z^{-1}}{1+\frac{1}{2}z^{-1}+\frac{1}{2}z^{-2}}$$

则其并联型网络结构如图 6-12(d)所示。

6.3　FIR 滤波器的特点和基本结构

6.3.1　FIR 滤波器的特点

FIR 数字滤波器的单位脉冲响应 $h(n)$是有限长序列，那么它的 Z 变换 $H(z)$在有限 z 平面上($0<|z|<\infty$)处处收敛，也就是说，$H(z)$在有限 z 平面上不能有极点，只存在零点。因此，式(6.1-2)所表示的系统函数的分母多项式中的所有系数 $a_k=0$，这样就得到了 FIR 数字滤波器的系统函数为

$$H(z)=\frac{Y(z)}{X(z)}=\sum_{k=0}^{M}b_k z^{-k} \tag{6.3-1}$$

式(6.3-1)表明，FIR 数字滤波器的系统函数只有分子，且呈多项式的形式。由式(6.3-1)可得到对应的差分方程为

$$y(n)=\sum_{k=0}^{M}b_k x(n-k) \tag{6.3-2}$$

同式(6.1-2)相比，式(6.3-2)中没有 $\sum_{k=1}^{N}a_k y(n-k)$ 项，说明 FIR 数字滤波器当前时刻的输出 $y(n)$与以前的输出没有关系，因此在运算结构中不存在输出到输入的反馈，信号流图中也就不存在环路。

考虑到只要经过一定的延时，任何非因果有限长序列都能变成因果序列，因此，假设 FIR 数字滤波器的单位脉冲响应 $h(n)$的长度为 N，$0\leqslant n\leqslant N-1$，则 FIR 数字滤波器的系统函数可表示为

$$H(z)=\sum_{n=0}^{N-1}h(n)z^{-n} \tag{6.3-3}$$

可以看出，它有 $N-1$ 阶极点在 $z=0$ 处，有 $N-1$ 个零点在有限 z 平面上。

综上所述，FIR 数字滤波器具有以下特点：

(1) 系统的单位脉冲响应 $h(n)$在有限个 n 值处不为零。

(2) 系统函数 $H(z)$在 $|z|>0$ 处收敛，在有限 z 平面上只有零点，而极点全部在 $z=0$ 处。

(3) 结构上主要是非递归结构，没有输出到输入的反馈，即没有环路。

FIR 数字滤波器的基本结构形式有直接型、级联型、频率采样型和线性相位型四种结构。

6.3.2 FIR 直接型(卷积型、横截型)结构

根据 FIR 数字滤波器的系统函数式(6.3-1)，可得到对应系统的差分方程为

$$y(n)=\sum_{m=0}^{N-1}h(m)x(n-m) \tag{6.3-4}$$

这就是线性移不变系统的卷积和公式，也表示输入信号 $x(n)$ 的延时加权网络(加权系数为 $h(m)$)。式(6.3-4)中的 $h(m)$ 与式(6.3-2)中的 b_k 相对应。由式(6.3-4)就可直接画出如图 6-13 所示的信号流图，我们称其为 FIR 数字滤波器的直接型结构，也可称为横向滤波器即横截型或者卷积型结构。利用转置定理可得到图 6-13 的转置直接型结构，如图6-14 所示。

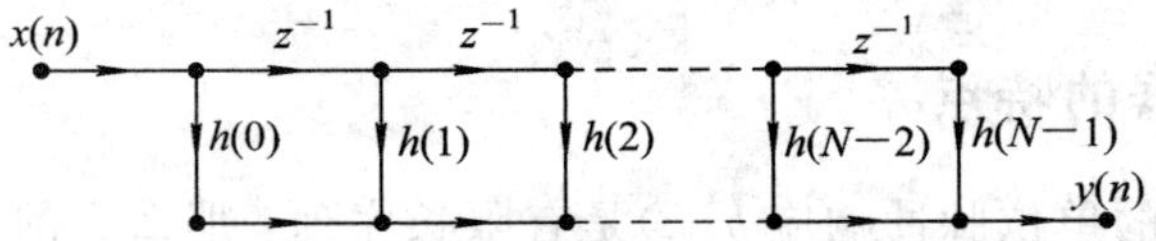

图 6-13 FIR 数字滤波器的直接型网络结构

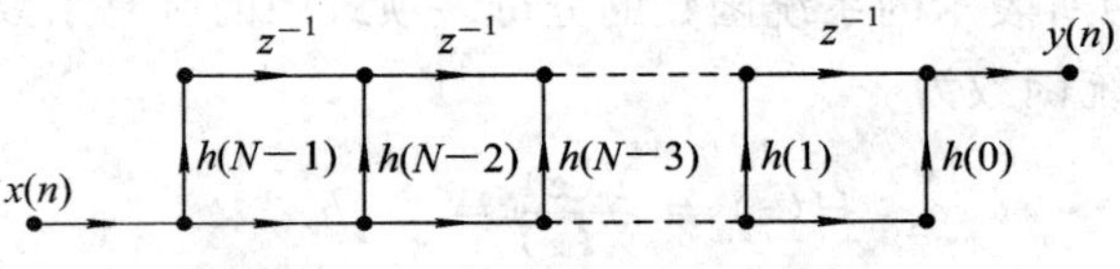

图 6-14 FIR 滤波器的转置型结构

6.3.3 FIR 级联型结构

将式(6.3-3)表示的系统函数 $H(z)$ 分解为实系数二阶因子的乘积形式，即

$$H(z)=\sum_{n=0}^{N-1}h(n)z^{-n}=\prod_{k=1}^{[N/2]}(\beta_{0k}+\beta_{1k}z^{-1}+\beta_{2k}z^{-2}) \tag{6.3-5}$$

式中，$[N/2]$ 表示取 $N/2$ 的整数部分。当 N 为偶数时，因为有奇数个根，所以系数 β_{2k} 中有一个为零。可以看出，整个系统是由多个二阶因子级联而成的，若将每一个二阶因子用直接型结构实现，则可得 FIR 数字滤波器的级联型结构信号流图如图 6-15 所示。

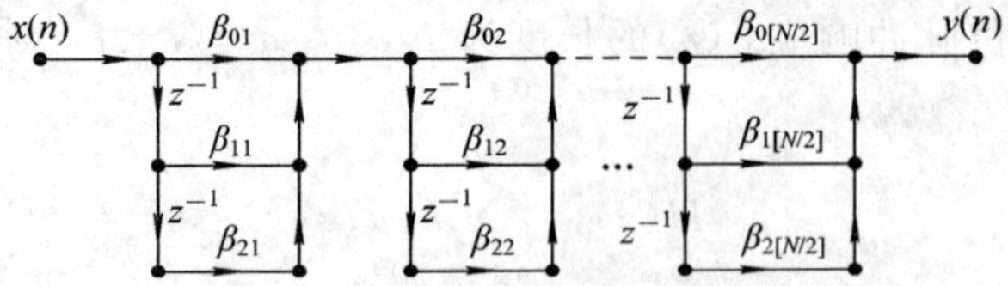

图 6-15 FIR 数字滤波器的级联型网络结构

这种结构的特点是每一节结构可控制一对零点，调整零点位置比直接型方便，因而在需要控制传输零点时可以采用它。但是这种结构所需要的系数 β_{ik} 比直接型的系数 $h(n)$ 多，因而所需的乘法器较多。

6.3.4　FIR 频率采样型结构

FIR 系统的频率采样型结构是根据其系统函数 $H(z)$ 的 z 域内插表达形式所画出的一种网络结构。根据频域采样理论，$H(z)$ 的 z 域内插公式为

$$H(z)=\frac{1}{N}(1-z^{-N})\sum_{k=0}^{N-1}\frac{H(k)}{1-W_N^{-k}z^{-1}} \tag{6.3-6}$$

若记

$$H_c(z)=1-z^{-N},\quad H_k(z)=\frac{H(k)}{1-W_N^{-k}z^{-1}}$$

则有

$$H(z)=\frac{1}{N}H_c(z)\cdot\sum_{k=0}^{N-1}H_k(z) \tag{6.3-7}$$

式(6.3-6)和式(6.3-7)为 FIR 提供了另外一种结构，这种结构由 FIR 子系统 $H_c(z)$ 和 IIR 子系统 $\sum_{k=0}^{N-1}H_k(z)$ 两部分级联组成，而 $\sum_{k=0}^{N-1}H_k(z)$ 由 N 个一阶 IIR 子网络 $H_k(z)$ 并联而成。因此，可得到 FIR 数字滤波器的频率采样型结构如图 6-16 所示。

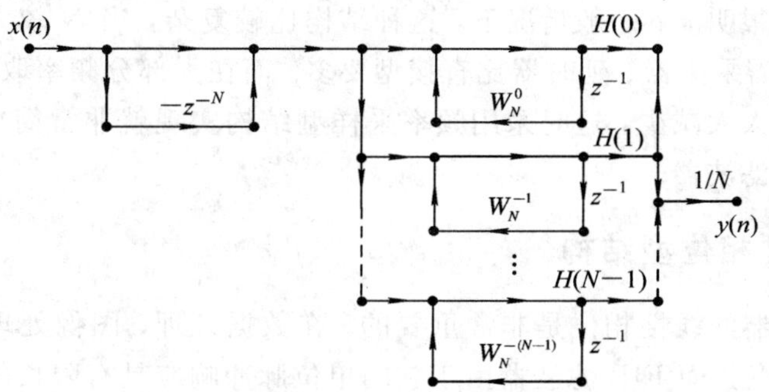

图 6-16　FIR 数字滤波器的频率采样型结构

图 6-16 所描述的结构中，$H_c(z)$ 是一个由 N 节延时单元构成的梳状滤波器，它的零点在 $z_k=W_N^{-k}$ 处；而 N 个一阶网络 $H_k(z)$ 的极点也在 $z_k=W_N^{-k}$ 处。这样，每个一阶网络都等效于谐振频率为 $2\pi k/N$ 的无损耗谐振器，这个谐振器的极点正好与梳状滤波器的一个零点相抵消，从而使这个频率上的频率响应等于 $H(k)$。因此，N 个谐振器即一阶网络的极点虽然在单位圆上，但与级联的梳状滤波器的零点刚好能相互抵消，从而使系统在 N 个频率抽样点的频率响应分别等于 N 个 $H(k)$ 值，整个系统在理论上仍然稳定。

但是在实际中，这种频率采样结构存在如下两个问题，从而影响其工程应用，所以需要对其加以修正。

(1) 稳定性问题。由于采样过程中系数存在量化误差，有些极点就不能被零点所抵消，从而导致系统不稳定。

针对这个问题，实际中对频率取样结构可作如下修正：将 $H_c(z)$ 的零点和 $H_k(z)$ 的极点设置在一个半径 r 小于 1 又很接近于 1 的圆周上，这样即使有些极点不能抵消，但因为极点位置仍在单位圆内，所以整个系统也是稳定的。此时，修正的频率采样型结构的系统

函数为

$$H(z)=\frac{1-r^N z^{-N}}{N}\sum_{k=0}^{N-1}\frac{H_r(k)}{1-rW_N^{-k}r^{-1}} \tag{6.3-8}$$

式中，$H_r(k)$是在半径为 r 的圆上对 $H(z)$的 N 点等间隔取样值，r 作为修正半径，其值与系统字长有关，但 $r\approx1$。

(2) 复数乘法运算问题。不论是在图 6-16 中还是式(6.3-8)所描述的修正结构中，$H(k)$和 W_N^{-k} 都是复数，因而存在着大量的复数运算。复数运算比实数运算复杂得多，特别是用硬件实现时很不方便。为此还需要进行改进，以便使用实数乘法器。一般来说 $h(n)$都是实数，因此 $H(k)$是关于 $k=N/2$ 共轭对称的，即 $H^*(k)=H(N-k)$。而 W_N^{-k} 也具有这种性质，即 $W_N^{*-k}=W_N^{-(N-k)}$。因此子网络 $H_k(z)$也关于 $k=N/2$ 共轭成对出现。将共轭成对的两个一阶网络 $H_k(z)$和 $H_{N-k}(z)$合并，则可形成一个实系数的二阶网络，从而将复数乘法转变为实数乘法。

频率采样型结构具有以下优点：

(1) $H(k)$就是频率采样值，因此调整该系数就能直接调整系统的频率特性。

(2) 对于任意滤波器，只要 $h(n)$的长度一定，则除了系数 $H(k)$不同外，其他结构包括梳状滤波器和并联一阶或二阶网络均相同，因此便于实现标准化、模块化。

但它的缺点也很明显：一般情况下，这种结构比较复杂，当 N 较大时，二阶网络个数就很多，从而使所需乘法器、延时器比直接型要多。而在大部分频率取样值为零的情况下，二阶网络的数目将大大减少，这时采用频率采样型结构实现就非常简单，因此，频率采样型结构适合于窄带滤波器。

6.3.5 FIR 线性相位型结构

FIR 数字滤波器的线性相位是非常重要的。在数据处理、图像处理等很多场合，都要求系统具有线性相位。而 FIR 滤波器由于它的单位脉冲响应是有限长的，因此可以做成严格的线性相位。本书第 7 章将对 FIR 滤波器的线性相位会有详细讨论，这里先引用其中的结果。

我们知道，如果 FIR 滤波器的单位脉冲响应 $h(n)$为实数，$0\leqslant n\leqslant N-1$，则 FIR 滤波器具有线性相位的条件为

$$h(n)=\pm h(N-1-n) \tag{6.3-9}$$

也就是说，$h(n)$关于 $n=\dfrac{N-1}{2}$是偶对称或奇对称的。若 $h(n)$为偶对称，则代表第一类线性相位滤波器；若 $h(n)$为奇对称，则代表第二类线性相位滤波器。下面对 N 为奇数和 N 为偶数两种情况分别加以讨论。

1. N 为奇数

当 N 为奇数时，利用 $h(n)$的 Z 变换公式，有

$$H(z)=\sum_{n=0}^{N-1}h(n)z^{-n}=\sum_{n=0}^{\frac{N-1}{2}-1}h(n)z^{-n}+h\left(\frac{N-1}{2}\right)z^{-\frac{N-1}{2}}+\sum_{n=\frac{N-1}{2}+1}^{N-1}h(n)z^{-n}$$

在上式的第三项中，令 $n=N-1-m$，可得

$$H(z)=\sum_{n=0}^{\frac{N-1}{2}-1}h(n)z^{-n}+h\left(\frac{N-1}{2}\right)z^{-\frac{N-1}{2}}+\sum_{m=0}^{\frac{N-1}{2}-1}h(N-1-m)z^{-(N-1-m)}$$

将上式中的 m 换成 n，并将式(6.3－9)代入，得到

$$H(z)=\sum_{n=0}^{\frac{N-1}{2}-1}h(n)[z^{-n}\pm z^{-(N-1-n)}]+h\left(\frac{N-1}{2}\right)z^{-\frac{N-1}{2}} \tag{6.3-10}$$

式中，若 $h(n)$偶对称，即为第一类线性相位 FIR 滤波器，则“±”号取“＋”；若 $h(n)$奇对称，即为第二类线性相位 FIR 滤波器，则“±”号取“－”。由式(6.3－10)可画出 N 为奇数时，线性相位 FIR 滤波器的直接型结构的流图如图 6－17 所示。

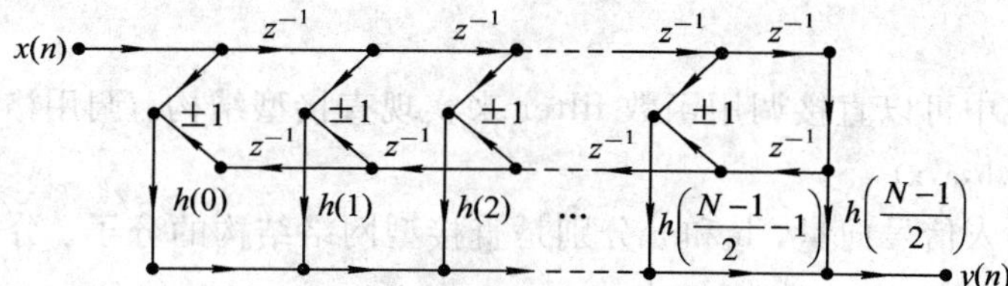

图 6－17 N 为奇数时 FIR 数字滤波器的线性相位结构

2. N 为偶数

当 N 为偶数时，利用 $h(n)$的 Z 变换公式，就有

$$H(z)=\sum_{n=0}^{N-1}h(n)z^{-n}=\sum_{n=0}^{\frac{N}{2}-1}h(n)z^{-n}+\sum_{n=\frac{N}{2}}^{N-1}h(n)z^{-n}$$

令上式第二项中的 $n=N-1-m$，可得

$$H(z)=\sum_{n=0}^{\frac{N}{2}-1}h(n)z^{-n}+\sum_{m=0}^{\frac{N}{2}-1}h(N-1-m)z^{-(N-1-m)}$$

将上式中的 m 换成 n，并将式(6.3－9)代入，得到

$$H(z)=\sum_{n=0}^{\frac{N}{2}-1}h(n)[z^{-n}\pm z^{-(N-1-n)}] \tag{6.3-11}$$

同样，式(6.3－11)中，若 $h(n)$偶对称，即为第一类线性相位 FIR 滤波器，则“±”号取“＋”；若 $h(n)$奇对称，即为第二类线性相位 FIR 滤波器，则“±”号取“－”。由式(6.3－11)可画出 N 为偶数时，线性相位 FIR 滤波器的直接型结构的流图如图 6－18 所示。

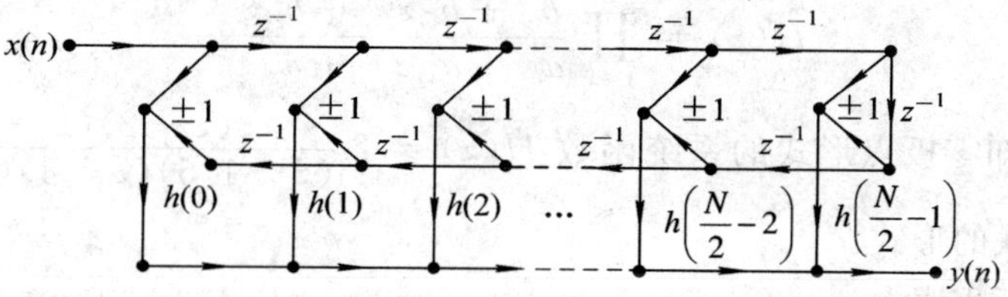

图 6－18 N 为偶数时 FIR 数字滤波器的线性相位结构

由图 6－17 和图 6－18 所表示的线性相位 FIR 数字滤波器的结构可以看出，与直接型结构相比，如果 N 取偶数，直接型结构需要 N 个乘法器，而线性相位结构减少到 $N/2$ 个乘法器，节约了一半的乘法器；如果 N 取奇数，则线性相位结构的乘法器数目减少到 $(N+1)/2$ 个，也节约了近一半的乘法器。

6.4　MATLAB 实现

利用 MTLAB 信号处理工具箱中的滤波器设计函数能直接设计相应的网络结构，并能实现直接型网络结构和其他各类型网络结构之间的相互转换。

6.4.1　IIR 数字滤波器的结构实现

1. 直接型

在 MATLAB 中可以直接调用函数 filter 来实现直接型结构。调用格式为

```
y = filter(b,a,x)
```

其中：参数 x 为输入信号向量，b 和 a 分别是直接型网络结构的分子、分母多项式的系数。

2. 级联型

MATLAB 中提供了一些函数来实现系统函数及其零极点表示与级联的二阶子系统之间的相互转换。

(1) sos＝zp2sos(z,p,k)

该函数中的参数 z、p 分别为系统函数 $H(z)$ 的零、极点，k 为增益。如

$$H(z) = 2\frac{z(z-2)}{(z-1-i)(z-1+i)}$$

则参数 z 应设为向量[0　2]，p 设为向量[1－i　1＋i]，k 为 2。此函数可以从以零极点和增益形式给出的系统函数 $H(z)$ 直接求出二阶因式，即它可以产生等效系统函数 $H(z)$ 的各个二阶因式的系数矩阵 sos。sos 是一个 $L\times6$ 的矩阵，即

$$\text{sos} = \begin{bmatrix} b_{01} & b_{11} & b_{21} & a_{01} & a_{11} & a_{21} \\ b_{02} & b_{12} & b_{22} & a_{02} & a_{12} & a_{22} \\ \vdots & \vdots & \vdots & \vdots & \vdots & \vdots \\ b_{0L} & b_{1L} & b_{2L} & a_{0L} & a_{1L} & a_{2L} \end{bmatrix}$$

该矩阵的第 j 行包含了第 j 个二阶因式的分子和分母多项式的系数 b_{ij} 和 a_{ij}，$i=0, 1, \cdots, L$，表示级联的二阶子系统的数目，因此整个系统函数为

$$H(z) = \prod_{j=1}^{L}\frac{b_{0j}+b_{1j}z^{-1}+b_{2j}z^{-2}}{a_{0j}+a_{1j}z^{-1}+a_{2j}z^{-2}}$$

例 6－2　已知零极点形式的系统函数 $H(z) = 2\dfrac{z(z-2)(z-1)}{(z-1.5)(z-4)(z-3)}$，将其转换为二阶子系统级联的形式。

解　运行以下程序：

```
z=[0 2 1];
p=[1.5 4 3];
k=2;
sos=zp2sos(z,p,k);
```

程序运行结果为：

```
sos=2.0000          0         0  1.0000  -4.0000       0
    1.0000   -3.0000   2.0000  1.0000  -4.5000  4.5000
```

根据运行结果，可以写出二阶子系统级联形式的系统函数为

$$H(z)=\frac{2}{1-4z^{-1}}\cdot\frac{1-3z^{-1}+2z^{-2}}{1-4.5z^{-1}+4.5z^{-2}}$$

(2) [sos,g]=tf2sos(b,a)

该函数中的参数 g 为增益。该函数实现将 $H(z)=\frac{B(z)}{A(z)}=\frac{b_0+b_1z^{-1}+\cdots+b_Nz^{-N}}{a_0+a_1z^{-1}+\cdots+a_Mz^{-M}}$ 分解为一系列二阶子系统 $H_j(z)$ 级联的形式，即完成直接型向级联型的转换。其中 $H_j(z)=\frac{b_{0j}+b_{1j}z^{-1}+b_{2j}z^{-2}}{1+a_{1j}z^{-1}+a_{2j}z^{-2}}$。

例 6-3　已知直接型系统函数为 $H(z)=\frac{-4+2z^{-1}+4z^{-2}+8z^{-3}+2z^{-4}}{1+10z^{-1}-10z^{-3}-z^{-4}}$，将其转换为级联型。

解　运行以下程序：

```
b=[-4 2 4 8 2];
a=[1 10 0 -10 -1];
[sos,g]=tf2sos(b,a);
```

程序运行结果为：

```
sos=1.0000   -1.5000   -0.5000   1.0000   10.0000    1.0000
    1.0000    1.0000    1.0000   1.0000    0.0000   -1.0000
g=-4
```

根据程序运行结果，可以写出级联型的系统函数为

$$H(z)=-4\cdot\frac{1-1.5z^{-1}-0.5z^{-2}}{1+10z^{-1}+z^{-2}}\cdot\frac{1+z^{-1}+z^{-2}}{1-z^{-2}}$$

(3) [b,a]=sos2tf(sos,g)

该函数与上面所学习的函数相反，用来实现由级联二阶子系统向直接型的转换，参数意义同上。

例 6-4　将级联二阶子系统形式的系统函数

$$H(z)=2\cdot\frac{1+z^{-1}+z^{-2}}{1-z^{-2}}\cdot\frac{-2+3z^{-1}+z^{2}}{1+10z^{-1}+z^{-2}}$$

转换为直接型。

解　程序如下：

```
sos=[1 1 1 1 0 -1;-2 3 1 1 10 1];g=2;
[b,a]=sos2tf(sos,g);
```

程序运行结果为：

```
a=1 10 0 -10 -1 ;
b=-4 2 4 8 2;
```

从程序运行结果可以写出直接型系统函数为

$$H(z)=\frac{-4+2z^{-1}+4z^{-2}+8z^{-3}+2z^{-4}}{1+10z^{-1}-10z^{-3}-z^{-4}}$$

(4) [z,p,k]=tf2zp(b,a)

此函数完成将直接型系统函数转换为零极点形式。注意此函数要求分母 a 的长度要大于等于分子 b 的长度，即可以将有理分式形式的系统函数变为如下的零极点形式

$$H(z)=k\,\frac{(z-z_1)(z-z_2)\cdots(z-z_N)}{(z-p_1)(z-p_2)\cdots(z-p_M)}$$

例 6-5　已知离散系统函数为 $H(z)=\frac{2+3z^{-1}}{1+0.4z^{-1}+z^{-2}}$，将其转换成零极点形式。

解　程序如下：

```
b=[2 3];
a=[1 0.4 1];
[b,a]=eqtflength(b,a);      %让 b 和 a 的长度相等
[z,p,k]=tf2zp(b,a);
```

程序运行结果为：

```
z=  0                    -1.5000
p=-0.2000+0.9798i        -0.2000 - 0.9798i
k=  2
```

从运行结果可以写出零极点增益形式的系统函数为

$$H(z)=2\cdot\frac{z(z+1.5)}{(z+0.2-0.9798\mathrm{i})+(z+0.2+0.9798\mathrm{i})}$$

3. 并联型

可以用函数 residuez 实现 IIR 的并联型结构。调用格式如下：

(1) [R,P,C]=residuez(b,a)

其中，参数 a 和 b 分别为直接型分子、分母多项式的系数，返回值 P 包含着极点，R 包含着对应的留数，C 包含着直接项。

(2) [b,a]=residuez(R,P,C)

此调用可以实现将部分分式变成多项式的系数行向量 b 和 a。

注意：如果系统有共轭成对的零极点，利用此函数可以获得其所对应的实系数二阶分式的分子、分母多项式的系数。

例 6-6　一个滤波器的系统函数如下：

$$H(z)=\frac{18+10z^{-1}+4z^{-2}}{6+z^{-1}+2z^{-2}-z^{-3}}$$

求它的并联型结构。

解　程序段如下：

```
a=[6 1 2 -1];
b=[18 10 4];
[r p c]=residuez(b,a);
```

此段程序运行结果为：

```
r=  0.5000-0.5669i    0.5000+0.5669i    2.0000
p=-0.2500+0.6614i  -0.2500-0.6614i    0.3333
c=[]
```

可以看出存在共轭成对的零极点，进一步调用 residuez 函数将共轭成对的零极点的一阶因式合并，就得到其所对应的实系数二阶分式的分子、分母多项式的系数。

继续添加以下程序段：

```
R1=[r(1) r(2)];
P1=[p(1) p(2)];
[b1 a1]=residuez(R1,P1,0);
```

程序运行结果如下：

```
b1=1.0000  1.0000        0
a1=1.0000  0.5000  0.5000
```

由结果 b1、a1、r(3)和 p(3)可以写出并联形式的系统函数为

$$H(z)=\frac{1+z^{-1}}{1+0.5z^{-1}+0.5z^{-2}}+\frac{2}{1-0.3333z^{-1}}$$

6.4.2　FIR 数字滤波器的结构实现

1. 直接型

FIR 直接型结构由行向量 b 来描述。该结构也由函数 filter 来实现，只需将分母系数向量 a 设为 1 即可，即调用方式为 filter(b,1,x)。

线性相位 FIR 数字滤波器的结构在本质上还是直接型，因此它在 MATLAB 实现上与直接型结构相同。

2. 级联型

FIR 滤波器的级联型结构可以继续使用前面在 IIR 滤波器的级联型结构中描述的 MATLAB 函数，只需将分母矢量 a 设置为 1 即可。这里要注意，函数 tf2zp(b,a)要求分母 a 的长度要大于等于分子 b 的长度，且第一个系数不能为 0，因此，如果分子 b 的长度为 N 的话，则分母 a 需要在 1 后面补上 $N-1$ 个零，即 $a=(1,\underbrace{0,0,\cdots,0}_{N-1})$。

FIR 滤波器的系统函数级联的各个二阶节的系数矩阵 sos 为

$$\mathrm{sos}=\begin{bmatrix} b_{01} & b_{11} & b_{21} & 1 & 0 & 0 \\ b_{02} & b_{12} & b_{22} & 1 & 0 & 0 \\ \vdots & \vdots & \vdots & \vdots & \vdots & \vdots \\ b_{0L} & b_{1L} & b_{2L} & 1 & 0 & 0 \end{bmatrix}$$

例 6-7　已知 FIR 滤波器的单位脉冲响应为

$$h(n)=\delta(n)+0.3\delta(n-1)+0.72\delta(n-2)+0.11\delta(n-3)+0.12\delta(n-4)$$

试用其级联型结构实现。

解　由题目可以写出该滤波器的直接型系统函数为

$$H(z)=1+0.3z^{-1}+0.72z^{-2}+0.11z^{-3}+0.12z^{-4}$$

因此可编写程序如下：

```
b=[1 0.3 0.72 0.11 0.12];
a=1;
[sos,g]=tf2sos(b,a);
```

程序运行结果为：

```
sos=1.0000   0.1000   0.4000   1.0000        0        0
    1.0000   0.2000   0.3000   1.0000        0        0
g=1
```

其级联型结构为

$$H(z)=(1+0.1z^{-1}+0.4z^{-2})(1+0.2z^{-1}+0.3z^{-2})$$

3. 频率采样型结构

可以编写如下的 MATLAB 函数[C,B,A]=fir_freq_structure(h)来实现 FIR 滤波器的频率采样型结构。

```
function [C,B,A]=fir_freq_structure(h)
%h 是 FIR 滤波器的单位脉冲响应向量
%C 是频率采样型结构所包含的并联部分的增益向量
%B 是按照行排列的各并联部分分子系数向量
%A 是按照行排列的各并联部分分母系数向量
Len=length(h);              %得到单位脉冲响应的长度
H=fft(h,Len);               %求出单位脉冲响应的 FFT
Mag_H=abs(H);               %得到 H(k)的幅度
Phase_H=angle(H)';          %得到 H(k)的幅角
%判断 Len 的奇偶
if (mod(Len,2)==0)
    L=Len/2-1;              %如果 Len 为偶数，则 L=Len/2-1
    A1=[1,-1,0;1,1,0];
    C1=[real(H(1)),real(H(L+2))];
else
    L=(Len-1)/2;            %如果 Len 为奇数，则 L=(Len-1)/2
    A1=[1,-1,0];
    C1=[real(h(1))];
end
k=[1:L]';
B=zeros(L,2);
A=ones(L,3);
A(1:L,2)=-2*cos(2*pi*k/Len);
A=[A;A1];
B(1:L,1)=cos(Phase_H(2:L+1));
B(1:L,2)=-cos(Phase_H(2:L+1)-(2*pi*k/Len));
C=[2*Mag_H(2:L+1),C1]';
```

注意，这个函数没有考虑零极点位置的调整，也就是说，并没有将级联网络中前面的子网络的零点及后面的并联网络的极点从单位圆上移到单位圆内。该函数主要确定频率采样型结构 $H(z)=\frac{1}{N}(1-z^{-N})\sum_{k=0}^{N-1}\frac{H(k)}{1-W_N^{k}z^{-1}}$ 中的并联部分，第一部分固定为 $H_c(z)=\frac{1-z^{-N}}{N}$。

例 6-8　已知 FIR 滤波器的单位脉冲响应为

$$h(n)=\delta(n)-\delta(n-1)+\delta(n-4)$$

设抽样点数 $N=5$，求出其频率采样型结构。

解　由题目可知，$h(n)=\{\underline{1},-1,0,0,1\}$，因此可运行以下程序：

```
h=[1,-1,0,0,1];
[C,B,A]=fir_freq_structure(h);
```

程序运行结果如下：

```
C=4.2979
  3.0867
  1.0000
B=0.4653   -0.9856
  0.6479    0.0765
A =1.0000   -0.6180  1.0000
   1.0000    1.6180  1.0000
   1.0000   -1.0000       0
```

因为 $N=5$，所以根据程序运行结果可以得到

$$H(z)=\frac{1-z^{-5}}{5}\left(4.2979\cdot\frac{0.4653-0.9856z^{-1}}{1-0.6180z^{-1}+z^{-2}}+3.0867\cdot\frac{0.6479-0.0765z^{-1}}{1+1.6180z^{-1}+z^{-2}}+\frac{1}{1-z^{-1}}\right)$$

习　题

6.1　已知系统用下面的差分方程描述

$$y(n)=\frac{3}{4}y(n-1)-\frac{1}{8}y(n-2)+x(n)+\frac{1}{3}x(n-1)$$

其中，$x(n)$和 $y(n)$分别表示系统的输入和输出信号。试分别画出系统的直接型、级联型和并联型结构。

6.2　已知系统的系统函数为

$$H(z)=\frac{4(z+1)(z^2-1.4z+1)}{(z-0.5)(z^2+0.9z+0.8)}$$

试问一共能构成几种级联型结构，请分别画出这些结构。

6.3　设系统的系统函数为

$$H(z)=4\,\frac{(1+z^{-1})(1-1.414z^{-1}+z^{-2})}{(1-0.5z^{-1})(1+0.9z^{-1}+0.81z^{-2})}$$

试画出采用单位延时器最少的一种级联型结构。

6.4　画出题图 6-1 中所示系统的转置型结构，并验证两者具有相同的系统函数。

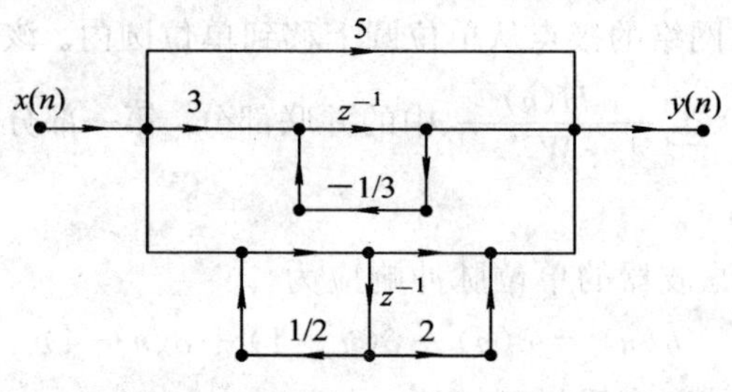

题图 6-1

6.5　根据题图 6-2 所示的几种流图，分别写出它们的系统函数。

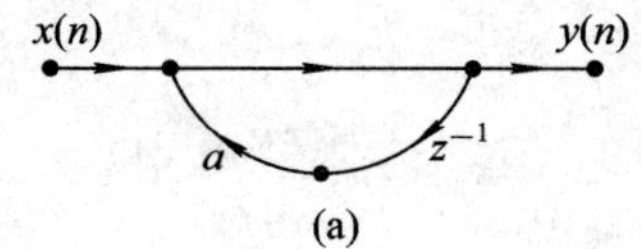

(a)

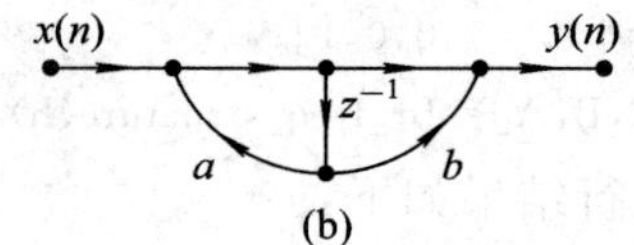

(b)

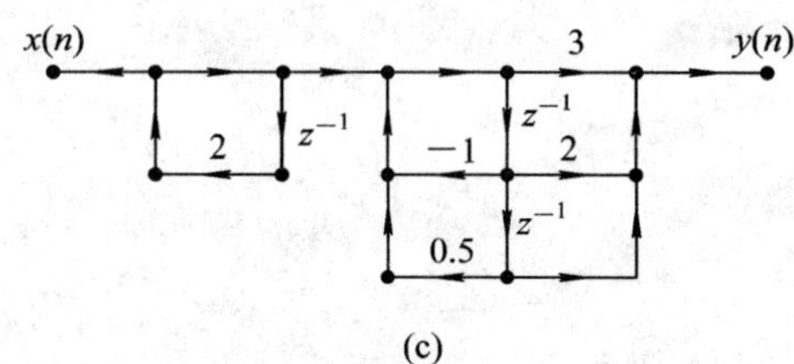

(c)

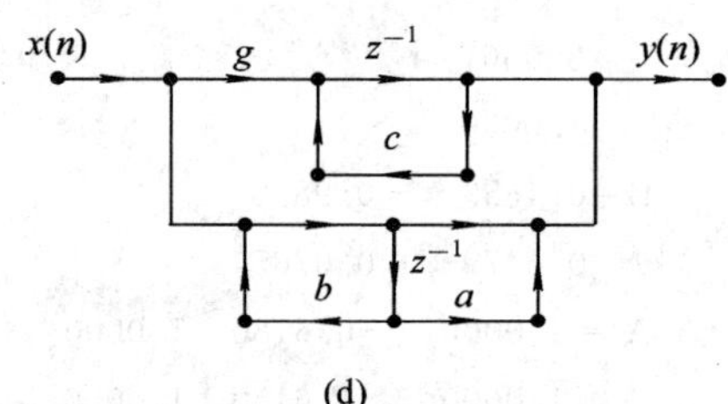

(d)

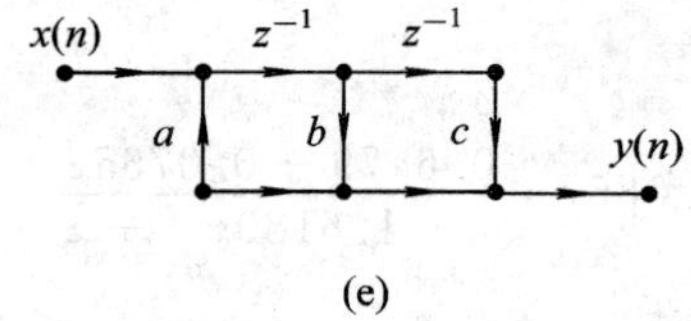

(e)

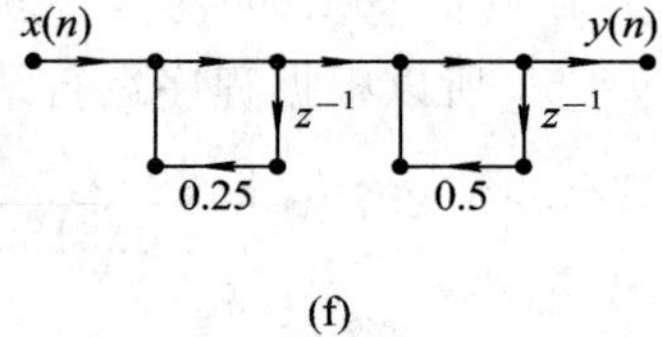

(f)

题图 6-2

6.6　假设滤波器的单位脉冲响应为

$$h(n)=\delta(n)+2\delta(n-1)+0.3\delta(n-2)+2.5\delta(n-3)+0.5\delta(n-5)$$

试写出该系统的系统函数，并画出它的直接型结构。

6.7　已知 FIR 滤波器的系统函数为

$$H(z)=\frac{1}{10}(1+0.9z^{-1}+2.1z^{-2}+0.9z^{-3}+z^{-4})$$

试分别画出该滤波器的直接型结构和线性相位型结构。

6.8　已知 FIR 滤波器的单位抽样响应 $h(n)$ 为

$$h(0)=0,\ h(1)=1,\ h(2)=-1.5,\ h(3)=2.75$$

$$h(4)=2.75,\ h(5)=-1.5,\ h(6)=1$$

试给出该滤波器的零点分布和级联型结构流图。

6.9　用频率采样结构实现以下系统函数

$$H(z)=\frac{5-2z^{-3}-3z^{-6}}{1-z^{-1}}$$

其中，采样点数 $N=6$，修正半径 $r=0.9$。

6.10　用 b_1 和 b_2 确定 a_1、a_2、c_1 和 c_2，使题图 6-3 中的两个系统等效。

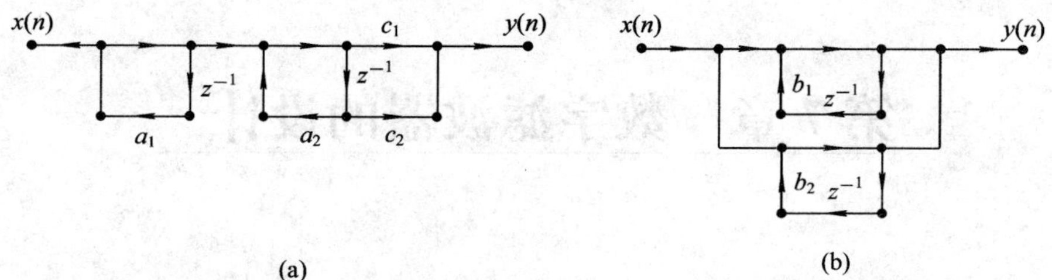

题图 6-3

6.11　对于题图 6-4 所示的系数，要求：

(1) 确定它的系统函数；

(2) 如果系统参数分别为：

a. $b_0=b_2=1$，$b_1=2$，$a_1=1.5$，$a_2=-0.9$；

b. $b_0=b_2=1$，$b_1=2$，$a_1=1$，$a_2=-2$。

分别画出系统的零极点分布图，并检验系统的稳定性。

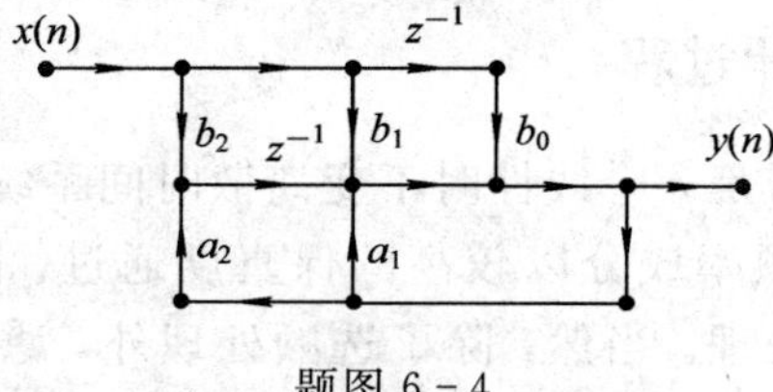

题图 6-4

6.12　证明题图 6-5 中所示的两个系统是等效的。

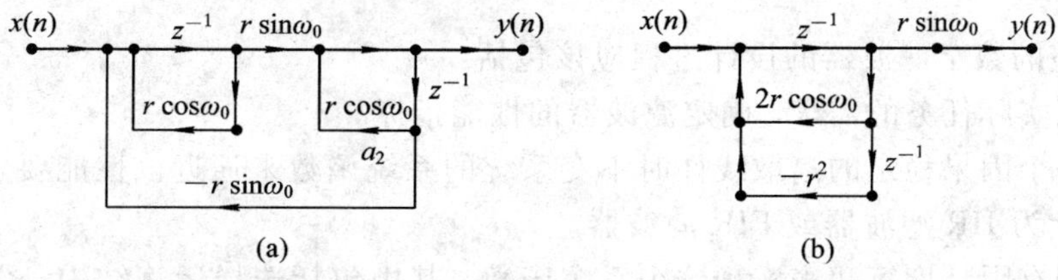

题图 6-5

第7章　数字滤波器的设计

滤波器作为去除噪声的基本手段，在实际的信号处理中起着重要的作用，因而如何得到一个符合工程技术指标要求的滤波器系统函数就成为一个重要问题。本章主要从IIR数字滤波器和FIR数字滤波器两个方面入手，对数字滤波器设计的常用方法加以讨论。

7.1　数字滤波器的基本概念

7.1.1　数字滤波器的设计过程

一般情况下，数字滤波器是一个线性时不变离散时间系统，通过对输入信号进行数值运算，让输入信号中有用的频率成分以较高的保真度通过，同时滤除某些无用的频率成分，实现对输入信号的选频处理。当然，除了选频处理外，滤波器还可以实现对输入信号的多种变换处理，比如微分、希尔伯特变换、频谱校正等。本章主要介绍选频型数字滤波器的设计。

一个完整的数字滤波器的设计过程应该包括：

(1) 按照实际任务的需求，确定滤波器的性能指标。

(2) 用一个因果稳定的离散线性时不变系统的系统函数来逼近该性能要求。可以根据实际要求设计为IIR滤波器或FIR滤波器。

(3) 利用有限精度算法来实现这个系统函数。其中包括选择运算结构、合适的字长以及舍入、截尾等有效数字的处理方法等。

(4) 实际的技术实现。可以采用软件在计算机或专用的数字信号处理芯片上实现，也可以采用硬件的方法实现。

本章主要讨论第(2)项内容，即系统函数的逼近问题或系统函数的设计问题。

7.1.2　理想数字滤波器

理想滤波器是一类很重要的滤波器，它对信号进行滤波可以达到最理想的效果，但它是非因果的，因而物理上是不可实现的，实际上数字滤波器的设计就是用因果稳定的离散线性时不变系统的系统函数去尽量逼近理想滤波器的性能，即将它作为逼近标准来近似实现。

一个理想滤波器通常具有以下特点：

(1) 在滤波器的通带内幅度为非零常数(常归一化为1)，在阻带中幅度为零。

(2) 具有线性相位。

(3) 单位脉冲响应是非因果无限长序列。

上述第一个特点说明了理想滤波器的选频特性，它允许通带内的频率分量通过，而完全滤掉阻带区域的频率分量，即理想的幅频特性。第二个特点说明了有效信号通过该理想滤波器后各频率成分的延时一致性。第三个特点说明了理想滤波器的物理不可实现性，这反映了时域与频域的互斥性。

假设满足上述特点的一个理想滤波器的频率响应为

$$H(e^{j\omega})=\begin{cases}Ce^{-j\omega n_0}, & \omega_1<\omega<\omega_2\\ 0, & \text{其他}\end{cases} \tag{7.1-1}$$

式中，C 和 n_0 是常数。该滤波器的幅度特性为

$$|H(e^{j\omega})|=C$$

相位特性为

$$\varphi(\omega)=-\omega n_0$$

由于 n_0 是常数，因此相位特性是频率 ω 的线性函数，我们把满足这种关系的相位特性称为线性相位。将上式相位特性的两边对 ω 分别进行求导，则得到

$$\tau(\omega)=-\frac{d\varphi(\omega)}{d\omega}=n_0 \tag{7.1-2}$$

式(7.1-2)反映了各频率成分在经过该滤波器前后时间上的差异，我们把这个量称为群时延，其定义为滤波器的频率响应的相位对角频率的导数的负值。群时延是滤波器平均时延的一个度量。式(7.1-2)中群时延为常数表示该滤波器对输入信号中的所有频率分量的时间延迟均相同。

现假设有一个信号 $x(n)$，它的频率分量分布在频率范围 $\omega_1<\omega<\omega_2$ 中，让这个信号通过式(7.1-1)描述的滤波器，则其输出的频域表示为

$$Y(e^{j\omega})=X(e^{j\omega})H(e^{j\omega})=CX(e^{j\omega})e^{-j\omega n_0},\quad \omega_1<\omega<\omega_2$$

将上式进行傅里叶反变换，则得到该滤波器的输出信号为

$$y(n)=Cx(n-n_0)$$

上式表明，信号 $x(n)$ 通过式(7.1-1)描述的滤波器的输出信号相对输入信号，仅是在幅度上将信号放大了 C 倍，传输时间延迟了 n_0，前后波形没有发生失真。因此，通带内的幅度特性是常数，并且具有线性相位，是信号通过理想滤波器后波形不失真的重要条件。

为了说明理想滤波器的物理不可实现性，我们假设一个理想低通滤波器的频率响应为

$$H(e^{j\omega})=\begin{cases}e^{-j\omega n_0}, & |\omega|\leqslant\omega_c\\ 0, & \omega_c<|\omega|\leqslant\pi\end{cases}$$

式中，n_0 是一个正整数，ω_c 称为通带截止频率。则理想低通滤波器的单位脉冲响应为

$$\begin{aligned}h(n)&=\frac{1}{2\pi}\int_{-\pi}^{\pi}H(e^{j\omega})e^{j\omega n}\,d\omega\\ &=\frac{1}{2\pi}\int_{-\omega_c}^{\omega_c}e^{-j\omega n_0}e^{j\omega n}\,d\omega=\frac{\sin[(n-n_0)\omega_c]}{(n-n_0)\pi}\end{aligned}$$

若令上式中的 $n_0=5$，$\omega_c=\pi/4$，则可画出它的波形如图 7-1 所示。显然，该单位脉冲响应 $h(n)$ 是一个无限长的非因果序列，因此在物理上不可实现。

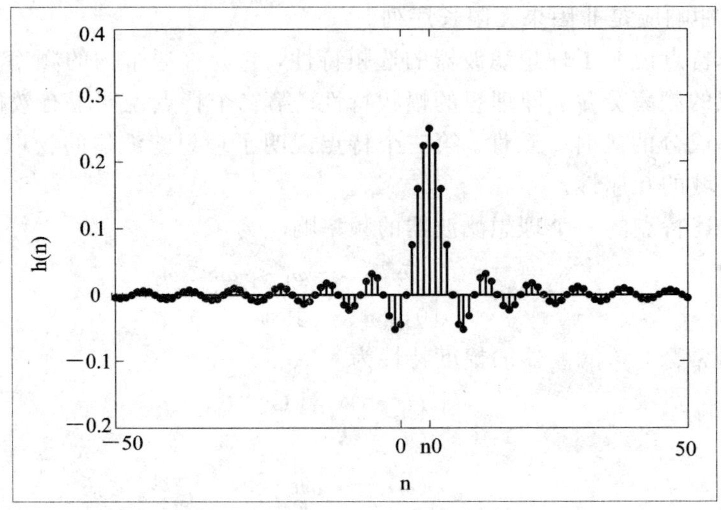

图 7-1 理想低通滤波器的单位脉冲响应

根据滤波器的频率特性，理想滤波器可分为低通、高通、带通与带阻滤波器等。它们的幅频特性分别如图 7-2 所示(只表示了正频率部分)。由于频率响应的周期性，这些幅频特性是以 2π 为周期的周期函数，图中仅画出了 $0\sim2\pi$ 一个周期的幅频特性。

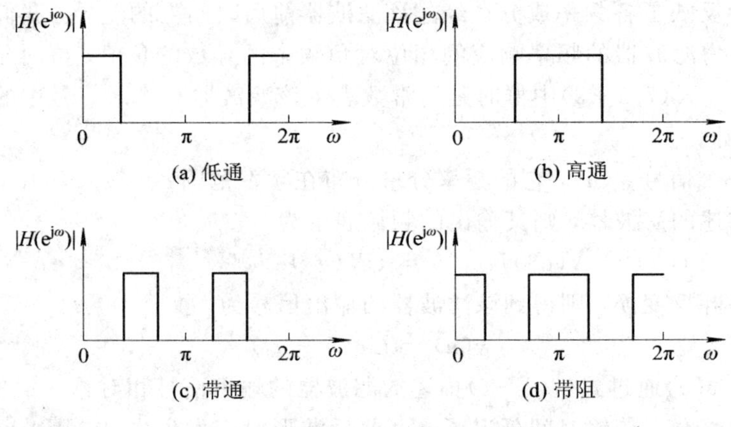

图 7-2 各种理想滤波器的幅频特性

7.1.3 数字滤波器的技术指标

数字滤波器的设计一般只对幅频特性提出要求，对相频特性的要求只在特定的应用中才考虑。

理想数字滤波器的单位脉冲响应是非因果无限长序列，物理上不可实现。究其根本原因，则在于从一个频率带到另一个频率带之间的突变。为了物理上可实现，我们在从一个带到另一个带之间设置一个具有一定宽度的过渡带，并且在通带和阻带内都允许有一定的误差容限，也即不严格要求通带完全水平，阻带完全衰减为零。

一般滤波器的性能指标往往以频率响应的幅度特性的允许误差来表征。以低通滤波器为例，其技术要求如图 7-3 所示，即频率响应由通带、过渡带及阻带三个区域组成。在通带范围 $0\leqslant\omega\leqslant\omega_p$ 内，幅度响应以误差 δ_1 逼近于 1，即

$$1-\delta_1 \leqslant |H(e^{j\omega})| \leqslant 1, \quad |\omega| \leqslant \omega_p \tag{7.1-3}$$

ω_p 称为通带截止频率。在阻带范围 $\omega_s \leqslant \omega \leqslant \pi$ 内，幅度响应以最大误差 δ_2 逼近于零，即

$$|H(e^{j\omega})| \leqslant \delta_2, \quad \omega_s \leqslant |\omega| \leqslant \pi \tag{7.1-4}$$

ω_s 称为阻带截止频率。在通带和阻带之间的 $\omega_p < \omega < \omega_s$ 区域称为过渡带，一般要求幅度响应在过渡带内单调下降。δ_1 和 δ_2 分别称为通带和阻带的容限，但滤波器的具体技术指标往往由通带允许的最大衰减 α_p 及阻带应达到的最小衰减 α_s 给定。

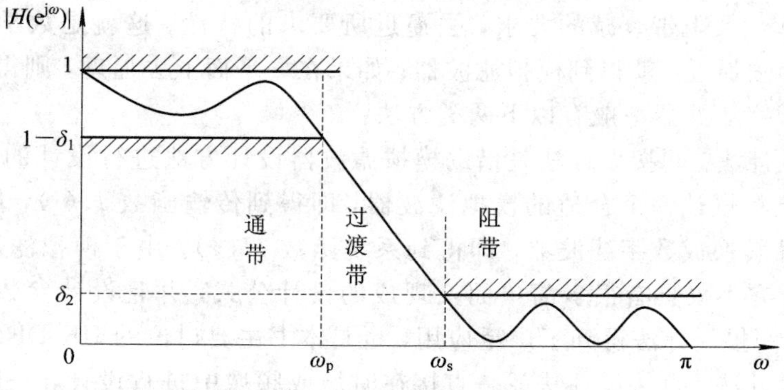

图 7-3　低通滤波器的幅频响应

工程实际中为了放大细微的幅度变化，习惯用损耗函数(或称为衰减函数)$\alpha(\omega)$来描述数字滤波器的幅频响应特性(模拟滤波器用 $\alpha(\Omega)$)，即

$$\alpha(\omega) = 20\ \lg \frac{|H(e^{j0})|}{|H(e^{j\omega})|} = -20\ \lg |H(e^{j\omega})| = -10\ \lg |H(e^{j\omega})|^2\ \text{dB} \tag{7.1-5}$$

因此，通带允许的最大衰减 α_p 和阻带应达到的最小衰减 α_s 分别定义为

$$\alpha_p = 20\ \lg \frac{|H(e^{j0})|}{|H(e^{j\omega_p})|}\ \text{dB} \tag{7.1-6}$$

$$\alpha_s = 20\ \lg \frac{|H(e^{j0})|}{|H(e^{j\omega_s})|}\ \text{dB} \tag{7.1-7}$$

采用$|H(e^{j0})|$进行归一化，式(7.1-6)和式(7.1-7)进一步可表示为

$$\alpha_p = -20\ \lg |H(e^{j\omega_p})|\ \text{dB} \tag{7.1-8}$$

$$\alpha_s = -20\ \lg |H(e^{j\omega_s})|\ \text{dB} \tag{7.1-9}$$

因此，对于通带容限为 δ_1 与阻带容限为 δ_2 的上述低通滤波器，利用式(7.1-8)和式(7.1-9)可得到

$$\alpha_p = -20\ \lg |H(e^{j\omega_p})|\ \text{dB} = -20\ \lg(1-\delta_1)\ \text{dB}$$

$$\alpha_s = -20\ \lg |H(e^{j\omega_s})|\ \text{dB} = -20\ \lg\delta_2\ \text{dB}$$

例如，当幅度下降到$\sqrt{2}/2$，即$|H(e^{j\omega})|$在 ω_p 处下降为 0.707 时，$\alpha_p = 3$ dB，这时的 ω_p 通常称为 3 dB 通带截止频率。$|H(e^{j\omega})|$在 ω_s 处降到 0.01 时，$\alpha_s = 40$ dB。

有时，为了使损耗函数曲线的幅度与幅频特性曲线的形状相对应，即通带幅度高，阻带幅度低，也可以用损耗函数的相反值$-\alpha(\omega)$来表示衰减情况。

7.1.4　数字滤波器的设计方法

前面已经讲过，本章讨论的数字滤波器设计即是设计一个因果稳定的离散线性时不变

系统的系统函数，使其性能在某种意义上逼近给定的性能要求。而数字滤波器按其单位抽样响应长度通常分为无限长单位脉冲响应数字滤波器(Infinite Impulse Response Digital Filter，IIR DF)和有限长单位脉冲响应数字滤波器(Finite Impulse Response Digital Filter，FIR DF)两类，这两类滤波器由于本质上的差异，其设计方法和性能特点都截然不同。

1. IIR 滤波器的设计方法

IIR 滤波器的设计问题就是求出滤波器系统函数的各个系数，使得在规定的意义上，例如按照通带起伏及阻带衰减的要求，去逼近所要求的特性。这就是数学上的逼近问题。如果在 s 平面上去逼近，就得到模拟滤波器；如果在 z 平面上去逼近，则得到数字滤波器。

设计 IIR 数字滤波器一般有以下两类方法：

(1) 间接设计法。间接设计法是借助模拟滤波器设计方法进行设计的，它先根据数字滤波器的设计指标设计一个合适的模拟滤波器，即得到传输函数 $H(s)$，然后按某种方法再将模拟滤波器转换成数字滤波器，即得到系统函数 $H(z)$。由于模拟滤波器的设计理论已经非常成熟，它不仅具有很多简单而又现成的设计公式，并且设计参数已经表格化了，因此 IIR DF 的间接设计法得到了广泛应用，也是本书主要讨论的 IIR DF 设计方法。

(2) 直接设计法。直接设计法就是直接在时域或频域中进行设计，一般是先确定一种最优准则，例如使设计出的滤波器的实际频率响应幅度 $|H(e^{j\omega})|$ 与所要求的理想频率响应幅度 $|H_d(e^{j\omega})|$ 的均方误差最小，或它们的最大误差最小等，然后求在此最佳准则下滤波器系统函数的各系数值。直接设计法要求解联立方程组，且一般得不到滤波器系数的闭合形式的函数表达式，而是需要进行大量的迭代运算，因此必须采用计算机辅助设计，故这种方法也称为计算机辅助设计法，它是一种最优化设计法。

2. FIR 滤波器的设计方法

FIR 滤波器与 IIR 滤波器具有不同的特点。首先，与设计的 IIR 滤波器的相位都是非线性的不同，FIR 滤波器可以具有严格的线性相位，同时又具有任意的幅度特性，这一点对于图像处理与数据传输等应用场合是非常重要的；其次，它的单位脉冲响应是有限长度的，因而滤波器一定是稳定的；再者，只要经过一定的延时，任何非因果有限长序列都能变成因果的，因而总能用因果系统来实现 FIR 数字滤波器；最后，由于单位脉冲响应长度有限，因此可以利用快速傅里叶变换(FFT)算法来提高运算效率。所以，FIR DF 是一类很重要的滤波器，在数字信号处理领域得到了广泛的应用。但是，要取得很好的衰减特性，FIR DF 的阶次一般比 IIR DF 的阶次要高。

因此，FIR 滤波器的设计方法与 IIR 滤波器有很大的不同，FIR 滤波器不能利用模拟滤波器的设计方法来实现，它是通过对理想滤波器的频率特性作某种逼近得到的。FIR 滤波器常用的设计方法也主要有两类：一类是基于逼近理想滤波器特性的方法，包括窗函数法、频率采样法和等波纹最佳逼近法等；另一类是计算机辅助的最优化设计法。本书主要讨论第一类的窗函数法和频率采样法。

7.2　模拟滤波器的设计

模拟滤波器的理论和设计方法已发展得相当成熟，且有若干典型的模拟滤波器供我们选择，如巴特沃斯(Butterworth)滤波器、切比雪夫(Chebyshev)滤波器、椭圆(Ellipse)滤波器和贝塞尔(Bessel)滤波器等，这些滤波器都有严格的设计公式、现成的曲线和图表可供设计人员使用。各种滤波器有其不同的特点，巴特沃斯滤波器具有单调下降的幅频特性；切比雪夫滤波器的幅频特性在通带或者阻带内有波动，可以提高选择性；贝塞尔滤波器在通带内具有较好的线性相位特性；椭圆滤波器在通带和阻带内都有波动，其选择性相对其他三种是最好的。实际中可根据具体要求选择不同类型的滤波器。

模拟滤波器(Analog Filter，AF)设计本不属于数字信号处理的内容，但考虑到设计 IIR 数字滤波器是利用模拟滤波器的设计进行映射变换得到的，因而本节简要介绍模拟滤波器设计的基本概念和设计方法。

模拟滤波器的设计过程实际上就是对理想滤波器的逼近过程。根据选频特性的不同，模拟滤波器可分为低通、高通、带通和带阻滤波器，其理想的幅频特性如图 7-4 所示。

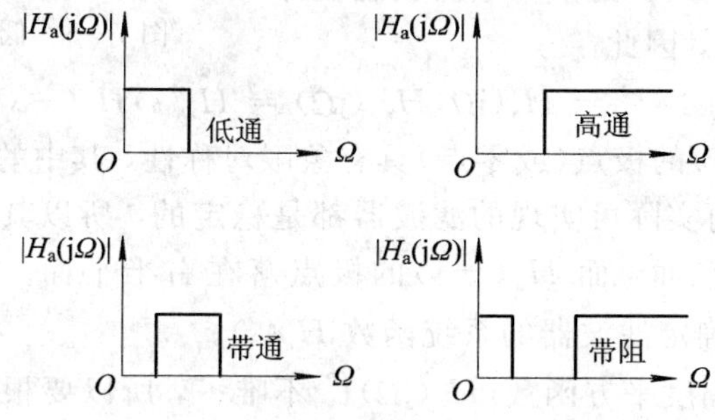

图 7-4　各种理想滤波器的幅频特性

模拟滤波器的一般理论设计过程如下：

(1) 根据信号处理的具体要求确定设计指标；

(2) 选择滤波器类型；

(3) 计算滤波器阶数；

(4) 通过查表或计算确定滤波器的系统函数 $H_a(s)$。

由于在设计各种滤波器时，总是先设计低通滤波器，再通过频率变换将低通滤波器转换成希望类型的滤波器，因此，我们重点介绍模拟低通滤波器的设计方法，然后再简要介绍利用低通到高通、带通和带阻滤波器的频率转换，设计其他各种滤波器的方法。

7.2.1　模拟低通滤波器的设计

1. 模拟低通滤波器的设计指标及逼近方法

如前所述，理想滤波器的滤波特性是最好的，但在工程实际中不可实现。因此，在实际应用中，只能用可以接受的误差容限来描述通带和阻带的幅频响应要求，并且在通带和阻带之间允许有平滑滚降的过渡带。所以，模拟低通滤波器的设计指标有 α_p、α_s、Ω_p 和 Ω_s，其中 Ω_p 和 Ω_s 分别称为通带截止频率和阻带截止频率，α_p 和 α_s 分别表示通带中的最大衰减和阻带中的最小衰减。α_p 和 α_s 分别定义为

$$\alpha_p = 10\lg\frac{|H_a(j0)|^2}{|H_a(j\Omega_p)|^2} = 20\lg\frac{|H_a(j0)|}{|H_a(j\Omega_p)|}\ \text{dB} \tag{7.2-1}$$

$$\alpha_s = 10\lg\frac{|H_a(j0)|^2}{|H_a(j\Omega_s)|^2} = 20\lg\frac{|H_a(j0)|}{|H_a(j\Omega_s)|}\ \text{dB} \tag{7.2-2}$$

采用$|H_a(j0)|$进行归一化，式(7.2-1)和式(7.2-2)进一步可表示为

$$\alpha_p = -10\lg|H_a(j\Omega_p)|^2 = -20\lg|H_a(j\Omega_p)|\ \text{dB} \tag{7.2-3}$$

$$\alpha_s = -10\lg|H_a(j\Omega_s)|^2 = -20\lg|H_a(j\Omega_s)|\ \text{dB} \tag{7.2-4}$$

以上技术指标可用图7-5表示。图中Ω_c称为3 dB截止频率，因为这时$|H_a(j\Omega_c)|=1/\sqrt{2}$，$-20\lg|H_a(j\Omega_c)|=3$ dB。

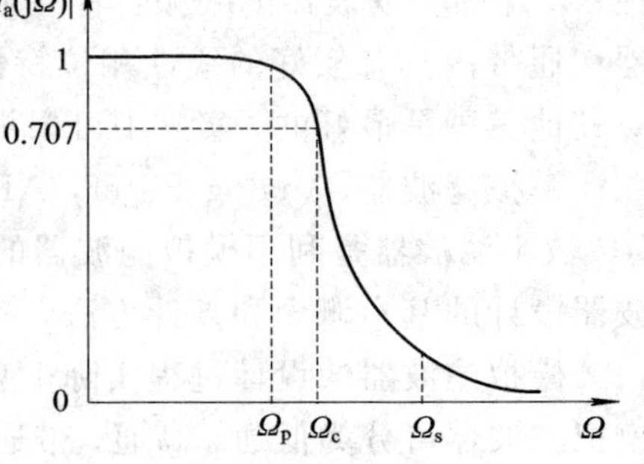

图7-5　低通滤波器的幅度特性

滤波器的技术指标给定后，就需要设计一个传输函数$H_a(s)$，希望其幅频响应满足给定的指标Ω_p、Ω_s、α_p和α_s。一般先由给定的指标求出$|H_a(j\Omega)|^2$，然后基于稳定性考虑确定零极点，利用映射关系即可得到$H_a(s)$。由于一般滤波器的单位冲激响应$h_a(t)$为实数，因此

$$|H_a(j\Omega)|^2 = H_a(j\Omega)H_a^*(j\Omega) = H_a(s)H_a(-s)|_{s=j\Omega} \tag{7.2-5}$$

我们知道，$H_a(s)H_a(-s)$的极点(或零点)具有象限对称性，其中的一半(应为共轭对)应该属于$H_a(s)$。又因为任何实际可实现的滤波器都是稳定的，所以其系统函数$H_a(s)$的极点一定位于s平面的左半平面，而$H_a(-s)$的极点落在右半平面。这样，就可以通过划分$|H_a(j\Omega)|^2$的零极点来确定滤波器的系统函数$H_a(s)$。

显然，符合要求的幅度平方函数$|H_a(j\Omega)|^2$不唯一，所以要根据其他附加要求选择滤波器类型。下面以巴特沃斯和切比雪夫滤波器的设计为例来介绍低通滤波器的设计方法。

2. 巴特沃斯低通滤波器的设计方法

巴特沃斯低通滤波器的幅度平方函数$|H_a(j\Omega)|^2$可用下式表示

$$|H_a(j\Omega)|^2 = \frac{1}{1+\left(\dfrac{\Omega}{\Omega_c}\right)^{2N}} \tag{7.2-6}$$

式中，N为正整数，代表滤波器的阶数，Ω_c是3 dB截止频率。

从式(7.2-6)的幅度平方函数可以看出，巴特沃斯低通滤波器具有如下特点：

(1) 当$\Omega=0$时，$|H_a(j0)|^2=1$，从而$|H_a(j0)|=1$，即在$\Omega=0$处无衰减。

(2) 当$\Omega=\Omega_c$时，$|H_a(j\Omega_c)|^2$固定为$\frac{1}{2}$，即$|H_a(j\Omega_c)|$固定为$\frac{1}{\sqrt{2}}=0.707$，因此，不论N如何取值，所有的幅频特性曲线均通过衰减3 dB的点，这就是巴特沃斯低通滤波器的3 dB不变性。

(3) 在$\Omega=0$处，$|H_a(j\Omega)|^2$的前$2N-1$阶导数等于零，这说明巴特沃斯低通滤波器在$\Omega=0$处具有最大平坦幅度。随着Ω从0变到Ω_c，$|H_a(j\Omega)|^2$单调减小，且N越大，减小得越慢。也就是说，N越大，通带内的幅频特性越平坦。

(4) 当$\Omega>\Omega_c$时，$|H_a(j\Omega)|^2$也随着Ω的增大而单调减小，其衰减的速度要比通带内的衰减速度快得多，而且N越大，衰减的速度越快。

巴特沃斯低通滤波器的幅频特性如图7-6所示。显然，滤波器的阶数N和3 dB截止频率Ω_c影响着滤波器的幅频特性，因此需要根据设计指标来确定N和Ω_c的值。

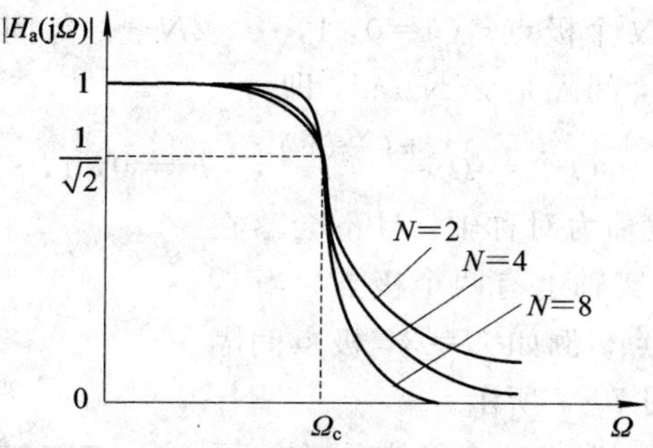

图 7-6　巴特沃斯滤波器的幅频特性和 N 的关系

下面我们利用式(7.2-6)来分析巴特沃斯滤波器的设计。

先根据已知设计指标计算滤波器的阶数 N。将通带截止频率 $\Omega=\Omega_p$，通带最大衰减 $\alpha_p=-20\lg|H_a(j\Omega_p)|$ 代入式(7.2-6)，可得到

$$1+\left(\frac{\Omega_p}{\Omega_c}\right)^{2N}=10^{\alpha_p/10} \tag{7.2-7}$$

同样，将阻带截止频率 $\Omega=\Omega_s$，阻带最小衰减 $\alpha_s=-20\lg|H_a(j\Omega_s)|$ 代入式(7.2-6)，可得到

$$1+\left(\frac{\Omega_s}{\Omega_c}\right)^{2N}=10^{\alpha_s/10} \tag{7.2-8}$$

由式(7.2-7)和式(7.2-8)就可得到滤波器的阶数 N，即

$$N=\frac{-\lg\sqrt{\dfrac{10^{\alpha_p/10}-1}{10^{\alpha_s/10}-1}}}{\lg\left(\dfrac{\Omega_s}{\Omega_p}\right)} \tag{7.2-9}$$

注意，由式(7.2-9)求出的 N 可能有小数部分，为保证满足指标，应取大于等于 N 的最小整数。

3 dB 截止频率 Ω_c 的计算可利用式(7.2-7)或式(7.2-8)得到。由式(7.2-7)或式(7.2-8)可得到

$$\Omega_c=\Omega_p(10^{\alpha_p/10}-1)^{-\frac{1}{2N}} \tag{7.2-10}$$

或

$$\Omega_c=\Omega_s(10^{\alpha_s/10}-1)^{-\frac{1}{2N}} \tag{7.2-11}$$

由于确定的滤波器阶数一般都有富余量，因此若利用式(7.2-10)确定 Ω_c，则阻带指标有富余量；若利用式(7.2-11)确定 Ω_c，则通带指标有富余量。在实际设计中应根据工程需要灵活选择。

滤波器的阶数 N 和 3 dB 截止频率 Ω_c 确定后，就可通过幅度平方函数得到巴特沃斯低通滤波器的系统函数 $H_a(s)$。利用式(7.2-5)和式(7.2-6)即可得到幅度平方函数 $|H_a(j\Omega)|^2$ 的 s 函数形式

$$H_a(s)H_a(-s)=\frac{1}{1+\left(\dfrac{s}{j\Omega_c}\right)^{2N}} \tag{7.2-12}$$

所以，$H_a(s)H_a(-s)$的 $2N$ 个极点 $s_k(k=0, 1, \cdots, 2N-1)$等间隔地分布在半径为 Ω_c 的圆上(该圆称为巴特沃斯圆)，间隔是 π/N rad，即

$$s_k = j\Omega_c(-1)^{\frac{1}{2N}} = \Omega_c e^{j\pi\left(\frac{N+2k+1}{2N}\right)}, \quad k = 0, 1, \cdots, 2N-1 \tag{7.2-13}$$

$H_a(s)H_a(-s)$的极点以虚轴为对称轴，且不会落在虚轴上。当 N 是奇数时，实轴上有两个极点；当 N 是偶数时，实轴上没有极点。例如 $N=3$，极点间隔为 $\pi/3$ rad，极点分布如图 7-7 所示。

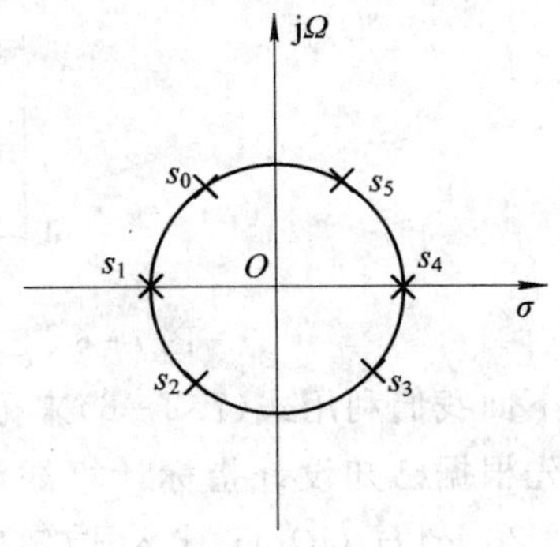

图 7-7　三阶巴特沃斯滤波器的极点分布

为形成稳定的滤波器，取 $2N$ 个极点中在 s 平面的左半平面的 N 个极点构成 $H_a(s)$，而右半平面的 N 个极点构成 $H_a(-s)$，这样 $H_a(s)$就可表示为

$$H_a(s) = \frac{\Omega_c^N}{\prod_{k=0}^{N-1}(s-s_k)} \tag{7.2-14}$$

例如，如图 7-7 所示的三阶巴特沃斯低通滤波器，其 $N=3$，$H_a(s)H_a(-s)$的极点有 6 个，它们分别为

$$s_0 = \Omega_c e^{j\frac{2}{3}\pi},\ s_1 = -\Omega_c,\ s_2 = \Omega_c e^{-j\frac{2}{3}\pi}$$

$$s_3 = \Omega_c e^{-j\frac{1}{3}\pi},\ s_4 = \Omega_c,\ s_5 = \Omega_c e^{j\frac{1}{3}\pi}$$

取 s 平面左半平面的极点 s_0、s_1、s_2 组成 $H_a(s)$，则有

$$H_a(s) = \frac{\Omega_c^3}{(s+\Omega_c)(s-\Omega_c e^{j\frac{2}{3}\pi})(s-\Omega_c e^{-j\frac{2}{3}\pi})}$$

由于各滤波器的幅频特性不同，为使设计统一，一般将所有的频率对 Ω_c 归一化，假设归一化频率 $\lambda=\Omega/\Omega_c$，则归一化的巴特沃斯滤波器的幅度平方函数可表示为

$$|H_a(j\lambda)|^2 = \frac{1}{1+\lambda^{2N}} \tag{7.2-15}$$

归一化后的 $H_a(s)$可表示为

$$H_a(s) = \frac{1}{\prod_{k=0}^{N-1}\left(\frac{s}{\Omega_c}-\frac{s_k}{\Omega_c}\right)} \tag{7.2-16}$$

式中，$s/\Omega_c=j\Omega/\Omega_c$。令 $p=j\lambda$，p 称为归一化复变量，这样归一化巴特沃斯低通滤波器的传输函数为

$$H_a(p) = \frac{1}{\prod_{k=0}^{N-1}(p-p_k)} \tag{7.2-17}$$

式(7.2-17)中，p_k 为归一化极点，其表达式为

$$p_k = e^{j\pi\left(\frac{N+2k+1}{2N}\right)}, \quad k = 0, 1, \cdots, N-1 \tag{7.2-18}$$

归一化后的巴特沃斯滤波器的极点分布以及相应的系统函数、分母多项式的系数可制成表格，以方便设计。表 7-1 给出了巴特沃斯归一化低通滤波器的参数，在设计时可以通过查表，简化计算。

表7-1 巴特沃斯归一化低通滤波器的参数

极点位置 / 阶数 N	$p_{0,N-1}$	$p_{1,N-2}$	$p_{2,N-3}$	$p_{3,N-4}$	p_4
1	−1.0000				
2	−0.7071±j0.7071				
3	−0.5000±j0.8660	−1.0000			
4	−0.3827±j0.9239	−0.9239±j0.3827			
5	−0.3090±j0.9511	−0.8090±j0.5878	−1.0000		
6	0.2588±j0.9659	−0.7071±j0.7071	−0.9659±j0.2588		
7	−0.2225±j0.9749	−0.6235±j0.7818	−0.9010±j0.4339	−1.0000	
8	0.1951±j0.9808	0.5556±j0.8315	−0.8315±j0.5556	−0.9808±j0.1951	
9	−0.1736±j0.9848	−0.5000±j0.8660	−0.7660±j0.6428	−0.9397±j0.3420	−1.0000

分母多项式 / 阶数 N	$D'(p)=p^N+b_{N-1}p^{N-1}+b_{N-2}p^{N-2}+\cdots+b_1p+b_0$								
	b_0	b_1	b_2	b_3	b_4	b_5	b_6	b_7	b_8
1	1.0000								
2	1.0000	1.4142							
3	1.0000	2.0000	2.0000						
4	1.0000	2.6131	3.4142	2.613					
5	1.0000	3.2361	5.2361	5.2361	3.2361				
6	1.0000	3.8637	7.4641	9.1416	7.4641	3.8637			
7	1.0000	4.4940	10.0978	14.5918	14.5918	10.0978	4.4940		
8	1.0000	5.1258	13.1371	21.8462	25.6884	21.8642	13.1371	5.1258	
9	1.0000	5.7588	16.5817	31.1634	41.9864	41.9864	31.1634	16.5817	5.7588

分母因式 / 阶数 N	$D'(p)=B_1'(p)B_2'(p)B_3'(p)B_4'(p)B_5'(p)$
1	$(p+1)$
2	$(p^2+1.4142p+1)$
3	$(p^2+p+1)(p+1)$
4	$(p^2+0.7654p+1)(p^2+1.8478p+1)$
5	$(p^2+0.6180p+1)(p^2+1.6180p+1)(p+1)$
6	$(p^2+0.5176p+1)(p^2+1.4142p+1)(p^2+1.9319p+1)$
7	$(p^2+0.4450p+1)(p^2+1.2470p+1)(p^2+1.8019p+1)(p+1)$
8	$(p^2+0.3902p+1)(p^2+1.1111p+1)(p^2+1.6629p+1)(p^2+1.9616p+1)$
9	$(p^2+0.3473p+1)(p^2+p+1)(p^2+1.5321p+1)(p^2+1.8794p+1)(p+1)$

综上所述，模拟低通巴特沃斯滤波器的设计步骤如下：

(1) 由给定的技术指标 α_p、α_s、Ω_p 和 Ω_s，用式(7.2-9)计算滤波器的阶数 N；用式(7.2-10)或式(7.2-11)计算滤波器的 3 dB 截止频率 Ω_c。

(2) 按照式(7.2-13)求出巴特沃斯滤波器的极点 $s_k(k=0, 1, \cdots, 2N-1)$，并由 s 平面左半平面的极点构成式(7.2-14)的 $H_a(s)$。或者利用式(7.2-18)求出归一化极点 p_k，将 p_k 代入式(7.2-17)，从而得到归一化传输函数 $H_a(p)$，再将 $H_a(p)$ 去归一化即可得到 $H_a(s)$。或利用查表的方法得到 $H_a(p)$，再将 $H_a(p)$ 去归一化得到 $H_a(s)$。

例 7-1 已知通带截止频率 $f_p=5$ kHz，通带最大衰减 $\alpha_p=2$ dB，阻带截止频率 $f_s=12$ kHz，阻带最小衰减 $\alpha_s=30$ dB，试按照以上技术指标设计巴特沃斯低通滤波器。

解 (1) 确定滤波器阶数 N 和 3 dB 截止频率 Ω_c。由式(7.2-9)有

$$N=-\frac{\lg\sqrt{\dfrac{10^{\alpha_p/10}-1}{10^{\alpha_s/10}-1}}}{\lg\left(\dfrac{\Omega_s}{\Omega_p}\right)}=-\frac{\lg\sqrt{\dfrac{10^{\alpha_p/10}-1}{10^{\alpha_s/10}-1}}}{\lg\left(\dfrac{f_s}{f_p}\right)}=-\frac{\lg 0.0242}{\lg 2.4}=4.25$$

取 $N=5$。

由式(7.2-10)得到

$$\Omega_c=\Omega_p(10^{\alpha_p/10}-1)^{-\frac{1}{2N}}=2\pi\times 5.2755\times 10^3 \text{ rad/s}$$

或者利用式(7.2-11)得到

$$\Omega_c=\Omega_s(10^{\alpha_s/10}-1)^{-\frac{1}{2N}}=2\pi\times 6.0148\times 10^3 \text{ rad/s}$$

(2) 确定 s 平面左半平面的极点。利用式(7.2-13)，得到

$$s_0=\Omega_c e^{j\frac{3}{5}\pi},\ s_1=\Omega_c e^{j\frac{4}{5}\pi},\ s_2=\Omega_c e^{j\pi},\ s_3=\Omega_c e^{j\frac{6}{5}\pi},\ s_4=\Omega_c e^{j\frac{7}{5}\pi}$$

或者利用式(7.2-18)得到归一化极点

$$p_0=e^{j\frac{3}{5}\pi},\ p_1=e^{j\frac{4}{5}\pi},\ p_2=e^{j\pi},\ p_3=e^{j\frac{6}{5}\pi},\ p_4=e^{j\frac{7}{5}\pi}$$

(3) 求 $H_a(s)$。直接利用得到的 s 左半平面极点，由式(7.2-14)有

$$H_a(s)=\frac{\Omega_c^5}{\prod\limits_{k=0}^{4}(s-s_k)}$$

$$=\frac{\Omega_c^5}{(s-\Omega_c e^{j\frac{3}{5}\pi})(s-\Omega_c e^{j\frac{4}{5}\pi})(s-\Omega_c e^{j\pi})(s-\Omega_c e^{j\frac{6}{5}\pi})(s-\Omega_c e^{j\frac{7}{5}\pi})}$$

或者将得到的归一化极点代入式(7.2-17)，得到归一化传输函数为

$$H_a(p)=\frac{1}{\prod\limits_{k=0}^{4}(p-p_k)}$$

再将 $H_a(p)$ 去归一化，即将 $p=s/\Omega_c$ 代入上式，即可得到 $H_a(s)$，它与上面得到的 $H_a(s)$ 相同。本例也可以利用查表法计算，这留作大家的课后练习。

3. 切比雪夫 I 型低通滤波器的设计方法

巴特沃斯滤波器的频率特性曲线无论在通带和阻带都是频率的单调函数，因此当通带边界处满足指标要求时，通带内肯定会有余量。更有效的设计方法应当是将精确度均匀地

分布在整个通带内或者整个阻带内，亦或同时分布在两者之内，从而降低满足要求的系统阶数。例如，选择具有等波纹特性的逼近函数就可以实现这一点。

切比雪夫滤波器的幅频特性就具有这种等波纹特性。它有两种类型：切比雪夫Ⅰ型和切比雪夫Ⅱ型滤波器。切比雪夫Ⅰ型滤波器的幅频特性是在通带为等波纹，在阻带为单调下降；切比雪夫Ⅱ型滤波器的幅频特性是在阻带为等波纹，在通带为单调下降。采用何种形式的滤波器取决于实际用途。

我们这里仅介绍切比雪夫Ⅰ型滤波器的设计方法。

切比雪夫Ⅰ型滤波器的幅度平方函数 $|H_a(j\Omega)|^2$ 为

$$|H_a(j\Omega)|^2=\frac{1}{1+\varepsilon^2C_N^2\left(\dfrac{\Omega}{\Omega_p}\right)} \tag{7.2-19}$$

式中，N 为滤波器的阶数，ε 和 Ω_p 是滤波器的参数。ε 为小于 1 的正数，表示通带内幅度波动的程度，称为波纹参数。ε 越大，波动幅度也越大。Ω_p 称为有效通带截止频率。令 $\lambda=\Omega/\Omega_p$，称 λ 为对 Ω_p 的归一化频率。$C_N(x)$称为 N 阶切比雪夫多项式，其定义为

$$C_N(x)=\begin{cases}\cos(N\arccos x), & |x|\leqslant 1\\ \cosh(N\,\mathrm{arcosh}x), & |x|>1\end{cases} \tag{7.2-20}$$

式中，N 为切比雪夫多项式的阶数。表 7-2 中列出了一些不同阶数的切比雪夫多项式，利用归纳法可得到高阶切比雪夫多项式的递推公式为

$$\begin{cases}C_0(x)=1\\ C_1(x)=x\\ \vdots\\ C_N(x)=2xC_{N-1}(x)-C_{N-2}(x),\ N\geqslant 2\end{cases} \tag{7.2-21}$$

表 7-2　切比雪夫多项式

N	$C_N(x)$
0	1
1	x
2	$2x^2-1$
3	$4x^3-3x$
4	$8x^4-8x^2+1$
5	$16x^5-20x^3+5x$
6	$32x^6-48x^4+18x^2-1$

如图 7-8 示出了阶数 $N=3,4,5,6$ 时的切比雪夫多项式特性。由图可见：

(1) 切比雪夫多项式的过零点均在 $|x|\leqslant 1$ 的范围内。

(2) 当 $|x|\leqslant 1$ 时，$C_N(x)$是余弦函数，所以 $|C_N(x)|\leqslant 1$，且在 $|x|\leqslant 1$ 范围内具有等波纹幅度特性。

(3) 当 $|x|>1$ 时，$C_N(x)$是双曲余弦函数，所以随 x 单调上升。

根据切比雪夫多项式的特点以及式(7.2-19)可以看出，切比雪夫Ⅰ型低通滤波器的

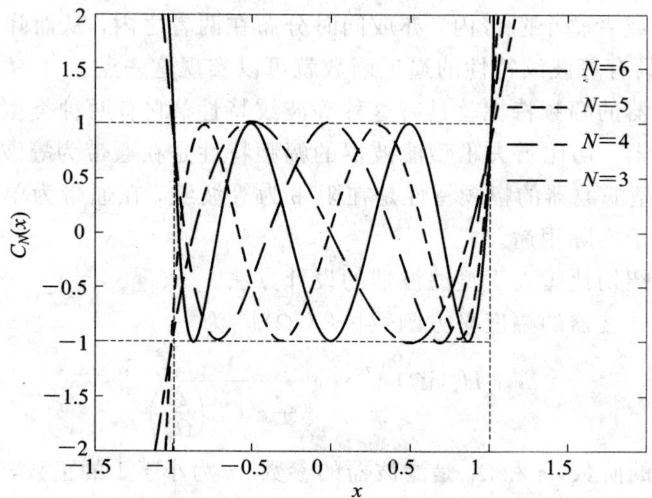

图 7-8　$N=3，4，5，6$ 时的切比雪夫多项式曲线

特点为：

(1) 当 $\Omega=0$ 时，若 N 为偶数，$|H_a(\mathrm{j}0)|=\dfrac{1}{\sqrt{1+\varepsilon^2}}$；若 N 为奇数，$|H_a(\mathrm{j}0)|=1$。

(2) 当 $\Omega=\Omega_p$ 时，$|H_a(\mathrm{j}\Omega)|=\dfrac{1}{\sqrt{1+\varepsilon^2}}$，即所有幅度函数曲线必然通过$\dfrac{1}{\sqrt{1+\varepsilon^2}}$点。

(3) 在通带内，由于 $0\leqslant\Omega\leqslant\Omega_p$，切比雪夫Ⅰ型低通滤波器的频率响应$|H_a(\mathrm{j}\Omega)|$在 1 和$\dfrac{1}{\sqrt{1+\varepsilon^2}}$之间起伏变化。

(4) 在通带外，由于 $\Omega>\Omega_p$，$\Omega/\Omega_p>1$，因此$|H_a(\mathrm{j}\Omega)|$随着 Ω 的增大而迅速单调趋近于零，即在阻带内单调下降。

根据上述特点，可以得到 N 为奇数与 N 为偶数这两种不同情况下的切比雪夫Ⅰ型低通滤波器的幅频特性，如图 7-9 所示。

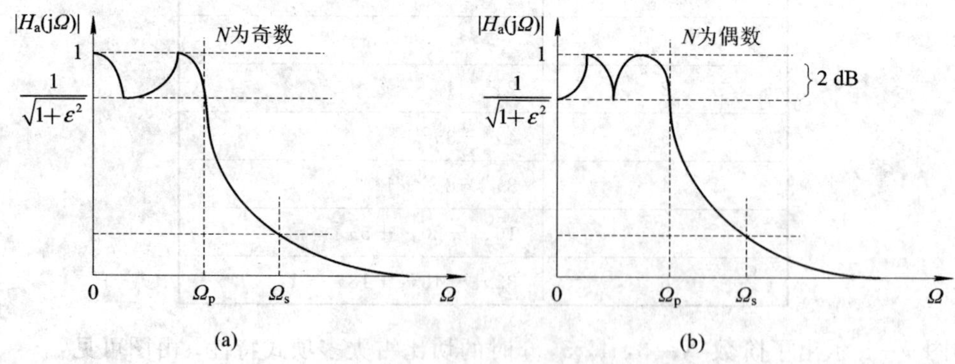

图 7-9　切比雪夫Ⅰ型低通滤波器的幅频特性

按照式(7.2-19)，切比雪夫Ⅰ型低通滤波器的平方幅度函数与 ε、Ω_p 和 N 三个参数有关。Ω_p 是通带截止频率，一般是预先给定的；ε 与通带内允许的波动大小有关，因此也就与通带最大衰减 α_p 有关：

$$\alpha_p = 10\ \lg \frac{|H_a(j\Omega)|_{\max}^2}{|H_a(j\Omega)|_{\min}^2}\quad \text{dB} \tag{7.2-22}$$

因式(7.2－22)中

$$|H_a(j\Omega)|_{\max} = 1,\ |H_a(j\Omega)|_{\min} = \frac{1}{1+\varepsilon^2}$$

所以

$$\alpha_p = 10\ \lg(1+\varepsilon^2)$$
$$\varepsilon^2 = 10^{0.1\alpha_p} - 1 \tag{7.2-23}$$

可以看出，给定通带波纹 α_p 后，就能根据式(7.2－23)求得参数 ε。

下面的问题就是根据技术指标确定 N 的值。由于不论 N 为多少，$|H_a(j\Omega)|$ 在通带内总是在等波纹起伏，且波动幅度仅由 ε 决定，因此只能用阻带内的衰减特性来确定 N 值。

在阻带截止频率 $\Omega=\Omega_s$ 处的幅度平方函数值为

$$|H_a(j\Omega_s)|^2 = \frac{1}{1+\varepsilon^2 C_N^2\left(\dfrac{\Omega_s}{\Omega_p}\right)} \tag{7.2-24}$$

且这时阻带最小衰减 $\alpha_s = -20\ \lg|H_a(j\Omega_s)|$，代入式(7.2－24)可得

$$|H_a(j\Omega_s)|^2 = \frac{1}{1+\varepsilon^2 C_N^2\left(\dfrac{\Omega_s}{\Omega_p}\right)} = \frac{1}{10^{0.1\alpha_s}}$$

由此得出

$$C_N\left(\frac{\Omega_s}{\Omega_p}\right) = \frac{1}{\varepsilon}\sqrt{\frac{1}{|H_a(j\Omega_s)|^2} - 1} = \frac{1}{\varepsilon}\sqrt{10^{0.1\alpha_s} - 1} \tag{7.2-25}$$

由于 $\dfrac{\Omega_s}{\Omega_p} > 1$，利用式(7.2－20)，有

$$C_N\left(\frac{\Omega_s}{\Omega_p}\right) = \cosh\left[N\ \mathrm{arcosh}\left(\frac{\Omega_s}{\Omega_p}\right)\right]$$

代入式(7.2－25)，可得到

$$N = \frac{\mathrm{arcosh}\left[\dfrac{1}{\varepsilon}\sqrt{\dfrac{1}{|H_a(j\Omega_s)|^2} - 1}\right]}{\mathrm{arcosh}\left(\dfrac{\Omega_s}{\Omega_p}\right)} = \frac{\mathrm{arcosh}\left(\dfrac{1}{\varepsilon}\sqrt{10^{0.1\alpha_s} - 1}\right)}{\mathrm{arcosh}\left(\dfrac{\Omega_s}{\Omega_p}\right)} \tag{7.2-26}$$

按照上述方法确定切比雪夫Ⅰ型低通滤波器的参数 Ω_p、ε 和 N 后，可以根据幅度平方函数求出 $H_a(s)$ 的极点，即可求得 $H_a(s)$。求解的详细过程请参考有关资料，下面仅简要介绍一些有用的结果。

设 $H_a(s)$ 的极点为 $s_i = \sigma_i + j\Omega_i$，可以证明

$$\begin{cases} \sigma_i = -\Omega_p \sinh\xi \sin\left[\dfrac{\pi}{2N}(2i-1)\right] \\ \Omega_i = \Omega_p \cosh\xi \cos\left[\dfrac{\pi}{2N}(2i-1)\right] \end{cases} \quad i = 1, 2, 3, \cdots, N \tag{7.2-27}$$

式中，$\xi = \dfrac{1}{N}\mathrm{arsinh}\left(\dfrac{1}{\varepsilon}\right)$。由式(7.2－27)可知

$$\frac{\sigma_i^2}{\Omega_p^2 \sinh^2 \xi} + \frac{\Omega_i^2}{\Omega_p^2 \cosh^2 \xi} = 1 \tag{7.2-28}$$

式(7.2-28)是一个椭圆方程，长半轴为 $\Omega_p \cosh\xi$(在虚轴上)，短半轴为 $\Omega_p \sinh\xi$(在实轴上)。通常令 $b\Omega_p$ 和 $a\Omega_p$ 分别表示长半轴和短半轴，则可求出

$$a = \frac{1}{2}(\beta^{\frac{1}{N}} - \beta^{-\frac{1}{N}}) \tag{7.2-29}$$

$$b = \frac{1}{2}(\beta^{\frac{1}{N}} + \beta^{-\frac{1}{N}}) \tag{7.2-30}$$

其中

$$\beta = \frac{1}{\varepsilon} + \sqrt{\frac{1}{\varepsilon^2} + 1} \tag{7.2-31}$$

因此切比雪夫滤波器的幅度平方函数的极点就是一组以 $2N$ 个等角度间隔分布在以 $b\Omega_p$ 为长半轴和以 $a\Omega_p$ 为短半轴的椭圆上的点。所以 $H_a(s)$的极点也可以利用图形按下述方法确定：先求出大圆(半径为 $b\Omega_p$)和小圆(半径为 $a\Omega_p$)上按等间隔角 π/N 均分的各个点，则落在大圆上的各等间隔点的纵坐标就可确定为 $H_a(s)H_a(-s)$的极点的纵坐标，而对应落在小圆上的各等间隔点的横坐标就是 $H_a(s)H_a(-s)$的极点的横坐标；同样为了保证系统的稳定性，仅取左半平面上的极点作为 $H_a(s)$的极点。比如当 $N=3$ 时的切比雪夫Ⅰ型低通滤波器的极点分布如图 7-10 所示。

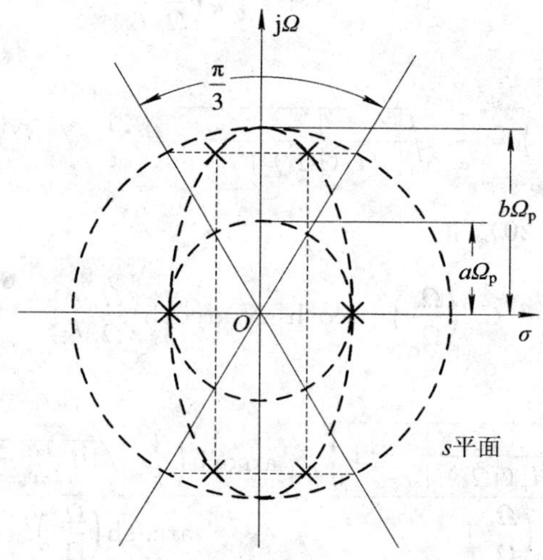

图 7-10 三阶切比雪夫滤波器的极点分布

求出 $H_a(s)$的各极点 s_i 后，就得到切比雪夫Ⅰ型低通滤波器的系统函数为

$$H_a(s) = \frac{A}{\prod_{i=1}^{N}(s - s_i)} \tag{7.2-32}$$

式中，常数 A 为增益系数，其值由 $s=0$ 时的滤波器幅频响应的值决定，即

$$A = \frac{\Omega_p^N}{\varepsilon \cdot 2^{N-1}} \tag{7.2-33}$$

因此，有

$$H_a(s) = \frac{\Omega_p^N}{\varepsilon \cdot 2^{N-1} \prod_{i=1}^{N}(s - s_i)} \tag{7.2-34}$$

综上所述，模拟切比雪夫Ⅰ型滤波器的设计步骤如下：

(1) 由给定的设计指标确定切比雪夫滤波器的参数 ε 和 N：利用式(7.2-23)确定参数 ε，利用式(7.2-26)确定滤波器阶数 N。

(2) 求滤波器 $H_a(s)H_a(-s)$的极点：可以利用上述的作图法或利用式(7.2-27)得到，然后由 s 平面左半平面的各极点利用式(7.2-32)即构成 $H_a(s)$。

例 7-2　设计低通切比雪夫滤波器，要求通带截止频率 $f_p=3$ kHz，通带最大衰减 $\alpha_p=0.1$ dB，阻带截止频率 $f_s=12$ kHz，阻带最小衰减 $\alpha_s=60$ dB。

解　(1) 求滤波器阶数 N 和 ε。

$$\varepsilon = \sqrt{10^{0.1\alpha_p} - 1} = \sqrt{10^{0.01} - 1} = 0.1526$$

$$N = \frac{\operatorname{arcosh}\left(\frac{1}{\varepsilon}\sqrt{10^{0.1\alpha_s} - 1}\right)}{\operatorname{arcosh}\left(\frac{\Omega_s}{\Omega_p}\right)} = \frac{\operatorname{arcosh}(6553)}{\operatorname{arcosh}(4)} = 4.6, \quad 取\ N = 5$$

(2) 利用式(7.2-27)求滤波器的极点，然后取 s 左半平面的极点代入式(7.2-32)得到 $H_a(s)$。

$$H_a(s) = \frac{9.7198 \times 10^{20}}{(s + 1.01\,529 \times 10^4)(s^2 + 6.2756 \times 10^3 s + 4.2412 \times 10^8)} \cdot \frac{1}{(s^2 + 1.6428 \times 10^4 s + 2.2571 \times 10^8)}$$

7.2.2　模拟高通滤波器的设计

从原理上讲，通过频率变换公式，可以将模拟滤波器的归一化低通原型系统函数变换成所要求的高通、带通和带阻滤波器的系统函数。在模拟滤波器设计手册中，各种经典滤波器的设计公式都是针对低通滤波器的。设计高通、带通和带阻滤波器的一般过程如下：

(1) 通过频率变换公式，将希望设计的滤波器指标转换为相应的归一化低通原型滤波器指标。

(2) 设计相应的归一化低通原型系统函数。

(3) 对归一化低通滤波器进行频率变换，得到希望设计的滤波器系统函数。

从归一化原型低通滤波器到归一化高通滤波器的频率变换如图 7-11 所示，比较两者的幅频特性曲线得到

$$\lambda = \frac{1}{\eta} \tag{7.2-35}$$

式(7.2-35)即是低通和高通的频率变换公式。因此，如果归一化低通滤波器的系统函数为 $G(p)$，归一化高通滤波器的系统函数为 $H(q)$，则由于

$$p = \mathrm{j}\lambda = \mathrm{j}\frac{1}{\eta} = -\frac{1}{\mathrm{j}\eta} = -\frac{1}{q}$$

可得

$$H(q) = G(p)\big|_{p=-\frac{1}{q}} = G\left(-\frac{1}{q}\right)$$

再考虑到滤波器的幅频特性都是频率的偶函数，则有

$$H(q) = G\left(\frac{1}{q}\right) = G(p)\big|_{p=\frac{1}{q}} \tag{7.2-36}$$

为了得到模拟高通滤波器的系统函数 $H(s)$，还需对 $H(q)$去归一化，即将 $q=s/\Omega_c$ 代入 $H(q)$中，得

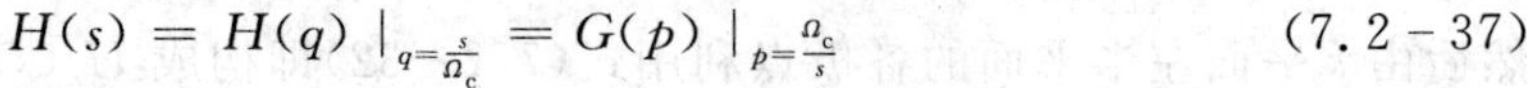

$$H(s) = H(q)\big|_{q=\frac{s}{\Omega_c}} = G(p)\big|_{p=\frac{\Omega_c}{s}} \tag{7.2-37}$$

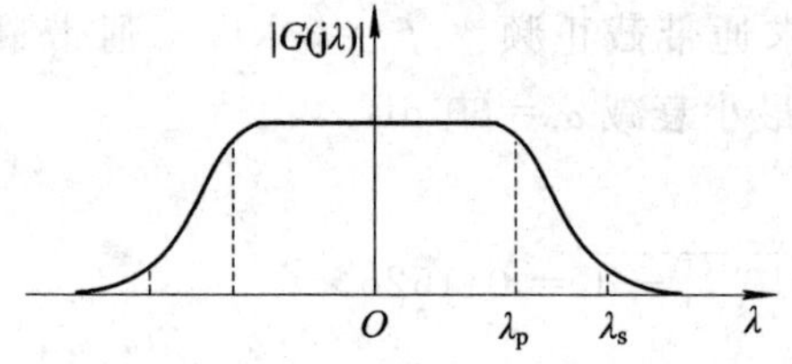

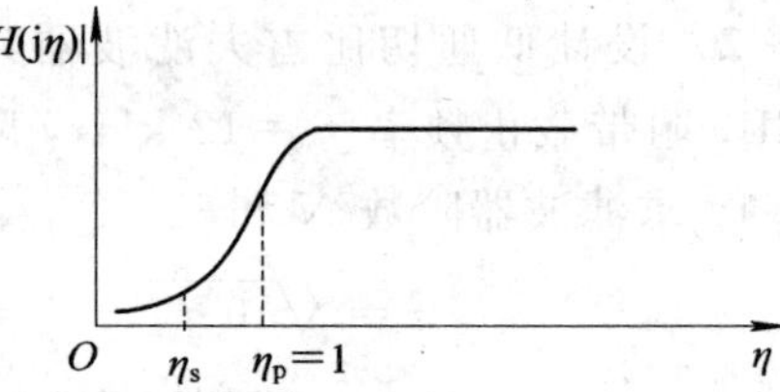

图 7-11　归一化低通与归一化高通滤波器的幅度特性

模拟高通滤波器的设计步骤如下：

(1) 确定归一化高通滤波器的技术指标：通带下限频率 Ω'_p，阻带上限频率 Ω'_s，通带最大衰减 α_p，阻带最小衰减 α_s。

(2) 确定归一化低通原型滤波器的设计指标：按照式(7.2-35)，将高通滤波器的边界频率转换成低通滤波器的边界频率，各项设计指标为：

① 低通滤波器通带截止频率 $\Omega_p=1/\Omega'_p$；

② 低通滤波器阻带截止频率 $\Omega_s=1/\Omega'_s$；

③ 通带最大衰减仍为 α_p，阻带最小衰减仍为 α_s。

(3) 设计归一化低通滤波器 $G(p)$。

(4) 由式(7.2-37)直接将 $G(p)$转换成模拟高通滤波器的系统函数 $H(s)$。

例 7-3　设计高通滤波器，要求 $f_p=200$ Hz，$f_s=100$ Hz，幅度特性单调下降，通带最大衰减为 3 dB，阻带最小衰减为 15 dB。

解　(1) 已知高通滤波器的技术要求

$$f_p = 200\ \text{Hz},\ \alpha_p = 3\ \text{dB},\ f_s = 100\ \text{Hz}\ ,\ \alpha_s = 15\ \text{dB}$$

将 f_p 作为参考频率，得到归一化频率指标为

$$\eta_p = \frac{f_p}{f_c} = 1,\quad \eta_s = \frac{f_s}{f_c} = 0.5$$

(2) 将高通滤波器的技术要求转换为低通滤波器的技术要求

$$\lambda_p = 1,\ \lambda_s = \frac{1}{\eta_s} = 2,\ \alpha_p = 3\ \text{dB},\ \alpha_s = 15\ \text{dB}$$

(3) 设计归一化低通滤波器 $G(p)$。这里采用巴特沃斯滤波器，故有

$$k_{sp} = \sqrt{\frac{10^{0.1\alpha_s}-1}{10^{0.1\alpha_p}-1}} = 5.55,\quad \lambda_{sp} = \frac{\lambda_s}{\lambda_p} = 2$$

$$N = \frac{\lg k_{sp}}{\lg \lambda_{sp}} = 2.47,\quad 取\ N = 3$$

$$G(p)=\frac{1}{p^3+2p^2+2p+1}$$

(4) 求模拟高通滤波器的 $H(s)$。

$$H(s)=G(p)\Big|_{p=\frac{\Omega_c}{s}}=\frac{s^3}{s^3+2\Omega_c s^2+2\Omega_c^2 s+\Omega_c^3}$$

式中，$\Omega_c=2\pi f_p$。

7.2.3 模拟带通滤波器的设计

模拟带通滤波器的四个频率参数是 Ω_{s1}、Ω_l、Ω_u 和 Ω_{s2}。Ω_l 和 Ω_u 分别是通带的下限与上限频率，Ω_{s1} 是下阻带的上限频率，Ω_{s2} 是上阻带的下限频率。

定义通带的带宽 $B=\Omega_u-\Omega_l$，并以 B 为参考频率对 Ω 轴作归一化处理，得到

$$\eta_{s1}=\frac{\Omega_{s1}}{B},\ \eta_{s2}=\frac{\Omega_{s2}}{B},\ \eta_l=\frac{\Omega_l}{B},\ \eta_u=\frac{\Omega_u}{B}$$

再定义 $\Omega_0^2=\Omega_l\Omega_u$ 为通带的几何中心频率，归一化后有 $\eta_0^2=\eta_l\eta_u$，其归一化的幅频特性 $|H(\mathrm{j}\eta)|$ 与归一化的低通滤波器的幅频特性 $|G(\mathrm{j}\lambda)|$ 分别如图 7-12 所示。由图中可得到 η 和 λ 的一些主要对应关系，如表 7-3 所示。

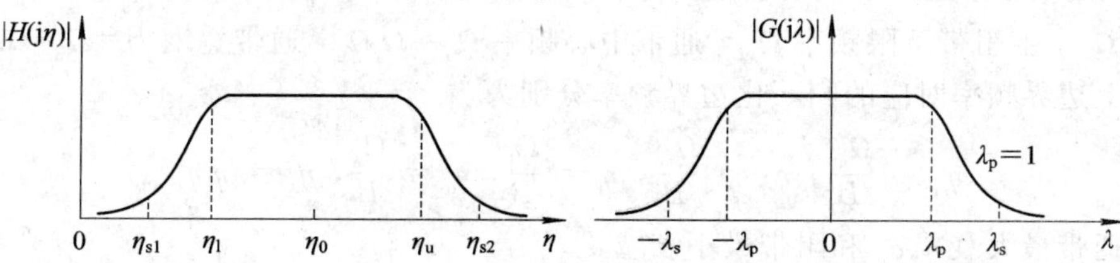

图 7-12　归一化带通与归一化低通滤波器的幅度特性

表 7-3　η 和 λ 的对应关系

λ	$-\infty$	$-\lambda_s$	$-\lambda_p$	0	λ_p	λ_s	∞
η	0	η_{s1}	η_l	η_0	η_u	η_{s2}	∞

由 η 和 λ 的对应关系得到

$$\lambda=\frac{\eta^2-\eta_0^2}{\eta} \tag{7.2-38}$$

这就是从带通到低通的频率变换公式，利用该式可将带通的边界频率转换成低通的边界频率。由表 7-3 可知，λ_p 对应 η_u，$-\lambda_p$ 对应 η_l，代入式(7.2-38)有

$$\lambda_p=\frac{\eta_u^2-\eta_0^2}{\eta_u}=\eta_u-\eta_l=1,\ -\lambda_p=\frac{\eta_l^2-\eta_0^2}{\eta_l}=\eta_l-\eta_u=-1 \tag{7.2-39}$$

同样，由于 λ_s 对应 η_{s2}，$-\lambda_s$ 对应 η_{s1}，因此有

$$\lambda_s=\frac{\eta_{s2}^2-\eta_0^2}{\eta_{s2}},\quad -\lambda_s=\frac{\eta_{s1}^2-\eta_0^2}{\eta_{s1}} \tag{7.2-40}$$

这里要注意，实际计算时常常由于所给的技术指标并不是完全对称的，导致根据式(7.2-40)计算出的 λ_s 与 $-\lambda_s$ 的绝对值略有不同，一般为了保证阻带处的衰减，应取绝对值较小的 λ_s。

下面推导由归一化低通滤波器到带通滤波器的转换公式。由于 $p=\mathrm{j}\lambda$，根据式(7.2-38)得到

$$p=\mathrm{j}\,\frac{\eta^2-\eta_0^2}{\eta}$$

将 $q=\mathrm{j}\eta$ 代入上式，得到

$$p=\frac{q^2+\eta_0^2}{q}$$

将 $q=s/B$(B 为带宽)代入上式，去归一化，得到

$$p=\frac{s^2+\Omega_l\Omega_u}{s(\Omega_u-\Omega_l)} \tag{7.2-41}$$

因此

$$H(s)=G(p)\bigg|_{p=\frac{s^2+\Omega_l\Omega_u}{s(\Omega_u-\Omega_l)}} \tag{7.2-42}$$

上式就是由归一化低通滤波器直接转换成带通滤波器的计算公式。注意，N 阶的低通滤波器转换到带通后，阶次变为 $2N$。

模拟带通滤波器的设计步骤如下：

(1) 确定模拟带通滤波器的技术指标，即通带上限频率 Ω_u，通带下限频率 Ω_l，下阻带上限频率 Ω_{s1}，上阻带下限频率 Ω_{s2}，通带中心频率 $\Omega_0^2=\Omega_l\Omega_u$，通带宽度 $B=\Omega_u-\Omega_l$。

与以上边界频率对应的归一化边界频率分别为

$$\eta_{s1}=\frac{\Omega_{s1}}{B},\ \eta_{s2}=\frac{\Omega_{s2}}{B},\ \eta_l=\frac{\Omega_l}{B},\ \eta_u=\frac{\Omega_u}{B},\ \eta_0^2=\eta_l\eta_u$$

确定通带最大衰减 α_p 和阻带最小衰减 α_s。

(2) 确定归一化低通滤波器的技术指标：

$$\lambda_p=1,\quad \lambda_s=\frac{\eta_{s2}^2\ \ \eta_0^2}{\eta_{s2}},\qquad -\lambda_s=\frac{\eta_{s1}^2-\eta_0^2}{\eta_{s1}}$$

通带最大衰减仍为 α_p，阻带最小衰减亦为 α_s。

(3) 确定归一化低通滤波器的 $G(p)$。

(4) 由式(7.2-42)直接将 $G(p)$ 转换成带通滤波器的 $H(s)$。

例 7-4　设计模拟带通滤波器，通带带宽 $B=2\pi\times200$ rad/s，中心频率 $\Omega_0=2\pi\times1000$ rad/s，通带内最大衰减 $\alpha_p=3$ dB，阻带 $\Omega_{s1}=2\pi\times830$ rad/s，$\Omega_{s2}=2\pi\times1200$ rad/s，阻带最小衰减 $\alpha_s=15$ dB。

解　(1) 已知模拟带通滤波器的技术要求如下：

$$\Omega_0=2\pi\times1000\ \text{rad/s},\ \alpha_p=3\ \text{dB}$$

$$\Omega_{s1}=2\pi\times830\ \text{rad/s},\ \Omega_{s2}=2\pi\times1200\ \text{rad/s},\ \alpha_s=15\ \text{dB}$$

$$B=2\pi\times200\ \text{rad/s}$$

因此，归一化带通滤波器的指标为

$$\eta_0=5,\quad \eta_{s1}=4.15,\quad \eta_{s2}=6$$

(2) 模拟归一化低通滤波器的技术指标为

$$\lambda_p=1,\quad \lambda_s=\frac{\eta_{s2}^2-\eta_0^2}{\eta_{s2}}=1.833,\quad -\lambda_s=\frac{\eta_{s1}^2-\eta_0^2}{\eta_{s1}}=-1.874$$

取 $\lambda_s = 1.833$，$\alpha_p = 3$ dB，$\alpha_s = 15$ dB。

(3) 确定模拟归一化低通滤波器的 $G(p)$。采用巴特沃斯型滤波器，有

$$k_{sp} = \sqrt{\frac{10^{0.1\alpha_s} - 1}{10^{0.1\alpha_p} - 1}} = 5.55, \quad \lambda_{sp} = \frac{\lambda_s}{\lambda_p} = 1.833$$

$$N = \frac{\lg k_{sp}}{\lg \lambda_{sp}} = 2.83, \quad 取\ N = 3$$

利用查表法，可得到

$$G(p) = \frac{1}{p^3 + 2p^2 + 2p + 1}$$

(4) 求模拟带通滤波器的 $H(s)$，利用式(7.2-42)有

$$H(s) = s^2 B^3 [s^6 + 2Bs^5 + (3\Omega_0^2 + 2B^2)s^4 + (4\Omega_0^2 B + B^3)s^3 + (3\Omega_0^4 + 2\Omega_0^2 B^2)s^2 + 2\Omega_0^4 Bs + \Omega_0^6]^{-1}$$

7.2.4 模拟带阻滤波器的设计

假设 Ω_l 和 Ω_u 分别是带阻滤波器的下通带截止频率和上通带截止频率，Ω_{s1} 和 Ω_{s2} 分别为阻带的下限频率和上限频率，Ω_0 为阻带中心频率，$\Omega_0^2 = \Omega_u \Omega_l$，阻带带宽 $B = \Omega_u - \Omega_l$。将 B 作为归一化参考频率，则相应的归一化边界频率为

$$\eta_{s1} = \frac{\Omega_{s1}}{B}, \quad \eta_{s2} = \frac{\Omega_{s2}}{B}, \quad \eta_l = \frac{\Omega_l}{B}, \quad \eta_u = \frac{\Omega_u}{B}, \quad \eta_0^2 = \eta_l \eta_u \tag{7.2-43}$$

归一化频率的带阻滤波器与归一化低通滤波器的幅频特性如图 7-13 所示。

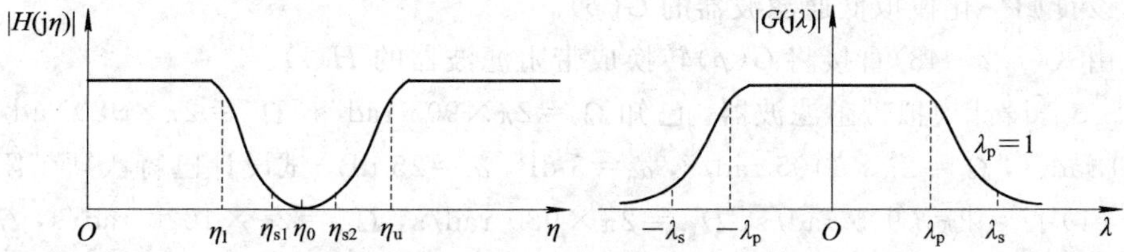

图 7-13　低通与带阻滤波器的幅频特性

表 7-4 给出了 η 与 λ 的对应变换关系。

表 7-4　η 和 λ 的对应关系

λ	$-\infty$	$-\lambda_s$	$-\lambda_p$	0	0	λ_p	λ_s	∞
η	η_0	η_{s2}	η_u	$+\infty$	0	η_l	η_{s1}	η_0

利用表 7-4 可得到

$$\lambda = \frac{\eta}{\eta^2 - \eta_0^2} \tag{7.2-44}$$

上式称为从带阻滤波器到低通滤波器的频率变换公式，利用该式可将带阻滤波器的边界频率转换成低通滤波器的边界频率。根据表 7-4，有

$$\lambda_p = \frac{\eta_l}{\eta_l^2 - \eta_0^2} = \frac{1}{\eta_l - \eta_u} = -1, \quad -\lambda_p = \frac{\eta_u}{\eta_u^2 - \eta_0^2} = \frac{1}{\eta_u - \eta_l} = 1$$

考虑到滤波器幅频特性的偶对称性，可得

$$\lambda_p = 1 \tag{7.2-45}$$

同样，得到

$$\lambda_s = \frac{\eta_{s1}}{\eta_{s1}^2 - \eta_0^2}, \quad -\lambda_s = \frac{\eta_{s2}}{\eta_{s2}^2 - \eta_0^2} \tag{7.2-46}$$

实际计算时常常由于所给的技术指标并不完全对称，从而导致根据式(7.2-46)计算的 λ_s 与 $-\lambda_s$ 绝对值略有不同。为了保证阻带处的衰减，应取绝对值较小的 λ_s。

将 $p=j\lambda$ 代入式(7.2-44)，去归一化，可得

$$p = \frac{sB}{s^2 + \Omega_0^2} = \frac{s(\Omega_u - \Omega_l)}{s^2 + \Omega_u \Omega_l} \tag{7.2-47}$$

上式就是直接将归一化低通滤波器转换成带阻滤波器的频率变换公式，即

$$H(s) = G(p)\Big|_{p=\frac{sB}{s^2+\Omega_0^2}} \tag{7.2-48}$$

带阻滤波器的设计步骤如下：

(1) 确定模拟带阻滤波器的技术指标：下通带截止频率 Ω_l，上通带截止频率 Ω_u，阻带下限频率 Ω_{s1}，阻带上限频率 Ω_{s2}，阻带中心频率 $\Omega_0^2=\Omega_l\Omega_u$，阻带宽度 $B=\Omega_u-\Omega_l$。

利用式(7.2-43)计算相应的归一化边界频率，确定通带最大衰减 α_p 和阻带最小衰减 α_s。

(2) 利用式(7.2-45)和式(7.2-46)计算归一化模拟低通滤波器的技术指标，其通带最大衰减仍为 α_p，阻带最小衰减亦为 α_s。

(3) 设计归一化模拟低通滤波器的 $G(p)$。

(4) 由式(7.2-48)直接将 $G(p)$ 转换成带阻滤波器的 $H(s)$。

例 7-5　设计模拟带阻滤波器，已知 $\Omega_l=2\pi\times905$ rad/s，$\Omega_{s1}=2\pi\times980$ rad/s，$\Omega_{s2}=2\pi\times1020$ rad/s，$\Omega_u=2\pi\times1105$ rad/s，$\alpha_p=3$ dB，$\alpha_s=25$ dB，试设计巴特沃斯带阻滤波器。

解　(1) $\Omega_l=2\pi\times905$ rad/s，$\Omega_{s1}=2\pi\times980$ rad/s，$\Omega_{s2}=2\pi\times1020$ rad/s，$\Omega_u=2\pi\times1105$ rad/s，$B=2\pi\times200$ rad/s，$\eta_l=4.525$，$\eta_u=5.525$，$\eta_{s1}=4.9$，$\eta_{s2}=5.1$，$\eta_0^2=25$。

(2) 利用式(7.2-45)和式(7.2-46)，计算得

$$\eta_p = 1, \quad \lambda_s = -4.95, \quad -\lambda_s = 5.05$$

取 $\lambda_s=4.95$，$\alpha_p=3$ dB，$\alpha_s=25$ dB。

(3) 设计归一化低通滤波器 $G(p)$。

$$k_{sp} = \sqrt{\frac{10^{0.1\alpha_s}-1}{10^{0.1\alpha_p}-1}} = 17.797,\ \lambda_{sp} = \frac{\lambda_s}{\lambda_p} = 4.95$$

$$N = \frac{\lg k_{sp}}{\lg \lambda_{sp}} = 1.8,\ \text{取}\ N = 2$$

$$G(p) = \frac{1}{p^2 + \sqrt{2}p + 1}$$

(4) 利用式(7.2-48)得带阻滤波器的 $H(s)$ 为

$$H(s) = \frac{s^4 + 2\Omega_0^2 s^2 + \Omega_0^4}{s^4 + \sqrt{2}Bs^3 + (B^2 + 2\Omega_0^2)s^2 + \sqrt{2}B\Omega_0^2 s + \Omega_0^4}$$

7.3　IIR 数字滤波器的设计

数字滤波器的设计就是根据设计指标确定一个因果稳定的系统函数 $H(z)$，并确保 $H(z)$满足给定的频率响应指标。如前所述，IIR 数字滤波器的设计方法分为间接设计法和直接设计法，本节主要讨论 IIR 数字滤波器的两种间接设计方法。

用间接法设计 IIR DF 的过程一般为：

(1) 确定数字滤波器的技术指标。

(2) 将数字滤波器指标转换成相应的过渡模拟滤波器指标。

(3) 设计满足指标要求的过渡模拟滤波器 $H_a(s)$。

(4) 将过渡模拟滤波器 $H_a(s)$转换成数字滤波器 $H(z)$。

为了保证转换后的 $H(z)$稳定且满足技术要求，需要转换关系满足以下两点要求：

(1) 因果稳定的模拟滤波器转换成数字滤波器后仍应该是因果稳定的，即转换关系必须是将 s 平面的左半平面映射到 z 平面的单位圆内部。

(2) 数字滤波器的频率响应模仿模拟滤波器的频率响应，s 平面的虚轴必须映射到 z 平面的单位圆上，对应的频率之间成线性关系。

上一节已经讨论了模拟低通滤波器 $G(p)$的设计方法及利用 $G(p)$设计模拟高通、带通及带阻滤波器 $H(s)$的方法。为了设计数字滤波器，还需讨论如何将数字滤波器的技术指标转化为模拟滤波器的技术指标以及由 s 转换到 z 的方法。

7.3.1　脉冲响应不变法

所谓脉冲响应不变法，就是使数字滤波器的单位脉冲响应序列 $h(n)$模仿模拟滤波器的单位冲激响应 $h_a(t)$，也就是使 $h(n)$等于 $h_a(t)$的等间隔抽样值，从而使模拟系统与数字系统建立相应的联系，实现从模拟滤波器到数字滤波器的转换。

1. 基本原理

设模拟滤波器的传输函数为 $H_a(s)$，相应的单位冲激响应是 $h_a(t)$，则

$$H_a(s) = \mathrm{LT}[h_a(t)]$$

上式中的 LT[·]代表拉氏变换。假设模拟滤波器 $H_a(s)$只有单阶极点，且分母多项式的阶次高于分子多项式的阶次(一般都满足这一要求，因为只有这样模拟系统才是稳定的)，将 $H_a(s)$展开成用部分分式表示的形式为

$$H_a(s) = \sum_{i=1}^{N} \frac{A_i}{s - s_i} \tag{7.3-1}$$

式中，s_i 为 $H_a(s)$的单阶极点。将 $H_a(s)$逆拉氏变换得到 $h_a(t)$，即

$$h_a(t) = \sum_{i=1}^{N} A_i e^{s_i t} u(t) \tag{7.3-2}$$

式中，$u(t)$是单位阶跃函数。对 $h_a(t)$进行等间隔采样，采样间隔为 T，则根据脉冲响应不变法的思想，使数字滤波器的单位脉冲响应序列 $h(n)$等于这些采样值，便得到

$$h(n) = h_a(nT) = \sum_{i=1}^{N} A_i e^{s_i nT} u(nT) \tag{7.3-3}$$

对上式进行 Z 变换，得到数字滤波器的系统函数 $H(z)$为

$$H(z) = \sum_{i=1}^{N} \frac{A_i}{1 - e^{s_i T} z^{-1}} \tag{7.3-4}$$

对比式(7.3-1)和式(7.3-4)，可以直接将 $H_a(s)$转换为 $H(z)$。可见，脉冲响应不变法是从时域上对模拟滤波器进行逼近的，因而时域逼近性能良好是脉冲响应不变法的一大优点。

为了实现数字滤波器与模拟滤波器的技术指标之间的转换，我们还需对脉冲响应不变法中 s 平面和 z 平面之间的对应关系进行分析。现假设 $h_a(t)$的采样信号用 $\hat{h}_a(t)$表示，则有

$$\hat{h}_a(t) = \sum_{n=-\infty}^{\infty} h_a(t)\delta(t - nT)$$

对 $\hat{h}_a(t)$进行拉氏变换，有

$$\begin{aligned}\hat{H}_a(s) &= \int_{-\infty}^{\infty} \hat{h}_a(t) e^{-st}\,dt = \int_{-\infty}^{\infty} \Big[\sum_{n=-\infty}^{\infty} h_a(t)\delta(t - nT)\Big] e^{-st}\,dt \\ &= \sum_{n=-\infty}^{\infty} \int_{-\infty}^{\infty} h_a(t)\delta(t - nT) e^{-st}\,dt \\ &= \sum_{n=-\infty}^{\infty} h_a(nT) e^{-snT}\end{aligned}$$

上式中，$h_a(nT)$是 $h_a(t)$在采样点 $t=nT$ 时的幅度值，它与序列 $h(n)$的幅度值相等，即 $h(n)=h_a(nT)$，因此得到

$$\hat{H}_a(s) = \sum_{n=-\infty}^{\infty} h(n) e^{-snT} = \sum_{n=-\infty}^{\infty} h(n) z^{-n}\Big|_{z=e^{sT}} = H(z)\Big|_{z=e^{sT}} \tag{7.3-5}$$

由上式可得到采样信号的拉氏变换与相应序列的 Z 变换之间的映射关系

$$z = e^{sT} \tag{7.3-6}$$

设 $s=\sigma+j\Omega$，$z=re^{j\omega}$，按照式(7.3-6)有

$$re^{j\omega} = e^{\sigma T} e^{j\Omega T}$$

因此

$$\begin{cases} r = e^{\sigma T} \\ \omega = \Omega T \end{cases} \tag{7.3-7}$$

式(7.3-7)的第二式也就说明了脉冲响应不变法中数字频率和模拟频率之间的对应关系，据此可实现模拟滤波器与数字滤波器之间的指标转换。从中也可以看出，脉冲响应不变法的模拟频率 Ω 与数字频率 ω 之间呈线性关系，因此一个线性相位的模拟滤波器(例如贝塞尔滤波器)可以映射成一个线性相位的数字滤波器。所以，频率之间的线性变换也是脉冲响应不变法的一个优点。

式(7.3-6)所示的变换关系正是第 4 章所讲的 s 平面到 z 平面的标准变换关系，如图 7-14 所示。从图中可以看出，s 平面上每一条宽度为 $2\pi/T$ 的横条都将重叠地映射到整个 z 平面上，而每一横条的左半边映射到 z 平面单位圆以内，右半边映射到 z 平面单位圆以

外；s 平面的虚轴映射到 z 平面单位圆上，s 平面虚轴上的每一段长为 $2\pi/T$ 的线段都映射到 z 平面单位圆上一周。可见，这种标准变换关系满足前面所说的将模拟滤波器转换为数字滤波器的两点要求。

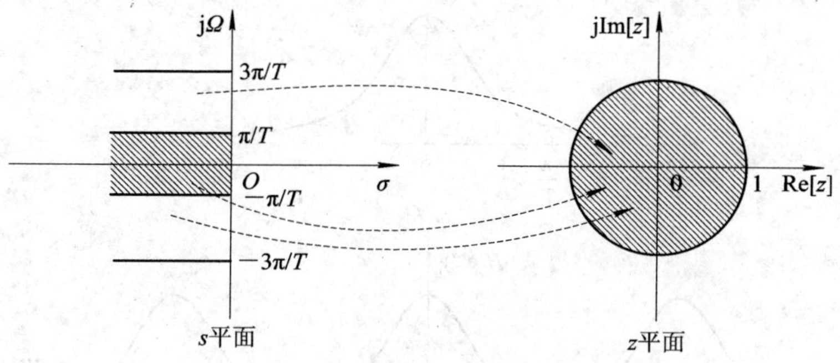

图 7-14　s 平面与 z 平面之间的映射关系

2. 混叠失真

由于 s 平面上每一个横条都要重叠地映射到 z 平面上，因此说明了 $H(z)$ 是 $H_a(s)$ 经周期延拓后映射变换得到的。

根据时域采样定理，我们知道模拟信号 $h_a(t)$ 的傅里叶变换 $H_a(j\Omega)$ 和其采样信号 $\hat{h}_a(t)$ 的傅里叶变换之间的关系为

$$\hat{H}_a(j\Omega) = \frac{1}{T}\sum_{k=-\infty}^{\infty} H_a(j\Omega - jk\Omega_s) \tag{7.3-8}$$

将 $s=j\Omega$ 代入上式，得

$$\hat{H}_a(s) = \frac{1}{T}\sum_{k=-\infty}^{\infty} H_a(s - jk\Omega_s) \tag{7.3-9}$$

由式(7.3-5)和式(7.3-9)得到

$$H(z)\big|_{z=e^{sT}} = \frac{1}{T}\sum_{k=-\infty}^{\infty} H_a(s - jk\Omega_s) \tag{7.3-10}$$

这进一步表明，数字滤波器的 $H(z)$ 是模拟滤波器的 $H_a(s)$ 在 s 平面上沿着虚轴按照周期 $\Omega_s=2\pi/T$ 进行延拓，再乘上常数因子 $1/T$，然后按照式(7.3-6)的映射关系映射到 z 平面上得到的。

同样，模拟信号的傅里叶变换是虚轴上的拉氏变换，序列的傅里叶变换是单位圆上的 z 变换，而 s 平面虚轴上的每一段长为 $2\pi/T$ 的线段都重叠地映射到 z 平面的单位圆上，这也就说明了 $\omega=\Omega T$ 是 $H(e^{j\omega})$ 与 $H_a(j\Omega)$ 的周期延拓函数之间的变换关系。将 $s=j\Omega$，$z=e^{j\omega}=e^{j\Omega T}$ 及 $\Omega_s=2\pi/T$ 代入式(7.3-10)，可得

$$H(e^{j\Omega T}) = \frac{1}{T}\sum_{k=-\infty}^{\infty} H_a\left[j\left(\Omega - \frac{2\pi k}{T}\right)\right] \tag{7.3-11}$$

或

$$H(e^{j\omega}) = \frac{1}{T}\sum_{k=-\infty}^{\infty} H_a\left(j\,\frac{\omega - 2\pi k}{T}\right) \tag{7.3-12}$$

这说明数字滤波器的频率响应是模拟滤波器频率响应的周期延拓函数。所以，如果模拟滤波器具有带限特性，而且 T 满足采样定理，则数字滤波器的频率响应能完全模仿模拟滤波

器的频率响应。但是，一般模拟滤波器不是带限的，所以实际上总是存在频谱混叠失真，如图 7-15 所示。

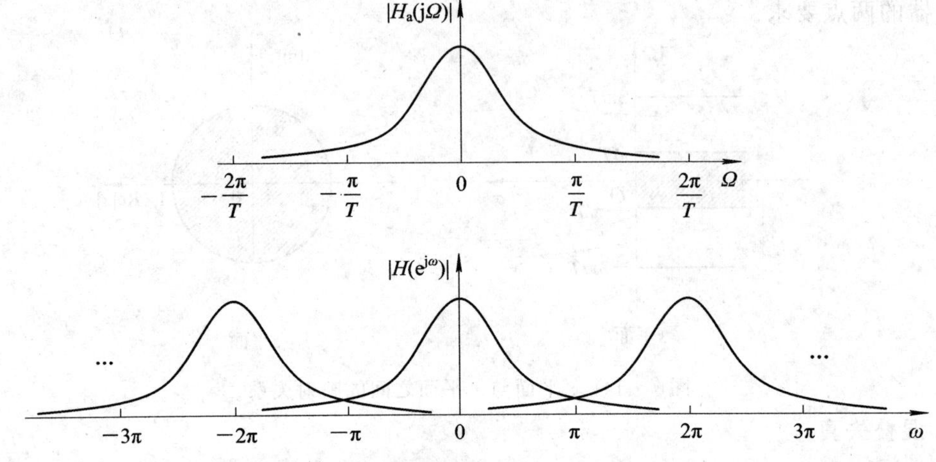

图 7-15　脉冲响应不变法的频率混叠现象

由图 7-15 可见，频率混叠失真会使数字滤波器在折叠频率 $\omega=\pi$ 附近的频率响应偏离模拟滤波器的频率响应。模拟滤波器的频率响应在折叠频率以上的部分衰减越大，变换后的频率响应混叠失真就越小；反之，若模拟滤波器的频率响应在折叠频率以上处幅度较大，则变换后的频率响应就有较大的混叠失真，混叠严重时可使转换的数字滤波器不再满足技术指标。所以，不适合用脉冲响应不变法设计高通和带阻滤波器。

3. 模拟滤波器的数字化

由式(7.3-12)可以看出，数字滤波器的频率响应与周期延拓后的模拟滤波器的频率响应相比，还有一个常数因子 $1/T$，所以数字滤波器的频率响应增益会随着采样周期 T 的变化而变化，特别是 T 很小时增益很大，容易造成数字滤波器溢出。所以，工程实际中还要对脉冲响应不变法加以修正，即令

$$h(n) = Th_a(nT) \tag{7.3-13}$$

则有

$$H(z) = \sum_{i=1}^{N} \frac{TA_i}{1-e^{s_iT}z^{-1}} \tag{7.3-14}$$

以及

$$H(e^{j\omega}) = \sum_{k=-\infty}^{\infty} H_a\left(j\,\frac{\omega-2\pi k}{T}\right) \tag{7.3-15}$$

这样，数字滤波器的频率响应增益与模拟滤波器的频率响应增益相同，符合实际应用要求。

与工程实现相关的另一个问题是，式(7.3-14)中的 A_i 和 s_i 一般为复数，所以直接使用并联型结构时要用到复数乘法器，这是应该尽量避免的。考虑到 $h_a(t)$(或 $h(n)$)一般是实函数，则 $H_a(s)$的复数极点必然共轭成对出现，即若 $s=s_i$ 是一个复数极点，其留数为 A_i，则必有 $s=s_i^*$ 亦为极点，且其留数为 A_i^*。这时只要将式(7.3-14)中 A_i 为复共轭对(此时，s_i 必为共轭对)的项两两合并，就可以解决该问题。

例 7-6　设模拟滤波器的系统函数为

$$H_a(s)=\frac{2}{s^2+4s+3}=\frac{1}{s+1}+\frac{1}{s+3}$$

用脉冲响应不变法将 $H_a(s)$转换成数字滤波器的系统函数 $H(z)$。

解　根据式(7.3-1)和式(7.3-14)，可得数字滤波器的系统函数为

$$H(z)=\frac{T}{1-e^{-T}z^{-1}}-\frac{T}{1-e^{-3T}z^{-1}}=\frac{T(e^{-T}-e^{-3T})z^{-1}}{1-(e^{-T}+e^{-3T})z^{-1}+e^{-4T}z^{-2}}$$

设 $T=1$ s，则有

$$H(z)=\frac{0.318z^{-1}}{1-0.4177z^{-1}+0.01831z^{-2}}$$

7.3.2　双线性变换法

脉冲响应不变法使数字滤波器在时域上能够模仿模拟滤波器，但是会产生频率响应的混叠失真，究其原因，则是从 s 平面到 z 平面的多值映射关系所造成的。为了克服这一缺点，就必须使 s 平面到 z 平面呈单值映射关系，而双线性变换法就满足这一要求。

1. 基本原理

考虑到标准变换中 s 平面上每一条宽度为 $2\pi/T$ 的横条都重叠地映射到整个 z 平面上，因此，若可以先将整个 s 平面单值映射到某一中介 s_1 平面的一条宽度为 $2\pi/T$ 的横条里，再通过标准变换关系 $z=e^{s_1T}$将此横条映射到整个 z 平面上，就可以实现从 s 平面到 z 平面的单值映射了。双线性变换法正是基于这种思想，首先采用正切变换实现频率压缩，即

$$\Omega=C\tan\left(\frac{\Omega_1T}{2}\right)\tag{7.3-16}$$

式中，T 仍是采样间隔，C 为任意正常数。由式(7.3-16)可以看出，当 Ω_1 从 $-\frac{\pi}{T}$经过 0 变化到$\frac{\pi}{T}$时，Ω 则由 $-\infty$ 经过 0 变化到 $+\infty$，这样，s 平面上整个虚轴 $\mathrm{j}\Omega$ 就完全映射到 s_1 平面上虚轴 $\mathrm{j}\Omega_1$ 的 $-\frac{\pi}{T}$ 到$\frac{\pi}{T}$的一段，实现了整个 s 平面到中介 s_1 平面上的宽度为$\frac{2\pi}{T}$$\left(从-\frac{\pi}{T}到\frac{\pi}{T}\right)$的一个横条的单值映射。

根据欧拉公式，可将式(7.3-16)改写为

$$\mathrm{j}\Omega=C\cdot\frac{e^{\mathrm{j}\frac{\Omega_1T}{2}}-e^{-\mathrm{j}\frac{\Omega_1T}{2}}}{e^{\mathrm{j}\frac{\Omega_1T}{2}}+e^{-\mathrm{j}\frac{\Omega_1T}{2}}}\tag{7.3-17}$$

将上式关系延拓到整个 s 平面和 s_1 平面，即令 $s=\mathrm{j}\Omega$，$s_1=\mathrm{j}\Omega_1$，则有

$$s=C\cdot\tanh\left(\frac{\Omega_1T}{2}\right)=C\cdot\frac{1-e^{-s_1T}}{1+e^{-s_1T}}\tag{7.3-18}$$

再将 s_1 平面通过标准变换关系 $z=e^{s_1T}$映射到 z 平面上，得到

$$s=C\cdot\frac{1-z^{-1}}{1+z^{-1}}\tag{7.3-19}$$

$$z=\frac{C+s}{C-s} \tag{7.3-20}$$

整个过程的映射关系如图 7-16 所示，由于两次映射均是单值映射，因此 s 平面与 z 平面是一一对应的关系，消除了多值变换，也就消除了频谱混叠现象。

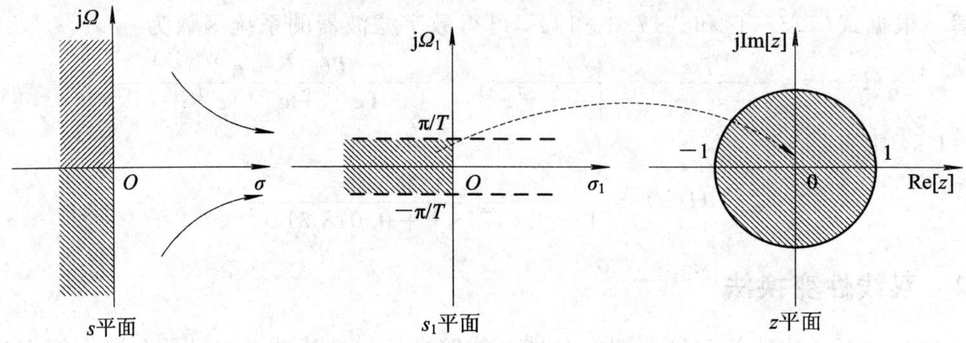

图 7-16 双线性变换法的映射关系

将 $s=\sigma+\mathrm{j}\Omega$ 代入式(7.3-20)，可得

$$z=\frac{C+s}{C-s}=\frac{C+\sigma+\mathrm{j}\Omega}{C-\sigma-\mathrm{j}\Omega}$$

因此

$$|z|=\frac{\sqrt{(C+\sigma)^2+\Omega^2}}{\sqrt{(C-\sigma)^2+\Omega^2}} \tag{7.3-21}$$

可以看出

当 $\sigma<0$ 时，$|z|<1$，即 s 平面的左半平面映射到 z 平面的单位圆内；

当 $\sigma>0$ 时，$|z|>1$，即 s 平面的右半平面映射到 z 平面的单位圆外；

当 $\sigma=0$ 时，$|z|=1$，即 s 平面的虚轴映射到 z 平面的单位圆上。

显然，双线性变换满足从模拟滤波器到数字滤波器变换的两点要求。

2. 常数 C 的选择

根据式(7.3-19)或式(7.3-20)可以实现 $H_a(s)$ 与 $H(z)$ 之间的转换，即

$$H(z)=H_a(s)\Big|_{s=C\cdot\frac{1-z^{-1}}{1+z^{-1}}}=H_a\left(C\cdot\frac{1-z^{-1}}{1+z^{-1}}\right) \tag{7.3-22}$$

但还需要确定常数 C 的值。C 的选择影响到模拟滤波器频率特性与数字滤波器频率特性之间的对应关系，一般有以下两种选择办法：

(1) 使模拟滤波器与数字滤波器在低频处有较确切的标准对应关系，即在低频处使 $\Omega\approx\frac{\omega}{T}=\Omega_1$，则因为当 Ω_1 接近零时，有

$$\tan\left(\frac{\Omega_1 T}{2}\right)\approx\frac{\Omega_1 T}{2}$$

所以，要使得 $\Omega\approx\Omega_1$，则必有

$$\Omega_1\approx\Omega=C\tan\left(\frac{\Omega_1 T}{2}\right)\approx C\frac{\Omega_1 T}{2}$$

因此可得

$$C=\frac{2}{T} \tag{7.3-23}$$

在设计低通滤波器时，往往需要在通带内(低频处)尽量保持数字频率与模拟频率之间的线性变换关系，因此常常选择这种办法确定常数 C。

(2) 使数字滤波器的某一个特定频率 ω_c(比如截止频率)与模拟滤波器的一个特定频率 Ω_c(比如截止频率)严格相对应，即

$$\Omega_c=C\tan\left(\frac{\Omega_{1c}T}{2}\right)=C\tan\left(\frac{\omega_c}{2}\right)$$

则有

$$C=\Omega_c\cot\left(\frac{\omega_c}{2}\right) \tag{7.3-24}$$

这种方法的优点是在特定的模拟频率和特定的数字频率处，频率响应是严格相等的，因此可以较准确地控制关键频率(比如截止频率)的位置。

3. 频率的非线性变换

双线性变化法虽然避免了脉冲响应不变法的频率响应混叠现象，但却引入了新的问题：从 Ω_1 到 ω 的变换 $\omega=\Omega_1 T$ 虽然是线性的，但从 Ω_1 到 Ω 的变换 $\Omega=C\tan\left(\frac{\Omega_1 T}{2}\right)$ 却是非线性的，因此，频率 Ω 与 ω 之间存在着严重的非线性关系，如式(7.3-25)及图 7-17 所示。

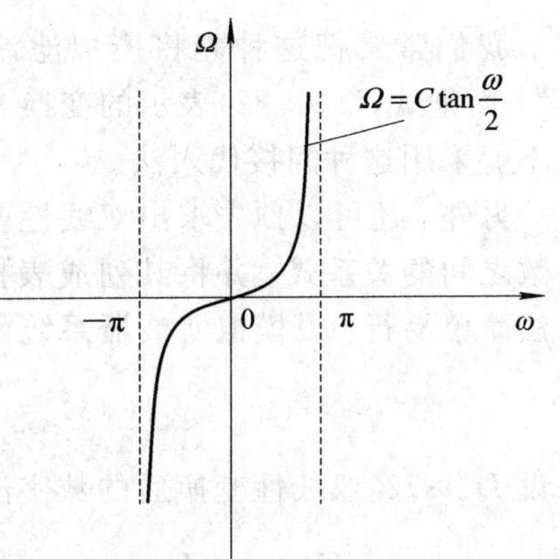

图 7-17　双线性变换法的频率变换关系

$$\Omega=C\tan\left(\frac{\Omega_1 T}{2}\right)=C\tan\left(\frac{\omega}{2}\right) \tag{7.3-25}$$

这种频率之间的非线性变换关系，会造成模拟滤波器的频率响应转换为数字滤波器的频率响应时产生畸变(包括幅度上的畸变和相位上的畸变)，因而只有在能容忍或补偿这种失真时，双线性变换法才是实用的。

也正是这种非线性的频率对应关系，使得在使用双线性变换法设计数字滤波器时，不能按照标准变换关系 $\omega=\Omega T$ 将数字滤波器的边界频率指标转换成模拟滤波器的指标，而是要按照式(7.3-25)的非线性关系来进行指标转换。只有这样，模拟滤波器在经过双线性变换后，所得数字滤波器的边界频率才能满足所要求的数字边界频率指标。我们将这一步称为“预畸变校正”。

4. 模拟滤波器的数字化

虽然式(7.3-22)的变换在概念上很清楚，但在实际应用过程中却可能比较麻烦，尤其是当 $H_a(s)$的阶数比较高的时候，计算起来非常复杂。因此，可以先将模拟滤波器的系统函数 $H_a(s)$分解成若干个子系统函数的并联或级联形式，使每个子系统函数都是低阶的(例如一、二阶系统)。由于模拟滤波器系统函数的分解已有大量的图表可以利用，因而分解起来比较方便。然后对每个子系统函数分别采用双线性变换，则总的数字滤波器系统函数就是各个变换后的子系统函数的并联或者级联。比如，将模拟滤波器系统函数分解为级

联子系统

$$H_a(s) = H_{a1}(s)H_{a2}(s)\cdots H_{am}(s) \tag{7.3-26}$$

则双线性变换后的数字滤波器系统函数为

$$H(z) = H_1(z)H_2(z)\cdots H_m(z) \tag{7.3-27}$$

其中

$$H_i(z) = H_{ai}(s)\Big|_{s=C\cdot\frac{1-z^{-1}}{1+z^{-1}}} = H_{ai}\left(C\cdot\frac{1-z^{-1}}{1+z^{-1}}\right),\ i=1,\ 2,\ \cdots,\ m \tag{7.3-28}$$

同样，若将模拟滤波器系统函数分解成并联子系统

$$H_a(s) = H'_{a1}(s) + H'_{a2}(s) + \cdots + H'_{an}(s) \tag{7.3-29}$$

则双线性变换后的数字滤波器系统函数为

$$H(z) = H'_1(z) + H'_2(z) + \cdots + H'_n(z) \tag{7.3-30}$$

其中

$$H'_i(z) = H'_{ai}(s)\Big|_{s=C\cdot\frac{1-z^{-1}}{1+z^{-1}}} = H'_{ai}\left(C\cdot\frac{1-z^{-1}}{1+z^{-1}}\right),\ i=1,\ 2,\ \cdots,\ n \tag{7.3-31}$$

我们常常把这种先将模拟滤波器系统函数分解，再进行变换的方法叫做“间接代入法”，而把式(7.3-22)表示的变换方法称为“直接代入法”。应该注意的是，脉冲响应不变法不能采用这种间接代入法。

另外，还可以预先求出双线性变换法中数字滤波器系统函数与模拟滤波器系统函数的系数之间的关系式，并将其列成表格，则设计问题就变成了查表，即所谓的“查表法”。该方法简单易行。设模拟滤波器系统函数为

$$H_a(s) = \frac{A_0 + A_1 s + A_2 s^2 + \cdots + A_k s^k}{B_0 + B_1 s + B_2 s^2 + \cdots + B_k s^k} \tag{7.3-32}$$

又设 $H_a(s)$ 经双线性变换后的数字滤波器系统函数为

$$H(z) = H_a(s)\Big|_{s=C\cdot\frac{1-z^{-1}}{1+z^{-1}}} = \frac{a_0 + a_1 z^{-1} + a_2 z^{-2} + \cdots + a_k z^{-k}}{1 + b_1 z^{-1} + b_2 z^{-2} + \cdots + b_k z^{-k}} \tag{7.3-33}$$

表 7-5 给出了一阶到三阶的 $H(z)$ 系数用 $H_a(s)$ 系数与变换常数 C 表示的结果。对于更高阶次的滤波器，可利用低阶滤波器的级联或并联来实现。

表 7-5　双线性变换法中模拟滤波器与数字滤波器的系数关系表

$k=1$	A	B_0+B_1C
	a_0	$(A_0+A_1C)/A$
	a_1	$(A_0-A_1C)/A$
	b_1	$(B_0-B_1C)/A$
$k=2$	A	$B_0+B_1C+B_2C^2$
	a_0	$(A_0+A_1C+A_2C^2)/A$
	a_1	$(2A_0-2A_2C^2)/A$
	a_2	$(A_0-A_1C+A_2C^2)/A$
	b_1	$(2B_0-2B_2C^2)/A$
	b_2	$(B_0-B_1C+B_2C^2)/A$
$k=3$	A	$B_0+B_1C+B_2C^2+B_3C^3$
	a_0	$(A_0+A_1C+A_2C^2+A_3C^3)/A$
	a_1	$(3A_0+A_1C-A_2C^2-3A_3C^3)/A$
	a_2	$(3A_0-A_1C-A_2C^2+3A_3C^3)/A$
	a_3	$(A_0-A_1C+A_2C^2-A_3C^3)/A$
	b_1	$(3B_0+B_1C-B_2C^2-3B_3C^3)/A$
	b_2	$(3B_0-B_1C-B_2C^2+3B_3C^3)/A$
	b_3	$(B_0-B_1C+B_2C^2-B_3C^3)/A$

例 7-7　试分别用脉冲响应不变法和双线性不变法将图 7-18 所示的 RC 低通滤波器转换成数字滤波器。

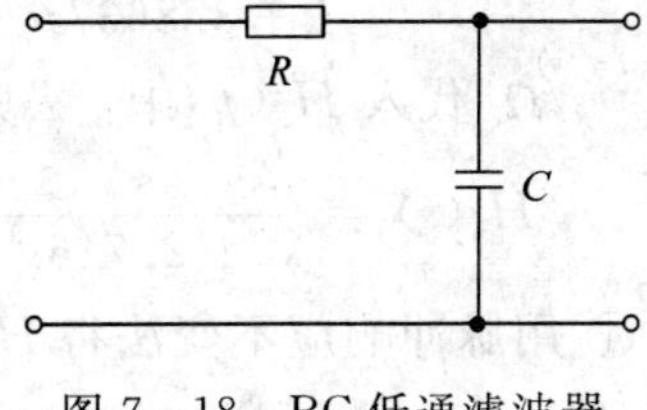

图 7-18　RC 低通滤波器

解　首先写出图 7-18 的滤波器传输函数 $H_a(s)$为

$$H_a(s)=\frac{\alpha}{\alpha+s},\quad \alpha=\frac{1}{RC}$$

利用脉冲响应不变法转换，得数字滤波器的系统函数 $H_1(z)$为

$$H_1(z)=\frac{\alpha}{1-e^{-\alpha T}z^{-1}}$$

利用双线性变换法转换，选择 $C=\frac{2}{T}$，得数字滤波器的系统函数 $H_2(z)$为

$$H_2(z)=H_a(s)\Big|_{s=\frac{2}{T}\frac{1-z^{-1}}{1+z^{-1}}}=\frac{\alpha_1(1+z^{-1})}{1+\alpha_2 z^{-1}}$$

其中

$$\alpha_1=\frac{\alpha T}{\alpha T+2},\quad \alpha_2=\frac{\alpha T-2}{\alpha T+2}$$

$H_1(z)$和 $H_2(z)$的网络结构分别如图 7-19(*a*)和(*b*)所示。

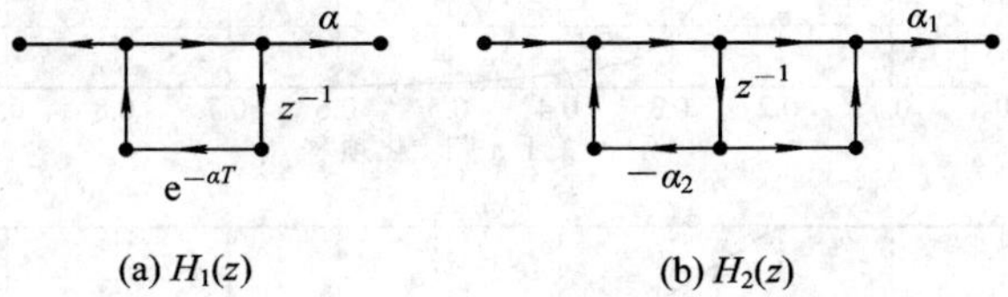

图 7-19　例 7-7 的 $H_1(z)$和 $H_2(z)$的网络结构

例 7-8　设计低通数字滤波器，要求在通带内频率低于 0.2π rad 时，容许幅度误差在 1 dB 以内；在频率为 0.3π rad 到 π rad 之间的阻带衰减大于 15 dB。模拟滤波器采用巴特沃斯低通滤波器且采样间隔 $T=1$ s。试分别用脉冲响应不变法和双线性变换法设计。

解　(1) 用脉冲响应不变法设计。

① 数字低通滤波器的技术指标为

$$\omega_p=0.2\pi\ \text{rad},\ \alpha_p=1\ \text{dB},\ \omega_s=0.3\pi\ \text{rad},\ \alpha_s=15\ \text{dB}$$

② 模拟低通的技术指标为

$$T=1\ \text{s},\ \Omega_p=0.2\pi\ \text{rad/s},\ \alpha_p=1\ \text{dB},\ \Omega_s=0.3\pi\ \text{rad/s},\ \alpha_s=15\ \text{dB}$$

③ 设计巴特沃斯低通滤波器。阶数 N 计算如下：

$$\lambda_{sp}=\frac{\Omega_s}{\Omega_p}=\frac{0.3\pi}{0.2\pi}=1.5$$

$$k_{sp}=\sqrt{\frac{10^{0.1\alpha_s}-1}{10^{0.1\alpha_p}-1}}=10.875$$

$$N=\frac{\lg k_{sp}}{\lg\lambda_{sp}}=\frac{\lg 10.875}{\lg 1.5}=5.885,\ 取\ N=6$$

为求 3 dB 截止频率 Ω_c，将 Ω_p 和 α_p 代入式(7.2-10)，得到

$$\Omega_c=0.7032\ \text{rad/s}$$

这样可以满足通带技术要求，同时给阻带衰减留有一定余量，对防止频率混叠有一定好处。

利用阶数 $N=6$ 查表或计算，可得到归一化传输函数

$$H_a(p)=\frac{1}{1+3.8637p+7.4641p^2+9.1416p^3+7.4641p^4+3.8637p^5+p^6}$$

将 $p=s/\Omega_c$ 代入 $H_a(p)$中，去归一化，就得到实际的传输函数 $H_a(s)$为

$$H_a(s)=\frac{0.1209}{s^6+2.716s^5+3.691s^4+3.179s^3+1.825s^2+0.121s+0.1209}$$

④ 用脉冲响应不变法将 $H_a(s)$转换成 $H(z)$。利用式(7.3-14)将 $H_a(s)$转换成 $H(z)$，可得到

$$H(z)=\frac{0.2871-0.4466z^{-1}}{1-0.1297z^{-1}+0.6949z^{-2}}+\frac{-2.1428+1.1454z^{-1}}{1-1.0691z^{-1}+0.3699z^{-2}}$$
$$+\frac{1.8558-0.6304z^{-1}}{1-0.9972z^{-1}+0.2570z^{-2}}$$

其幅度特性如图 7-20 所示。

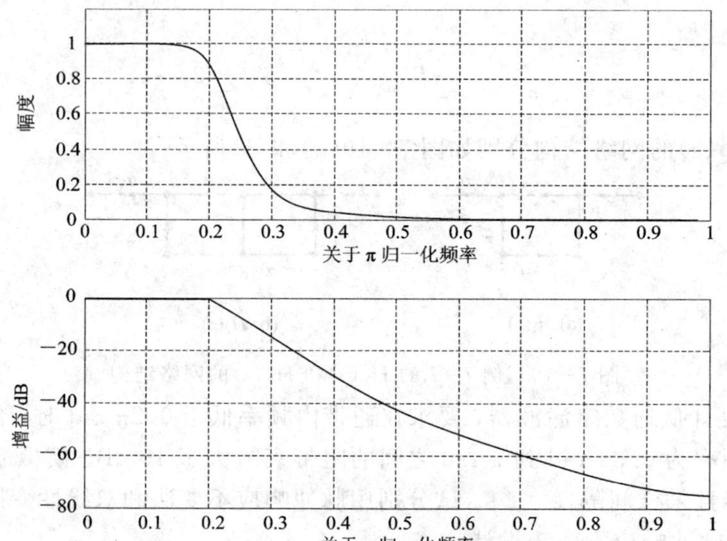

图 7-20 例 7-8 中用脉冲响应不变法设计的数字低通滤波器的幅度特性

(2) 用双线性变换法设计。

① 数字低通滤波器的技术指标仍为

$$\omega_p=0.2\pi\ \text{rad},\ \alpha_p=1\ \text{dB},\ \omega_s=0.3\pi\ \text{rad},\ \alpha_s=15\ \text{dB}$$

② 选择 $C=\dfrac{2}{T}$，则模拟低通滤波器的技术指标计算为

$$\Omega_p=0.65\ \text{rad/s},\ \alpha_p=1\ \text{dB},\ \Omega_s=1.019\ \text{rad/s},\ \alpha_s=15\ \text{dB}$$

③ 设计巴特沃斯低通滤波器。阶数 N 计算如下：

$$\lambda_{sp}=\frac{\Omega_s}{\Omega_p}=\frac{1.019}{0.65}=1.568$$

$$k_{sp}=\sqrt{\frac{10^{0.1\alpha_s}-1}{10^{0.1\alpha_p}-1}}=10.875$$

$$N=\frac{\lg k_{sp}}{\lg\lambda_{sp}}=\frac{\lg 10.875}{\lg 1.568}=5.306，取\ N=6$$

为求 3 dB 截止频率 Ω_c，将 Ω_p 和 α_p 代入式(7.2-10)，得到

$$\Omega_c = 0.7772 \text{ rad/s}$$

这样使阻带技术指标满足要求，通带指标有一定余量。

根据 $N=6$，利用查表或计算得到的归一化传输函数 $H_a(p)$ 与利用脉冲响应不变法得到的相同。为去归一化，将 $p=s/\Omega_c$ 代入 $H_a(p)$，可得到实际的 $H_a(s)$ 为

$$H_a(s) = \frac{0.2024}{(s^2+0.396s+0.5871)(s^2+1.083s+0.5871)(s^2+1.480s+0.5871)}$$

④ 用双线性变换法将 $H_a(s)$ 转换成 $H(z)$。

$$H(z) = H_a(s)\Big|_{s=2\frac{1-z^{-1}}{1+z^{-1}}}$$

$$= \frac{0.000\,737\,8(1+z^{-1})^6}{(1-1.268z^{-1}+0.7051z^{-2})(1-1.010z^{-1}+0.358z^{-2})} \cdot \frac{1}{1-0.9044z^{-1}+0.2155z^{-2}}$$

其幅度特性如图 7-21 所示。

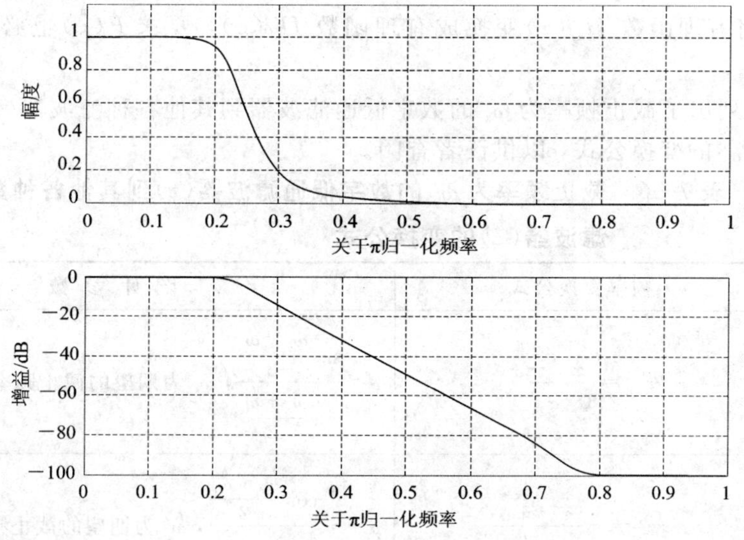

图 7-21　例 7-8 中用双线性变换法设计的数字低通滤波器的幅度特性

7.3.3　频率变换法

严格来说，用间接法设计 IIR 数字滤波器也可以分为两种途径：一种是将模拟原型低通滤波器在模拟域进行频率变换，先转换成需要类型的模拟滤波器(高通、带通或带阻)，然后再通过模拟域到数字域的变换将其转化为数字滤波器；另一种途径是先直接将模拟低通原型滤波器转换为数字低通滤波器，然后根据数字域的频率变换将数字低通滤波器转换为所需要类型的 IIR 滤波器。在这两种方法中，从模拟域到数字域的变换在前面已经讨论过了，而前一种方法中的模拟域的频率转换在 7.2 节也已经介绍过，下面主要讨论如何将给定的数字低通滤波器变换成各种所需要类型的高通、带通和带阻等数字滤波器，这就是 IIR 数字滤波器的频率变换设计法。

频率变换法实际上就是完成数字域的频率变换，这在实际应用中十分重要。比如，实际中常常要修正已经设计好的滤波器的边界频率，以便满足新的指标要求，而不用从头设计滤波器。

为了避免混淆，现假设给定的数字低通滤波器的复变量为 z，其系统函数为 $H_L(z)$；所希望的数字滤波器的复变量为 $\hat{z}$，其系统函数为 $H_d(\hat{z})$。相应地，z 平面和 $\hat{z}$ 平面的数字频率也分别记为 ω 和 $\hat{\omega}$。若将从 z 平面到 $\hat{z}$ 平面的变换关系表示为

$$z = F(\hat{z}) \tag{7.3-34}$$

则有

$$H_d(\hat{z}) = H_L(z)\Big|_{z=F(\hat{z})} = H_L(z)\Big|_{z^{-1}=1/F(\hat{z})} \tag{7.3-35}$$

我们知道，一个可实现的数字滤波器应该是一个因果稳定系统，其系统函数是一个有理分式的形式，因此要求式(7.3-34)的映射关系必须满足以下条件：

(1) 给定的低通频率响应必须映射为新的频率响应，即 z 平面的单位圆必须映射到 $\hat{z}$ 平面的单位圆上，使两个数字频率能够对应起来。

(2) 从因果稳定性的角度来看，z 平面的单位圆内部必须映射到 $\hat{z}$ 平面的单位圆内部。

(3) 为了将有理函数 $H_L(z)$ 变换成有理函数 $H_d(\hat{z})$，要求 $F(\hat{z})$ 也必须是 $\hat{z}$ 的有理函数。

表 7-6 中列出了截止频率为 ω_c 的数字低通滤波器到其他各种滤波器(低通、高通、带通和带阻滤波器)的变换公式，以供读者查阅。

表 7-6　截止频率为 ω_c 的数字低通滤波器(z)到其他各种数字滤波器($\hat{z}$)的变换公式

滤波器类型	频率变换公式	设 计 参 数
低通	$z^{-1}=\dfrac{\hat{z}^{-1}-\alpha}{1-\alpha\hat{z}^{-1}}$	$\alpha=\dfrac{\sin\dfrac{\omega_c-\hat{\omega}_c}{2}}{\sin\dfrac{\omega_c+\hat{\omega}_c}{2}}$，$\hat{\omega}_c$ 为期望的截止频率
高通	$z^{-1}=-\dfrac{\hat{z}^{-1}+\alpha}{1+\alpha\hat{z}^{-1}}$	$\alpha=-\dfrac{\cos\dfrac{\omega_c+\hat{\omega}_c}{2}}{\cos\dfrac{\omega_c-\hat{\omega}_c}{2}}$，$\hat{\omega}_c$ 为期望的截止频率
带通	$z^{-1}=\dfrac{\hat{z}^{-2}-\dfrac{2\alpha\beta}{\beta+1}\hat{z}^{-1}+\dfrac{\beta-1}{\beta+1}}{\dfrac{\beta-1}{\beta+1}\hat{z}^{-2}-\dfrac{2\alpha\beta}{\beta+1}\hat{z}^{-1}+1}$	$\alpha=\dfrac{\cos\dfrac{\hat{\omega}_{cu}+\hat{\omega}_{cl}}{2}}{\cos\dfrac{\hat{\omega}_{cu}-\hat{\omega}_{cl}}{2}}$，$\beta=\cot\dfrac{\hat{\omega}_{cu}-\hat{\omega}_{cl}}{2}\tan\dfrac{\omega_c}{2}$，$\hat{\omega}_{cu}$、$\hat{\omega}_{cl}$ 为期望的上截止频率和下截止频率
带阻	$z^{-1}=\dfrac{\hat{z}^{-2}-\dfrac{2\alpha}{1+\beta}\hat{z}^{-1}+\dfrac{1-\beta}{1+\beta}}{\dfrac{1-\beta}{1+\beta}\hat{z}^{-2}-\dfrac{2\alpha}{1+\beta}\hat{z}^{-1}+1}$	$\alpha=\dfrac{\cos\dfrac{\hat{\omega}_{cu}+\hat{\omega}_{cl}}{2}}{\cos\dfrac{\hat{\omega}_{cu}-\hat{\omega}_{cl}}{2}}$，$\beta=\tan\dfrac{\hat{\omega}_{cu}-\hat{\omega}_{cl}}{2}\tan\dfrac{\omega_c}{2}$，$\hat{\omega}_{cu}$、$\hat{\omega}_{cl}$ 为期望的上截止频率和下截止频率

应当注意，从低通到低通和高通滤波器的频率变换公式只能保证将原低通滤波器 $H_L(z)$频率响应的一个指定的频率点 ω_c 映射为一个指定的新的频率点 $\hat{\omega}_c$，同时保持映射点处的幅度不变，即$|H_L(e^{j\omega_c})|=|H_d(e^{j\hat{\omega}_c})|$；从低通到带通和带阻滤波器的频率变换公式只能保证将原低通滤波器频率响应的一个指定的频率点 ω_c 映射为两个指定的新频率点 $\hat{\omega}_{cu}$和 $\hat{\omega}_{cl}$，同时保持映射点处的幅度不变，即$|H_L(e^{j\omega_c})|=|H_d(e^{j\hat{\omega}_{cu}})|=|H_d(e^{j\hat{\omega}_{cl}})|$。因此，表 7-6 给出的频率变换公式只能够保证将原低通滤波器的通带截止频率或阻带截止频率之一映射成希望的边界频率点，而不能同时将二者映射成期望的频率点。对于带阻滤波器，一般选择将原低通滤波器的阻带截止频率 ω_s 映射成 $\hat{\omega}_{sl}$和 $\hat{\omega}_{su}$。

7.4　线性相位 FIR 滤波器的特点

前面已经提过，一个理想的离散时间系统除了具有所希望的幅频响应外，最好还能具有线性相位，这在很多应用领域，如语音合成、现代图像及数据通信等方面都是非常需要的。而 IIR 数字滤波器的最大缺点就是不易做成线性相位，因此使得具有线性相位的 FIR 数字滤波器得到大力发展和广泛应用。

1. 线性相位条件

由于单位脉冲响应是有限长序列，因此 FIR DF 的系统函数无分母，即

$$H(z)=\sum_{i=0}^{N-1}b_i z^{-i}=\sum_{n=0}^{N-1}h(n)z^{-n} \tag{7.4-1}$$

其系统频率响应可写成

$$H(e^{j\omega})=\sum_{n=0}^{N-1}h(n)e^{-j\omega n} \tag{7.4-2}$$

为了便于分析系统频率响应在幅度和相位两方面的特性，令

$$H(e^{j\omega})=H(\omega)e^{j\Phi(\omega)} \tag{7.4-3}$$

式中，$H(\omega)$称为幅度函数，$\Phi(\omega)$称为相位函数。注意这里与用模和幅角的表示法有所不同，$H(\omega)$为 ω 的实函数，其值为$\pm|H(\omega)|$。这种表示法是为了保证曲线的连贯性，比如某系统的频率响应 $H(e^{j\omega})=\sin 4\omega e^{-j3\omega}$，随着 ω 的变化，$\sin 4\omega$ 会发生变号，如果采用模和幅角的表示法，这种变号就意味着幅度曲线发生了突变，同时在相位上加上了 π(因为 $-1=e^{j\pi}$)，进而造成相位曲线的不连贯和表达不方便，而用 $H(\omega)e^{j\Phi(\omega)}$ 这种方式则连贯而方便。

线性相位的 FIR 滤波器是指其相位函数 $\Phi(\omega)$满足线性方程，即

$$\Phi(\omega)=-\tau\omega+\beta,\quad \tau,\beta\text{是常数} \tag{7.4-4}$$

根据群时延的定义，式中 τ 表示系统群时延，β 表示附加相移。因为 τ 为常数，所以线性相位的 FIR 系统都具有恒群时延特性，但只有 $\beta=0$ 的 FIR 系统才具有恒相位时延特性。为了区分，常将 $\beta=0$ 的情况称为第一类线性相位，而将 $\beta\neq 0$ 的情况称为第二类线性相位，即

$$\text{第一类线性相位：}\Phi(\omega)=-\tau\omega \tag{7.4-5}$$

$$\text{第二类线性相位：}\Phi(\omega) = -\tau\omega + \beta \tag{7.4-6}$$

2. 线性相位条件对单位脉冲响应 $h(n)$ 的约束

应该认识到，并非所有的 FIR 系统都是线性相位的，只有当它满足一定条件时才具有线性相位。那么应满足什么样的条件呢？这个问题是设计线性相位 FIR 数字滤波器所必须回答的。因此，需要讨论线性相位条件对 FIR 数字滤波器的约束情况。

设 FIR 数字滤波器的单位脉冲响应为 $h(n)$，$n<0$ 或 $n\geqslant N$ 时，$h(n)=0$，并且假设 $h(n)$ 为实序列(一般都满足这个条件)，那么线性相位条件要求 $h(n)$ 应该具有什么样的特点呢？由于两种线性相位条件不同，因此分两种情况加以讨论。

(1) 第一类线性相位。第一类线性相位的条件是 $\Phi(\omega)=-\tau\omega$，则由式(7.4-2)和式(7.4-3)得到

$$H(e^{j\omega}) = \sum_{n=0}^{N-1} h(n)e^{-j\omega n} = H(\omega)e^{-j\omega\tau}$$

即

$$\sum_{n=0}^{N-1} h(n)(\cos\omega n - j\sin\omega n) = H(\omega)\cdot(\cos\omega\tau - j\sin\omega\tau) \tag{7.4-7}$$

令式(7.4-7)的等式两端实部、虚部分别相等，可得到

$$\sum_{n=0}^{N-1} h(n)\cos\omega n = H(\omega)\cos\omega\tau$$

$$\sum_{n=0}^{N-1} h(n)\sin\omega n = H(\omega)\sin\omega\tau$$

两式相除，得

$$\frac{\cos\omega\tau}{\sin\omega\tau} = \frac{\sum_{n=0}^{N-1} h(n)\cos\omega n}{\sum_{n=0}^{N-1} h(n)\sin\omega n}$$

即

$$\sum_{n=0}^{N-1} h(n)\sin\omega n\cdot\cos\omega\tau = \sum_{n=0}^{N-1} h(n)\cos\omega n\cdot\sin\omega\tau$$

移项并用三角公式化简后可得

$$\sum_{n=0}^{N-1} h(n)\sin[\omega(n-\tau)] = 0 \tag{7.4-8}$$

显然，要想式(7.4-8)成立，须使函数 $h(n)\sin[\omega(n-\tau)]$ 在求和时各项相互抵消才行。又因为 $\sin[\omega(n-\tau)]$ 关于 $n=\tau$ 奇对称，因此 τ 和 $h(n)$ 须满足

$$\begin{cases} \tau = \dfrac{N-1}{2} \\ h(n) = h(N-1-n),\ 0\leqslant n\leqslant N-1 \end{cases} \tag{7.4-9}$$

也就是说，第一类线性相位的 FIR 数字滤波器，其单位脉冲响应必须以其中心位置 $n=\dfrac{N-1}{2}$ 成偶对称，且滤波器的时间延时 τ 为 $h(n)$ 长度的一半。

(2) 第二类线性相位。第二类线性相位的条件是 $\Phi(\omega)=-\tau\omega+\beta$，则由式(7.4-2)和

式(7.4－3)经过同样的推导过程可得

$$\sum_{n=0}^{N-1} h(n)\sin[\omega(n-\tau)-\beta]=0 \tag{7.4-10}$$

要使式(7.4－10)成立，则要求

$$\begin{cases}\beta=\pm\dfrac{\pi}{2}\\ \tau=\dfrac{N-1}{2}\\ h(n)=-h(N-1-n),\ 0\leqslant n\leqslant N-1\end{cases} \tag{7.4-11}$$

这就说明，对于第二类线性相位的 FIR 数字滤波器，其单位脉冲响应必须以其中心位置 $n=\dfrac{N-1}{2}$ 成奇对称，此时，滤波器的时间延迟 τ 为 $h(n)$ 长度的一半，而且，除了产生线性相位之外，还有 $\pm\dfrac{\pi}{2}$ 的固定相移。这种使所有频率的相移皆为 90°的特性，正是单边带调制及正交调制所需要的，特别适合做希尔伯特滤波器以及微分器。

3. 线性相位条件对频率响应 $H(e^{j\omega})$ 的约束

既然线性相位 FIR 滤波器的单位脉冲响应 $h(n)$ 应该满足式(7.4－9)和式(7.4－11)，将其代入式(7.4－2)和式(7.4－3)，即可推导出线性相位条件对 FIR DF 的频率响应的约束情况。下面针对两种线性相位条件分别加以分析。

(1) 第一类线性相位。由式(7.4－9)可知，第一类线性相位要求 $h(n)$ 关于 $n=\dfrac{N-1}{2}$ 偶对称。显然，N 的奇偶不同，$h(n)$ 的对称情况也不同，因此要分别加以讨论。

① N 为奇数。当 N 为奇数时，$h(n)$ 的对称中心 $\dfrac{N-1}{2}$ 为整数，因此 $h(n)$ 中除中心点 $h\left(\dfrac{N-1}{2}\right)$ 外，其他各点两两对称，故

$$\begin{aligned}
H(e^{j\omega}) &= \sum_{n=0}^{N-1} h(n)e^{-j\omega n}\\
&= \sum_{n=0}^{\frac{N-3}{2}}[h(n)e^{-j\omega n}+h(N-1-n)e^{-j\omega(N-1-n)}]+h\left(\frac{N-1}{2}\right)e^{-j\omega\frac{N-1}{2}}\\
&= \sum_{n=0}^{\frac{N-3}{2}} h(n)[e^{-j\omega n}+e^{-j\omega(N-1-n)}]+h\left(\frac{N-1}{2}\right)e^{-j\omega\frac{N-1}{2}}\\
&= \left\{\sum_{n=0}^{\frac{N-3}{2}} h(n)[e^{-j\omega\left(n-\frac{N-1}{2}\right)}+e^{j\omega\left(n-\frac{N-1}{2}\right)}]+h\left(\frac{N-1}{2}\right)\right\}\cdot e^{-j\omega\frac{N-1}{2}}\\
&= \left\{\sum_{n=0}^{\frac{N-3}{2}} 2h(n)\cos\left[\omega\left(n-\frac{N-1}{2}\right)\right]+h\left(\frac{N-1}{2}\right)\right\}\cdot e^{-j\omega\frac{N-1}{2}}
\end{aligned}$$

所以，幅度函数为

$$H(\omega)=\sum_{n=0}^{\frac{N-3}{2}} 2h(n)\cos\left[\omega\left(n-\frac{N-1}{2}\right)\right]+h\left(\frac{N-1}{2}\right) \tag{7.4-12}$$

相位函数为

$$\Phi(\omega)=-\omega\frac{N-1}{2} \tag{7.4-13}$$

显然，相位特性符合要求，即第一类线性相位 $\Phi(\omega)=-\tau\omega$，且 $\tau=\frac{N-1}{2}$。对于幅度特性，由于 $\cos\left[\omega\left(n-\frac{N-1}{2}\right)\right]$关于极值点 $\omega=0$，π，2π 皆为偶对称，因此 $H(\omega)$也关于 $\omega=0$，π，2π 偶对称，所以这种情况可以实现各种(低通、高通、带通、带阻)滤波器。

② N 为偶数。当 N 为偶数时，$h(n)$的对称中心$\frac{N-1}{2}$不是整数，因此 $h(n)$中各点两两对称，故

$$\begin{aligned}
H(\mathrm{e}^{\mathrm{j}\omega})&=\sum_{n=0}^{N-1}h(n)\mathrm{e}^{-\mathrm{j}\omega n}=\sum_{n=0}^{\frac{N}{2}-1}\left[h(n)\mathrm{e}^{-\mathrm{j}\omega n}+h(N-1-n)\mathrm{e}^{-\mathrm{j}\omega(N-1-n)}\right]\\
&=\sum_{n=0}^{\frac{N}{2}-1}h(n)\left[\mathrm{e}^{-\mathrm{j}\omega n}+\mathrm{e}^{-\mathrm{j}\omega(N-1-n)}\right]\\
&=\sum_{n=0}^{\frac{N}{2}-1}h(n)\left[\mathrm{e}^{-\mathrm{j}\omega\left(n-\frac{N-1}{2}\right)}+\mathrm{e}^{\mathrm{j}\omega\left(n-\frac{N-1}{2}\right)}\right]\cdot\mathrm{e}^{-\mathrm{j}\omega\frac{N-1}{2}}\\
&=\sum_{n=0}^{\frac{N}{2}-1}2h(n)\cos\left[\omega\left(n-\frac{N-1}{2}\right)\right]\cdot\mathrm{e}^{-\mathrm{j}\omega\frac{N-1}{2}}
\end{aligned}$$

所以，幅度函数为

$$H(\omega)=\sum_{n=0}^{\frac{N}{2}-1}2h(n)\cos\left[\omega\left(n-\frac{N-1}{2}\right)\right] \tag{7.4-14}$$

相位函数为

$$\Phi(\omega)=-\omega\frac{N-1}{2} \tag{7.4-15}$$

显然，相位特性符合要求。由于 $\frac{N-1}{2}$ 不是整数，可将 $\cos\left[\omega\left(n-\frac{N-1}{2}\right)\right]$ 写为 $\cos\left[\omega\left(n-\frac{N}{2}+\frac{1}{2}\right)\right]$，从中可以看出，$\omega=\pi$ 为过零点，$\omega=0$，2π 为极值点，因此 $\cos\left[\omega\left(n-\frac{N-1}{2}\right)\right]$关于 $\omega=\pi$ 奇对称，关于 $\omega=0$，2π 偶对称，从而幅度函数 $H(\omega)$也关于 $\omega=\pi$ 奇对称，关于 $\omega=0$，2π 偶对称。由于 $H(\pi)=0$，因此这种情况不能实现高通以及带阻滤波器。

(2) 第二类线性相位。由式(7.4-11)可知，第二类线性相位要求 $h(n)$关于 $n=\frac{N-1}{2}$ 奇对称。同样针对 N 的奇偶不同，分两种情况加以讨论。

① N 为奇数。当 N 为奇数时，$h(n)$的对称中心$\frac{N-1}{2}$为整数。而 $h(n)=-h(N-1-n)$，则

$$h\left(\frac{N-1}{2}\right)=-h\left(N-1-\frac{N-1}{2}\right)=-h\left(\frac{N-1}{2}\right)$$

因此

$$h\left(\frac{N-1}{2}\right)=0$$

即 $h(n)$ 的中心点 $h\left(\frac{N-1}{2}\right)$ 必然为零，其余各点两两对称。故

$$\begin{aligned}
H(\mathrm{e}^{\mathrm{j}\omega}) &= \sum_{n=0}^{N-1} h(n)\mathrm{e}^{-\mathrm{j}\omega n} \\
&= \sum_{n=0}^{\frac{N-3}{2}} \left[h(n)\mathrm{e}^{-\mathrm{j}\omega n} + h(N-1-n)\mathrm{e}^{-\mathrm{j}\omega(N-1-n)}\right] + h\left(\frac{N-1}{2}\right)\mathrm{e}^{-\mathrm{j}\omega\frac{N-1}{2}} \\
&= \sum_{n=0}^{\frac{N-3}{2}} \left[h(n)\mathrm{e}^{-\mathrm{j}\omega n} - h(n)\mathrm{e}^{-\mathrm{j}\omega(N-1-n)}\right] \\
&= \sum_{n=0}^{\frac{N-3}{2}} h(n)\left[\mathrm{e}^{-\mathrm{j}\omega n} - \mathrm{e}^{-\mathrm{j}\omega(N-1-n)}\right] \\
&= \sum_{n=0}^{\frac{N-3}{2}} h(n)\left[\mathrm{e}^{-\mathrm{j}\omega\left(n-\frac{N-1}{2}\right)} - \mathrm{e}^{\mathrm{j}\omega\left(n-\frac{N-1}{2}\right)}\right]\cdot \mathrm{e}^{-\mathrm{j}\omega\frac{N-1}{2}} \\
&= \sum_{n=0}^{\frac{N-3}{2}} -2\mathrm{j}h(n)\sin\left[\omega\left(n-\frac{N-1}{2}\right)\right]\cdot \mathrm{e}^{-\mathrm{j}\omega\frac{N-1}{2}} \\
&= \sum_{n=0}^{\frac{N-3}{2}} 2h(n)\sin\left[\omega\left(n-\frac{N-1}{2}\right)\right]\cdot \mathrm{e}^{-\mathrm{j}\left(\omega\frac{N-1}{2}+\frac{\pi}{2}\right)}
\end{aligned}$$

所以，幅度函数为

$$H(\omega)=\sum_{n=0}^{\frac{N-3}{2}} 2h(n)\sin\left[\omega\left(n-\frac{N-1}{2}\right)\right] \tag{7.4-16}$$

相位函数为

$$\Phi(\omega)=-\omega\frac{N-1}{2}-\frac{\pi}{2} \tag{7.4-17}$$

当然，也可将系统频率响应写为

$$H(\mathrm{e}^{\mathrm{j}\omega})=\sum_{n=0}^{\frac{N-3}{2}} 2h(n)\sin\left[\omega\left(\frac{N-1}{2}-n\right)\right]\cdot \mathrm{e}^{-\mathrm{j}\left(\omega\frac{N-1}{2}-\frac{\pi}{2}\right)}$$

此时的幅度函数为

$$H(\omega)=\sum_{n=0}^{\frac{N-3}{2}} 2h(n)\sin\left[\omega\left(\frac{N-1}{2}-n\right)\right] \tag{7.4-18}$$

相位函数为

$$\Phi(\omega)=-\omega\frac{N-1}{2}+\frac{\pi}{2} \tag{7.4-19}$$

显然，不论是哪种表示，其相位特性均符合要求，即是第二类线性相位 $\Phi(\omega)=-\tau\omega\pm$

$\frac{\pi}{2}$，且 $\tau=\frac{N-1}{2}$。对于幅度特性，由于$\frac{N-1}{2}$为整数，$\sin\left[\omega\left(n-\frac{N-1}{2}\right)\right]$关于过零点 $\omega=0$，π，2π 皆为奇对称，所以 $H(\omega)$也关于 $\omega=0$，π，2π 奇对称，且 $H(0)=H(\pi)=H(2\pi)=0$。因此这种情况只能实现带通滤波器。

② N 为偶数。当 N 为偶数时，$h(n)$的对称中心$\frac{N-1}{2}$不是整数，因此 $h(n)$中各点两两对称，故

$$
\begin{aligned}
H(\mathrm{e}^{\mathrm{j}\omega}) &= \sum_{n=0}^{N-1} h(n)\mathrm{e}^{-\mathrm{j}\omega n} \\
&= \sum_{n=0}^{\frac{N}{2}-1}\left[h(n)\mathrm{e}^{-\mathrm{j}\omega n} + h(N-1-n)\mathrm{e}^{-\mathrm{j}\omega(N-1-n)}\right] \\
&= \sum_{n=0}^{\frac{N}{2}-1} h(n)\left[\mathrm{e}^{-\mathrm{j}\omega n} - \mathrm{e}^{-\mathrm{j}\omega(N-1-n)}\right] \\
&= \sum_{n=0}^{\frac{N}{2}-1} h(n)\left[\mathrm{e}^{-\mathrm{j}\omega\left(n-\frac{N-1}{2}\right)} - \mathrm{e}^{\mathrm{j}\omega\left(n-\frac{N-1}{2}\right)}\right]\cdot \mathrm{e}^{-\mathrm{j}\omega\frac{N-1}{2}} \\
&= \sum_{n=0}^{\frac{N}{2}-1} -2\mathrm{j}h(n)\sin\left[\omega\left(n-\frac{N-1}{2}\right)\right]\cdot \mathrm{e}^{-\mathrm{j}\omega\frac{N-1}{2}} \\
&= \sum_{n=0}^{\frac{N}{2}-1} 2h(n)\sin\left[\omega\left(n-\frac{N-1}{2}\right)\right]\cdot \mathrm{e}^{-\mathrm{j}\left(\omega\frac{N-1}{2}+\frac{\pi}{2}\right)}
\end{aligned}
$$

所以，幅度函数为

$$
H(\omega) = \sum_{n=0}^{\frac{N}{2}-1} 2h(n)\sin\left[\omega\left(n-\frac{N-1}{2}\right)\right] \tag{7.4-20}
$$

相位函数为

$$
\Phi(\omega) = -\omega\frac{N-1}{2} - \frac{\pi}{2} \tag{7.4-21}
$$

同样，也可将幅度函数写为

$$
H(\omega) = \sum_{n=0}^{\frac{N}{2}-1} 2h(n)\sin\left[\omega\left(\frac{N-1}{2}-n\right)\right] \tag{7.4-22}
$$

相应的相位函数为

$$
\Phi(\omega) = -\omega\frac{N-1}{2} + \frac{\pi}{2} \tag{7.4-23}
$$

显然，相位特性符合要求。对于幅度函数，由于$\frac{N-1}{2}$不是整数，可将 $\sin\left[\omega\left(n-\frac{N-1}{2}\right)\right]$写为 $\sin\left[\omega\left(n-\frac{N}{2}+\frac{1}{2}\right)\right]$，从中可以看出，$\omega=0$，$2\pi$ 均为过零点，$\omega=\pi$ 为极值点，因此 $\sin\left[\omega\left(n-\frac{N-1}{2}\right)\right]$关于 $\omega=0$，2π 奇对称，关于 $\omega=\pi$ 偶对称，所以幅度函数 $H(\omega)$也关于 $\omega=0$，2π 奇对称，关于 $\omega=\pi$ 偶对称。由于 $H(0)=H(2\pi)=0$，因此这种情况不能实现低

通以及带阻滤波器。

4. 线性相位条件对系统零点的约束

FIR 数字滤波器的系统函数在有限 z 平面上没有极点，只有零点。考虑到线性相位条件，则要求

$$h(n)=\pm h(N-1-n)$$

因此，系统函数可表示为

$$\begin{aligned}H(z)&=\sum_{n=0}^{N-1}h(n)z^{-n}=\sum_{n=0}^{N-1}\pm h(N-1-n)z^{-n}=\pm\sum_{m=0}^{N-1}h(m)z^{-(N-1-m)}\\&=\pm z^{-(N-1)}\cdot H(z^{-1})\end{aligned}\qquad(7.4-24)$$

从式(7.4-24)可以看出，如果 $z_k=re^{j\omega_k}$ 是 $H(z)$的一个零点，则 $z_k^{-1}=\frac{1}{r}e^{-j\omega_k}$ 是 $H(z^{-1})$的零点，从而也是 $H(z)$的零点。又由于 $h(n)$通常是实序列，则 $H(z)$的零点必以共轭对形式出现，因此 $z_k^*=re^{-j\omega_k}$ 和$(z_k^{-1})^*=\frac{1}{r}e^{j\omega_k}$ 也是 $H(z)$的零点。所以线性相位 FIR 滤波器$H(z)$的零点既是共轭的，又是关于单位圆镜像对称的，一般按此约束关系四个为一组出现，只要能确定其中一个，其他三个也就随之确定。当然，对一些特殊零点要具体处理。比如，实数零点只成镜像对出现，单位圆上的复数零点只以共轭对出现，单位圆上的实数零点则单独出现。线性相位 FIR DF 的零点分布规律如图 7-22 所示。

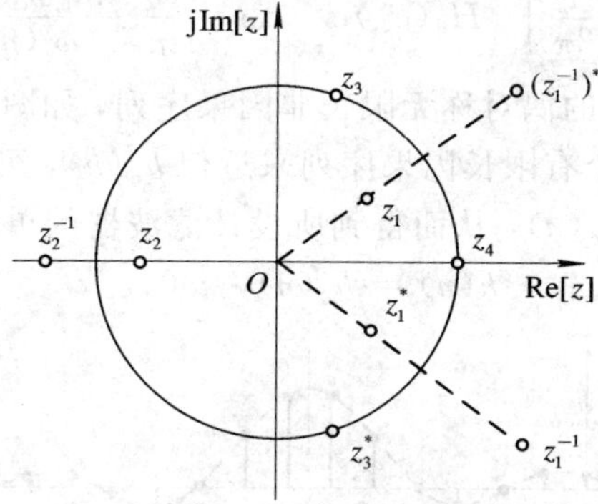

图 7-22　线性相位 FIR 数字滤波器的零点分布

7.5　FIR 数字滤波器的设计

由前面讨论的 IIR 数字滤波器的设计方法可知，由于模拟滤波器的设计已经有大量图表可查，方便简单，因此将模拟滤波器设计的结果转换为数字滤波器是一个很好的办法。但应该看到，这种设计方法是面向极点系统的，显然不适用于仅包含零点的 FIR 系统。目前，FIR DF 的设计方法主要建立在对理想滤波器作某种近似的基础上，比如窗函数法和频率采样法就是分别从时域和频域两个方面对理想滤波器进行近似的。下面主要介绍这两种方法。

7.5.1　窗函数法

对于一个 FIR 系统，如果其单位脉冲响应 $h(n)$能作为理想滤波器的单位脉冲响应的一个近似的话，其频率特性也就能逼近于理想滤波器。因此，考虑到 $h(n)$必须为有限长，可得到一种设计 FIR 滤波器的方法，就是从时域出发，对理想滤波器的单位脉冲响应截取有限长的一段来作为滤波器的 $h(n)$。这种截取显然会使滤波器的频率特性与理想滤波器之间有一定偏差，但只要截取的长度足够长，截取的方法合理，则总能满足频域的要求。由于这种截取过程就相当于和一个窗口函数相乘，因此这种方法称为窗函数法。

1. 基本原理

FIR 数字滤波器的窗函数设计法是通过对理想滤波器的单位脉冲响应进行截取(加窗)处理来逼近理想滤波器的频率特性的，因此首先要构造一个希望逼近的理想滤波器。现假设要设计一个线性相位低通 FIR 滤波器，则一般选择线性相位理想低通滤波器作为逼近目标，其频率响应可表示为

$$H_d(e^{j\omega}) = \begin{cases} e^{-j\alpha\omega}, & |\omega| \leqslant \omega_c \\ 0, & \omega_c < |\omega| \leqslant \pi \end{cases} \tag{7.5-1}$$

对式(7.5-1)进行傅里叶反变换，可得该理想滤波器的单位脉冲响应为

$$h_d(n) = \frac{1}{2\pi}\int_{-\pi}^{\pi} H_d(e^{j\omega})e^{j\omega n}\,d\omega = \frac{\omega_c}{\pi}\,\frac{\sin[\omega_c(n-\alpha)]}{\omega_c(n-\alpha)} \tag{7.5-2}$$

$h_d(n)$是一个中心点为 α 的偶对称无限长非因果序列，如图 7-23(a)所示，因而在物理上是不可实现的。为了用一个有限长因果序列来近似 $h_d(n)$，可以对 $h_d(n)$进行截取，也就是用一个窗函数 $w(n)$去乘 $h_d(n)$，从而得到所设计滤波器的单位脉冲响应为

$$h(n) = h_d(n) \cdot w(n) \tag{7.5-3}$$

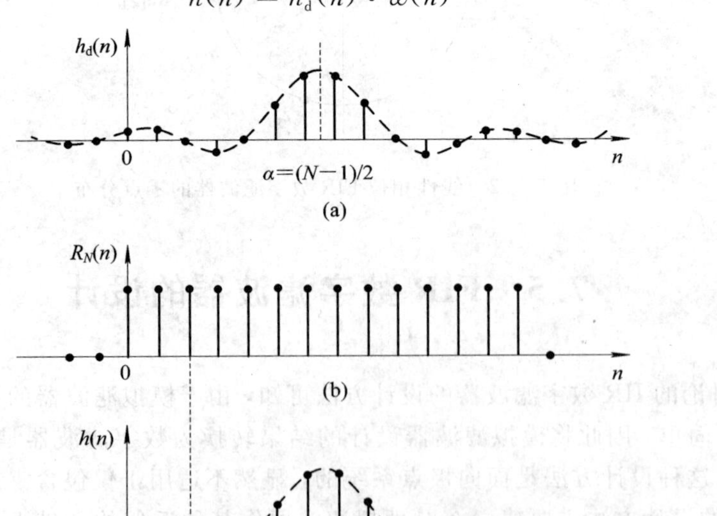

图 7-23　理想低通滤波器的 $h_d(n)$、矩形窗函数 $R_N(n)$以及加窗后的 $h(n)$

显然，窗函数的长度 N 就是 $h(n)$ 的长度。按照线性相位滤波器的约束情况，$h(n)$ 必须是偶对称的，且对称中心为 $\frac{N-1}{2}$，而 $h_d(n)$ 关于 $n=\alpha$ 偶对称，因此要求 $\alpha=\frac{N-1}{2}$，同时要求 $w(n)$ 也关于 $\frac{N-1}{2}$ 点偶对称。后面会看到，各种常用窗函数都满足这种偶对称要求。比如采用矩形窗(如图 7-23(b)所示)，即 $w(n)=R_N(n)$，其时域加窗效果如图 7-23(c)所示。

加窗只是使 $h(n)$ 近似等于 $h_d(n)$，但二者并不完全相同，因此加窗后的频率响应 $H(e^{j\omega})$ 也必然与 $H_d(e^{j\omega})$ 之间存在误差。为了分析加窗处理对频率响应有何影响，需对 $h(n)$ 进行傅里叶变换，求出 FIR 滤波器的频率特性。

根据频域复卷积定理，时域的乘积对应的是频域的周期卷积关系，因此

$$H(e^{j\omega})=\frac{1}{2\pi}\int_{-\pi}^{\pi}H_d(e^{j\theta})W(e^{j(\omega-\theta)})\,d\theta \tag{7.5-4}$$

式(7.5-4)表明，加窗后的 $H(e^{j\omega})$ 逼近 $H_d(e^{j\omega})$ 的性能好坏，完全取决于窗函数的频率特性 $W(e^{j\omega})$。以矩形窗 $R_N(n)$ 为例，其频率特性为

$$W(e^{j\omega})=\sum_{n=-\infty}^{\infty}R_N(n)e^{-j\omega n}=\sum_{n=0}^{N-1}e^{-j\omega n}=\frac{1-e^{-j\omega N}}{1-e^{-j\omega}}=\frac{\sin(\omega N/2)}{\sin(\omega/2)}\cdot e^{-j\omega\frac{N-1}{2}} \tag{7.5-5}$$

将其写成幅度函数与相位函数的表示形式

$$W(e^{j\omega})=W(\omega)e^{-j\omega\frac{N-1}{2}} \tag{7.5-6}$$

则它的幅度函数为

$$W(\omega)=\frac{\sin(\omega N/2)}{\sin(\omega/2)} \tag{7.5-7}$$

当 ω 很小时，$W(\omega)\approx\frac{\sin(\omega N/2)}{\omega/2}=N\,\frac{\sin(\omega N/2)}{\omega N/2}$，这是一个 $\mathrm{sinc}[\cdot]$ 函数；离 $\omega=0$ 最近的两个零点为 $\omega=\pm\frac{2\pi}{N}$，以后每隔 $2\pi/N$ 就正负交替一次。习惯上将两个零点 $\omega=\pm\frac{2\pi}{N}$ 中间的部分称为主瓣，其余振荡部分称为旁瓣，因而其主瓣宽度为 $\frac{4\pi}{N}$，每个旁瓣宽度均为 $\frac{2\pi}{N}$，如图 7-24(b)所示。

如果将理想滤波器的频率响应也写成幅度函数与相位函数的形式，则有

$$H_d(e^{j\omega})=H_d(\omega)e^{-j\omega\frac{N-1}{2}} \tag{7.5-8}$$

其幅度函数为

$$H_d(\omega)=\begin{cases}1, & |\omega|\leqslant\omega_c\\ 0, & \omega_c<|\omega|\leqslant\pi\end{cases} \tag{7.5-9}$$

将式(7.5-6)和式(7.5-8)代入式(7.5-4)，可得

$$\begin{aligned}H(e^{j\omega})&=\frac{1}{2\pi}\int_{-\pi}^{\pi}H_d(\theta)e^{-j\theta\frac{N-1}{2}}W(\omega-\theta)e^{-j(\omega-\theta)\frac{N-1}{2}}\,d\theta\\&=e^{-j\omega\frac{N-1}{2}}\cdot\frac{1}{2\pi}\int_{-\pi}^{\pi}H_d(\theta)W(\omega-\theta)\,d\theta\end{aligned} \tag{7.5-10}$$

则加窗后的幅度函数为

$$H(\omega)=\frac{1}{2\pi}\int_{-\pi}^{\pi}H_d(\theta)W(\omega-\theta)d\theta \tag{7.5-11}$$

相位函数为

$$\Phi(\omega) = -\mathrm{j}\omega\frac{N-1}{2} \tag{7.5-12}$$

由此可见，实际 FIR 滤波器的相位特性仍保持理想滤波器的严格线性相位，只需要分析幅度上逼近理想滤波器的误差就可以了。式(7.5－11)实际上就是一个卷积的过程，可用图 7－24 说明，其中图 7－24(f)给出了卷积的结果。

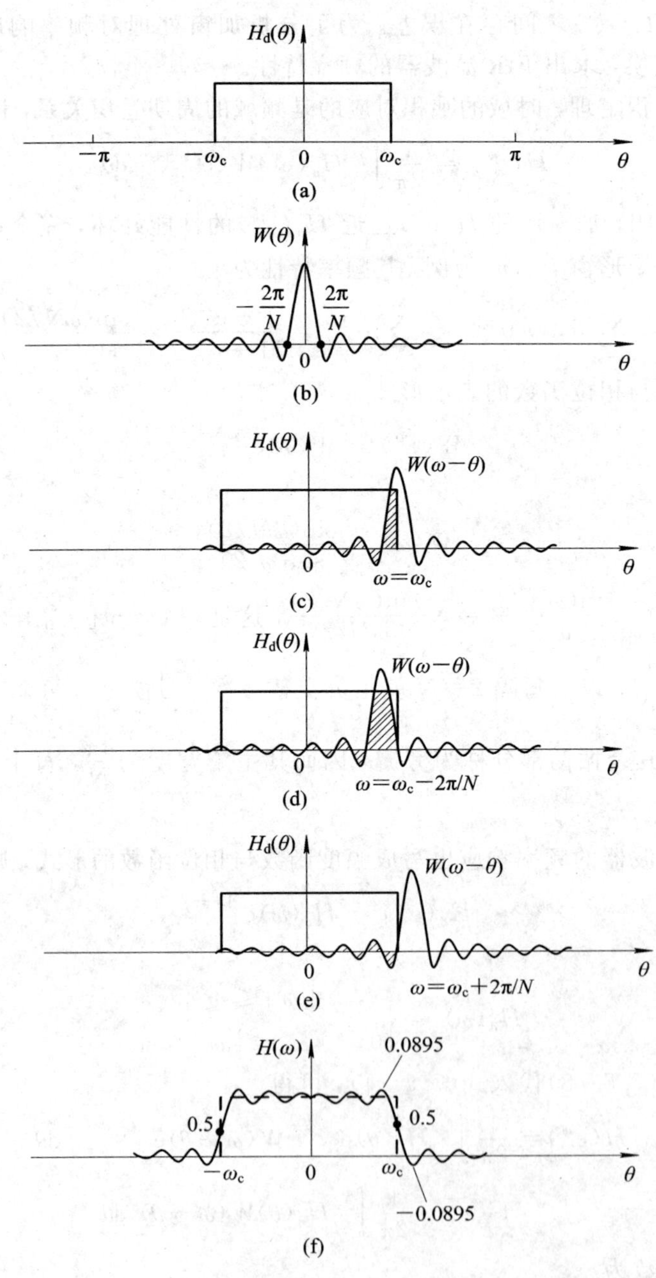

图 7－24　理想滤波器与矩形窗卷积过程

由图7-24可以看出，加窗处理对理想滤波器的频率响应产生了以下两点影响：

(1) 过渡带。理想滤波器的过渡带宽度为零，加窗使过渡带变宽，过渡带的带宽取决于窗谱的主瓣宽度。矩形窗情况下的过渡带宽约为$4\pi/N$(其精确值要略小)，N越大，过渡带越窄、越陡。

(2) 肩峰和波动。理想滤波器的通带和阻带幅度分别为常数1和0。加窗后在过渡带两旁产生肩峰，肩峰的两侧形成起伏振荡(称为吉布斯效应)。肩峰的幅度取决于窗谱主瓣和旁瓣面积之比，与N无关。也就是说，增大N只能使通带内和阻带内的振荡频率加快，振荡幅度却不减少，如图7-24(f)所示。

通过以上分析可见，滤波器的过渡带宽由窗函数的主瓣宽度决定，而通带最大衰减和阻带最小衰减则取决于窗函数的主瓣和旁瓣的相对比例，因此改进滤波器的关键在于改进窗函数。为了改善滤波器的性能，需使窗函数满足以下条件：

(1) 主瓣尽可能窄，以使设计出来的滤波器有较陡的过渡带。

(2) 第一旁瓣面积相对主瓣面积尽可能小，即能量尽可能集中在主瓣，外泄少，使设计出来的滤波器的肩峰和余振小。

但上面两个条件是相互矛盾的，因而在实际应用中需要折中处理，兼顾各项指标。一般来说，由于主瓣和旁瓣相对比例只与窗函数的形状有关，而与窗函数的长度无关，因此可通过阻带最小衰减(阻带最小衰减满足要求时通带要求一般都满足)确定不同的窗函数形状。这样虽然可能在相同长度的情况下选定的窗函数的主瓣宽度较宽，但可以通过增加长度N来加以弥补。

2. 几种常用的窗函数

这里介绍几种常用的窗函数。为了方便各种窗函数的比较，统一定义以下几个参数。

旁瓣峰值α_n——窗函数的幅频响应$|W(\omega)|$的最大旁瓣的最大值相对主瓣最大值的衰减(单位为dB)。

过渡带宽度ΔB——用该窗函数设计的FIR数字滤波器的过渡带宽度，即2倍主瓣宽度。

阻带最小衰减α_s——用该窗函数设计的FIR数字滤波器的阻带最小衰减。

(1) 矩形窗(Rectangle Window)。前面已经讨论过，其时域表达式为

$$w(n)=R_N(n)$$

窗谱为

$$W(e^{j\omega})=\frac{\sin(\omega N/2)}{\sin(\omega/2)}\cdot e^{-j\omega\frac{N-1}{2}}$$

各参数为：$\alpha_n=-13$ dB；$\Delta B=4\pi/N$；$\alpha_s=-21$ dB。

(2) 三角窗(Bartlett Window)。其时域表达式为

$$w(n)=\begin{cases}\dfrac{2n}{N-1}, & 0\leqslant n\leqslant\dfrac{N-1}{2}\\[2ex] 2-\dfrac{2n}{N-1}, & \dfrac{N-1}{2}<n\leqslant N-1\end{cases}\tag{7.5-13}$$

窗谱为

$$W(e^{j\omega}) = \frac{2}{N-1}\left[\frac{\sin\left(\omega\dfrac{N-1}{4}\right)}{\sin\left(\dfrac{\omega}{2}\right)}\right]^2 \cdot e^{-j\omega\frac{N-1}{2}} \approx \frac{2}{N}\left[\frac{\sin(\omega N/4)}{\sin(\omega/2)}\right]^2 \cdot e^{-j\omega\frac{N-1}{2}} \tag{7.5-14}$$

式中“≈”在 $N\gg1$ 时成立。三角窗的各参数为：$\alpha_n=-25$ dB；$\Delta B=8\pi/N$；$\alpha_s=-25$ dB。

(3) 汉宁窗(Hanning Window)，也称升余弦窗。其时域表达式为

$$w(n) = \frac{1}{2}\left[1-\cos\left(\frac{2\pi n}{N-1}\right)\right]\cdot R_N(n) \tag{7.5-15}$$

上式也可改写为

$$w(n) = \frac{1}{2}R_N(n) - \frac{1}{2}\cdot\frac{1}{2}\left[e^{j\frac{2\pi n}{N-1}} + e^{-j\frac{2\pi n}{N-1}}\right]\cdot R_N(n)$$

利用傅里叶变换的线性性质和调制定理，得到汉宁窗的频谱为

$$W(e^{j\omega}) = 0.5W_R(e^{j\omega}) - 0.25W_R\left(e^{j\left(\omega-\frac{2\pi}{N-1}\right)}\right) - 0.25W_R\left(e^{j\left(\omega+\frac{2\pi}{N-1}\right)}\right) \tag{7.5-16}$$

式中，$W_R(e^{j\omega})$是矩形窗谱。如果将矩形窗谱写为幅度相位函数的形式，即

$$W_R(e^{j\omega}) = W_R(\omega)\cdot e^{-j\omega\frac{N-1}{2}}$$

则有

$$W(e^{j\omega}) = \left[0.5W_R(\omega) + 0.25W_R\left(\omega-\frac{2\pi}{N-1}\right) + 0.25W_R\left(\omega+\frac{2\pi}{N-1}\right)\right]\cdot e^{-j\omega\frac{N-1}{2}} \tag{7.5-17}$$

由于当 $N\gg1$ 时，$\frac{2\pi}{N-1}$近似等于$\frac{2\pi}{N}$，因此汉宁窗谱的幅度函数近似为

$$W(\omega) \approx 0.5W_R(\omega) + 0.25W_R\left(\omega-\frac{2\pi}{N}\right) + 0.25W_R\left(\omega+\frac{2\pi}{N}\right) \tag{7.5-18}$$

由于矩形窗的每一个旁瓣宽度均为$\frac{2\pi}{N}$，由式(7.5-18)可知，这三部分之和使旁瓣互相抵消，能量更集中于主瓣，但代价就是主瓣宽度比矩形窗的主瓣宽度增加一倍。汉宁窗的各项参数为：$\alpha_n=-31$ dB；$\Delta B=8\pi/N$；$\alpha_s=-44$ dB。

(4) 海明窗(Hamming Window)，也称哈明窗或改进的升余弦窗。其时域表达式为

$$w(n) = \left[0.54 - 0.46\cos\left(\frac{2\pi n}{N-1}\right)\right]\cdot R_N(n) \tag{7.5-19}$$

可以看出，海明窗就是对汉宁窗的修正，将系数稍作变动后可以得到旁瓣更小的效果，其频率响应的幅度函数为

$$\begin{aligned} W(\omega) &= 0.54W_R(\omega) + 0.23W_R\left(\omega-\frac{2\pi}{N-1}\right) + 0.23W_R\left(\omega+\frac{2\pi}{N-1}\right) \\ &\approx 0.54W_R(\omega) + 0.23W_R\left(\omega-\frac{2\pi}{N}\right) + 0.23W_R\left(\omega+\frac{2\pi}{N}\right) \end{aligned} \tag{7.5-20}$$

结果可将 99.963%的能量集中在主瓣内。海明窗的各参数为：$\alpha_n=-41$ dB；$\Delta B=8\pi/N$；$\alpha_s=-53$ dB。

(5) 布莱克曼窗(Blackman Window)，又称二阶升余弦窗。为了进一步抑制旁瓣，可将升余弦窗再加上余弦的二次谐波分量，得到布莱克曼窗。其时域表达式为

$$w(n) = \left[0.42 - 0.5\cos\left(\frac{2\pi n}{N-1}\right) + 0.08\cos\left(\frac{4\pi n}{N-1}\right)\right] \cdot R_N(n) \qquad (7.5-21)$$

其频谱的幅度函数为

$$\begin{aligned} W(\omega) = & 0.42W_R(\omega) + 0.25W_R\left(\omega - \frac{2\pi}{N-1}\right) + 0.25W_R\left(\omega + \frac{2\pi}{N-1}\right) \\ & + 0.04W_R\left(\omega - \frac{4\pi}{N-1}\right) + 0.04W_R\left(\omega + \frac{4\pi}{N-1}\right) \end{aligned} \qquad (7.5-22)$$

可见，这是5个矩形窗谱的叠加，使能量更加集中于主瓣，但主瓣宽度也增加到矩形窗谱主瓣宽度的三倍。布莱克曼窗的各项参数为：$\alpha_n = -57$ dB；$\Delta B = 12\pi/N$；$\alpha_s = -74$ dB。

(6) 凯塞窗(Kaiser Window)。前面介绍的五种窗函数都称为固定窗函数，用这种窗函数设计的滤波器的阻带最小衰减 α_s 都是固定的。凯塞窗是一种可调整的窗函数，通过调整控制参数可以达到不同的阻带最小衰减 α_s，并提供最小的主瓣宽度，是最有用且最优的窗函数之一。凯塞窗的时域表达式为

$$w(n) = \frac{I_0\left[\beta\sqrt{1 - \left(\frac{2n}{N-1} - 1\right)^2}\right]}{I_0(\beta)} R_N(n) \qquad (7.5-23)$$

式中，β 是可调的参数，$I_0(\beta)$ 表示零阶第一类修正贝塞尔函数，可以用下式计算

$$I_0(\beta) = 1 + \sum_{k=1}^{\infty}\left[\frac{1}{k!}\left(\frac{\beta}{2}\right)^k\right]^2 \qquad (7.5-24)$$

虽然式(7.5-24)是无穷多项求和，但实际应用中取前20项就足以满足精度要求了。

调整参数 β 可以控制加窗后滤波器的阻带最小衰减 α_s。如果给定滤波器的过渡带宽 ΔB 和阻带最小衰减 α_s，则可用下面两式估算参数 β 和滤波器的阶数 N

$$\beta = \begin{cases} 0.112(\alpha_s - 8.7), & \alpha_s \geqslant 50\text{ dB} \\ 0.5842(\alpha_s - 21)^{0.4} + 0.07886(\alpha_s - 21), & 21 < \alpha_s < 50\text{ dB} \\ 0, & \alpha_s \leqslant 21\text{ dB} \end{cases} \qquad (7.5-25)$$

$$N = \frac{\alpha_s - 8}{2.285\Delta B} \qquad (7.5-26)$$

为了便于比较和选择，表7-7中归纳了上述六种窗函数的主要性能。设计过程中可根据阻带最小衰减选择窗函数的类型，再根据过渡带宽度确定所选窗函数的长度 N。

表7-7　六种窗函数的基本参数

窗函数类型	旁瓣峰值 α_n/dB	过渡带宽度 ΔB		阻带最小衰减 α_s/dB
		近似值	精确值	
矩形窗	−13	$4\pi/N$	$1.8\pi/N$	−21
三角窗	−25	$8\pi/N$	$6.1\pi/N$	−25
汉宁窗	−31	$8\pi/N$	$6.2\pi/N$	−44
海明窗	−41	$8\pi/N$	$6.6\pi/N$	−53
布莱克曼窗	−57	$12\pi/N$	$11\pi/N$	−74
凯塞窗(β=7.865)	−57		$10\pi/N$	−80

3. 窗函数法的设计步骤

根据以上所述的窗函数法的基本原理，可总结其设计步骤如下：

(1) 确定所要逼近的理想频率响应函数 $H_d(e^{j\omega})$。

(2) 根据 $H_d(e^{j\omega})$求 $h_d(n)=\mathrm{IDTFT}[H_d(e^{j\omega})]$。

(3) 根据指标选择窗函数。可利用表 7-7，根据阻带最小衰减选择窗函数的类型，再根据过渡带宽确定所选窗函数的长度 N。

(4) 对 $h_d(n)$加窗，求所设计的 FIR 滤波器的单位脉冲响应 $h(n)$。

(5) 求 $H(e^{j\omega})=\mathrm{DTFT}[h(n)]$，检验是否满足设计要求，如不满足，则需重新设计。

例 7-9 用窗函数法设计一个满足下列指标的线性相位低通 FIR 滤波器。

通带截止频率 $\omega_p=0.2\pi$ rad/s，通带最大衰减 $\alpha_p=0.25$ dB；

阻带截止频率 $\omega_s=0.3\pi$ rad/s，阻带最小衰减 $\alpha_s=50$ dB。

解 (1) 由于要设计线性相位低通 FIR 滤波器，可确定理想频率响应为

$$H_d(e^{j\omega})=\begin{cases}e^{-j\omega\tau}, & |\omega|\leqslant\omega_c\\ 0, & \omega_c<|\omega|\leqslant\pi\end{cases}$$

式中，ω_c 应为两个肩峰处的频率的中点，可以近似等于两个截止频率的中点，即

$$\omega_c\doteq\frac{\omega_p+\omega_s}{2}=0.25\pi\ (\mathrm{rad/s})$$

(2) 对 $H_d(e^{j\omega})$进行傅里叶反变换，得到

$$h_d(n)=\frac{\sin[\omega_c(n-\tau)]}{\pi(n-\tau)}$$

式中，τ 为线性相位条件所要求的移位，应该满足 $\tau=\dfrac{N-1}{2}$。

(3) 根据要求的阻带最小衰减 $\alpha_s=50$ dB，查表 7-7 可知海明窗和布莱克曼窗均可提供大于 50 dB 的衰减。这里选择海明窗，因为过渡带窄些，从而具有较小的阶数。

由于要求的过渡带宽 $\Delta B=\omega_s-\omega_p=0.1\pi$，而海明窗的精确过渡带宽满足 $\Delta B=\dfrac{6.6\pi}{N}$，因此有

$$\frac{6.6\pi}{N}\leqslant 0.1\pi$$

解之可得 $N\geqslant 66$，取 $N=66$，从而有 $\tau=\dfrac{N-1}{2}=32.5$。

(4) 代入海明窗的窗函数

$$w(n)=\left[0.54-0.46\cos\left(\frac{2\pi n}{N-1}\right)\right]R_N(n)$$

可得到 FIR 滤波器的单位脉冲响应为

$$h(n)=h_d(n)\cdot w(n)=\frac{\sin[0.3\pi(n-32.5)]}{\pi(n-32.5)}\cdot\left[0.54-0.46\cos\left(\frac{2\pi n}{65}\right)\right]\cdot R_N(n)$$

(5) 由 $h(n)$求 $H(e^{j\omega})$，$H(e^{j\omega})=\mathrm{DTFT}[h(n)]$，检验各项指标是否满足要求，如不满足，则要改变 N 或改变窗形状，或两者都改变，再进行重新计算。本例的时域和频域波形如图 7-25 所示，各项指标均满足设计要求。

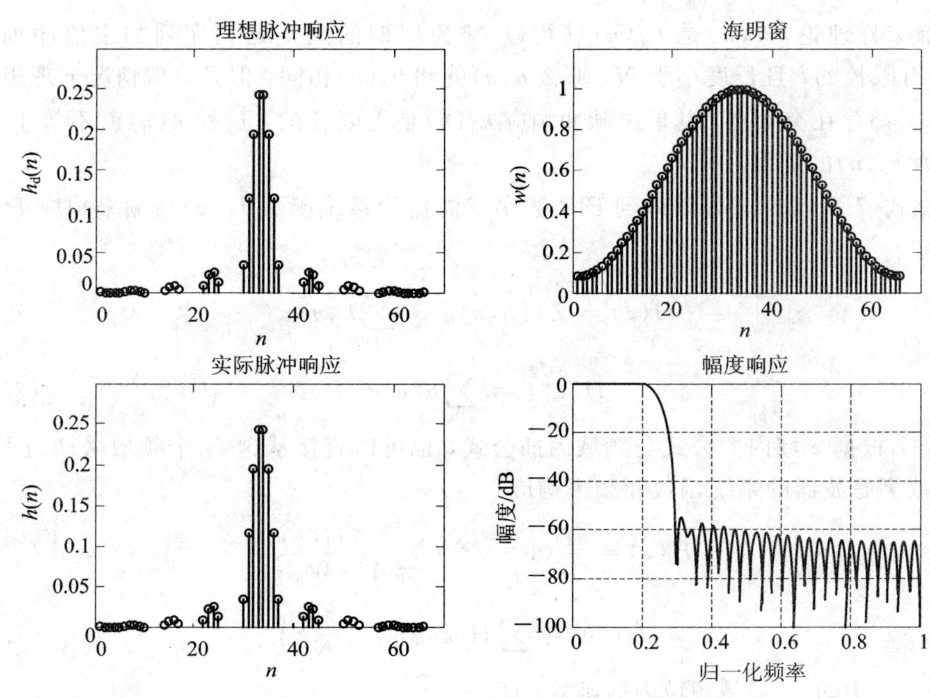

图 7-25　例 7-9 的时域和频域波形

7.5.2　频率采样法

窗函数法是从时域出发，把理想的 $h_d(n)$ 用一定形状的窗函数截断成有限长的 $h(n)$，以此 $h(n)$ 来近似理想的 $h_d(n)$，这样得到的频率响应 $H(e^{j\omega})$ 就能逼近理想的频率响应 $H_d(e^{j\omega})$。从图 7-24 所示的卷积过程可知，窗函数法适合设计片段常数型的标准频率响应滤波器。如果从频域出发，对理想的频率响应加以等间隔采样，并以此采样序列作为要设计的 FIR DF 的频率响应的等间隔采样，同样可得到逼近于理想 $H_d(e^{j\omega})$ 的频率特性。这种设计 FIR 数字滤波器的方法称为"频率采样法"。由于各频域采样值限定了滤波器的频率特性，因而频率采样法可以设计任意形状频率响应的 FIR 数字滤波器。

1. 基本原理

与窗函数设计法一样，首先需要构造一个希望逼近的理想滤波器。假设该理想滤波器的频率响应为 $H_d(e^{j\omega})$，单位脉冲响应为 $h_d(n)$。对 $H_d(e^{j\omega})$ 在$[0, 2\pi]$上进行 N 点等间隔采样，得到

$$H_d(k) = H_d(e^{j\omega})\Big|_{\omega=\frac{2\pi}{N}k}, \quad k = 0, 1, \cdots, N-1$$

以 $H_d(k)$ 作为实际 FIR 数字滤波器的频率响应在$[0, 2\pi]$上的 N 点等间隔采样值 $H(k)$，即令

$$H(k) = H_d(k) = H_d(e^{j\omega})\Big|_{\omega=\frac{2\pi}{N}k}, \quad k = 0, 1, \cdots, N-1 \tag{7.5-27}$$

对 $H(k)$ 进行离散傅里叶反变换，得到实际 FIR 滤波器的单位脉冲响应为

$$h(n) = \frac{1}{N}\sum_{k=0}^{N-1} H(k)W_N^{-nk}, \quad n = 0, 1, \cdots, N-1 \tag{7.5-28}$$

根据频域采样理论，$h(n)$是 $h_d(n)$进行以 N 为周期的周期延拓序列的主值序列。如果 $h_d(n)$是有限长的，且长度小于 N，那么 $h(n)$就和 $h_d(n)$相同。但是一般情况下理想频率响应 $H_d(e^{j\omega})$都存在突变点，其单位脉冲响应 $h_d(n)$是无限长的，这样 $h(n)$就不等于 $h_d(n)$，只能作为 $h_d(n)$的近似。

根据式(7.5-28)，可以得到 FIR 数字滤波器的系统函数 $H(z)$与频率响应 $H(e^{j\omega})$分别为

$$H(z) = \mathrm{ZT}[h(n)] = \sum_{n=0}^{N-1} h(n) z^{-n} \tag{7.5-29}$$

$$H(e^{j\omega}) = \sum_{n=0}^{N-1} h(n) e^{-j\omega n} \tag{7.5-30}$$

另外，根据 z 域内插公式与频域内插公式，也可以直接从这 N 个频域采样值 $H(k)$得到 FIR 数字滤波器的系统函数和频率响应

$$H(z) = \frac{1}{N}(1 - z^{-N}) \sum_{k=0}^{N-1} \frac{H(k)}{1 - W_N^{-k} z^{-1}} \tag{7.5-31}$$

$$H(e^{j\omega}) = \sum_{k=0}^{N-1} H(k) \varphi\left(\omega - \frac{2\pi}{N}k\right) \tag{7.5-32}$$

式(7.5-32)中的 $\varphi(\omega)$是频域内插函数，即

$$\varphi(\omega) = \frac{1}{N} \cdot \frac{\sin\left(\frac{\omega N}{2}\right)}{\sin\left(\frac{\omega}{2}\right)} \cdot e^{-j\omega\frac{N-1}{2}} \tag{7.5-33}$$

显然，对于式(7.5-29)，可以用 FIR 数字滤波器的直接型结构实现，而式(7.5-31)则适合频率采样型结构。

从式(7.5-32)可以看出，滤波器的实际频率响应是由各采样点的加权内插函数经延伸叠加而形成的，在各频率采样点上与理想频率响应严格相等，即

$$H(e^{j\frac{2\pi}{N}k}) = H(k) = H_d(k) = H_d(e^{j\frac{2\pi}{N}k})$$

在采样点之间则与理想频率响应有一定的逼近误差，如图 7-26 所示。

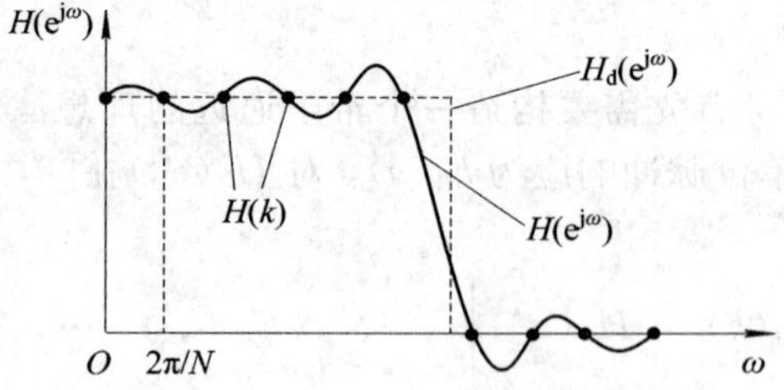

图 7-26　频率采样后的响应

2. 线性相位条件的约束

如果要设计的是线性相位的 FIR 数字滤波器，则要求其单位脉冲响应满足 $h(n) = \pm h(N-1-n)$，因此频域采样 $H(k)$必须满足一定的设置原则。

假设 $H(k)$可表示为

$$H(k) = H_k e^{j\theta_k} \tag{7.5-34}$$

式中，H_k 为幅度采样，θ_k 为相位采样，则对于第一类线性相位 FIR 数字滤波器，可将其频率响应写为

$$H(e^{j\omega}) = H(\omega)e^{-j\omega\frac{N-1}{2}}$$

因此，相位采样为

$$\theta_k = -\omega\frac{N-1}{2}\bigg|_{\omega=\frac{2\pi}{N}k} = -k\pi\left(1-\frac{1}{N}\right),\quad k=0,1,\cdots,N-1 \tag{7.5-35}$$

而对于幅度采样 H_k，如果 N 为奇数，则 $H(\omega)$关于 $\omega=\pi$ 偶对称，因此其$[0, 2\pi]$内的采样点也应该关于 $k=N/2$ 偶对称，即

$$H_k = H_{N-k} \tag{7.5-36}$$

如果 N 为偶数，则 $H(\omega)$关于 $\omega=\pi$ 奇对称，因此其$[0, 2\pi]$内的采样点也应该关于 $k=N/2$ 奇对称，即

$$H_k = -H_{N-k} \tag{7.5-37}$$

同样，对于第二类线性相位 FIR 数字滤波器，其频率响应可写为

$$H(e^{j\omega}) = H(\omega)e^{-j\left(\omega\frac{N-1}{2}-\frac{\pi}{2}\right)}$$

因此，相位采样为

$$\theta_k = \left(-\omega\frac{N-1}{2}+\frac{\pi}{2}\right)\bigg|_{\omega=\frac{2\pi}{N}k} = -k\pi\left(1-\frac{1}{N}\right)+\frac{\pi}{2},\quad k=0,1,\cdots,N-1 \tag{7.5-38}$$

对于幅度采样 H_k，如果 N 为奇数，则 $H(\omega)$关于 $\omega=\pi$ 奇对称，因此其$[0, 2\pi]$内的采样点关于 $k=N/2$ 奇对称，即

$$H_k = -H_{N-k} \tag{7.5-39}$$

如果 N 为偶数，则 $H(\omega)$关于 $\omega=\pi$ 偶对称，因此其$[0, 2\pi]$内的采样点关于 $k=N/2$ 偶对称，即

$$H_k = H_{N-k} \tag{7.5-40}$$

3. 逼近误差分析及改进措施

前面已经提过，频率采样使 FIR 滤波器的单位脉冲响应 $h(n)$是希望逼近的理想滤波器单位脉冲响应 $h_d(n)$的周期延拓序列的主值序列。由于理想频率响应有间断点，$h_d(n)$为衰减较慢的无限长序列，因此其周期延拓时有较严重的时域混叠，使得 $h(n)$和 $h_d(n)$相差较大，造成频率响应 $H(e^{j\omega})$和 $H_d(e^{j\omega})$之间相差较大，即逼近误差较大。具体来说，频率采样法的逼近误差有如下特点：

(1) 在采样频率点上逼近误差为零。

(2) 在采样点之间的频率响应值等于式(7.5-32)给出的 N 项叠加值，其逼近误差与理想频率响应的形状密切相关。在 $H_d(e^{j\omega})$越平坦的区域逼近误差越小，在 $H_d(e^{j\omega})$越陡峭的区域逼近误差越大。

(3) 在 $H_d(e^{j\omega})$的突变点附近逼近误差最大，形成过渡带，过渡带宽度近似为 $2\pi/N$(精确值要小于 $2\pi/N$)。通带和阻带均形成波纹，突变点的通带一侧形成最大的肩峰(对应通带最大波纹幅度)，阻带一侧形成最大的余振峰(对应阻带最小衰减)。

(4) 采样点数 N 越大，通带和阻带波纹变化越快，平坦区域的逼近误差越小，形成的过渡带越窄。但是通带最大衰减和阻带最小衰减随 N 的增大并无明显改善。比如，对理想低通滤波器的频率响应进行 $N=15$ 点频率采样后的通带最大衰减为 0.8340 dB，阻带最小衰减为 −15.0788 dB；而进行 $N=75$ 点频率采样后的通带最大衰减为 1.0880 dB，阻带最小衰减为 −16.5815 dB。

可见，直接对突变的理想滤波器进行频率采样，所设计的滤波器的逼近误差一般不能满足工程指标的要求，需要加以改进。通常的改进措施如下：

(1) 给理想滤波器设置适当的过渡带，也就是说，在 $H_d(e^{j\omega})$ 的间断点附近区间加入若干个过渡带采样点，如图 7－27 所示。从图 7－27 中可以看出，这实际上相当于改变 $H_d(e^{j\omega})$ 的形状，使 $H_d(e^{j\omega})$ 从通带平滑地过渡到阻带，消除阶跃突变，使逼近误差较小。可以看出，这种改进措施实质上就是以加宽过渡带为代价换取通带和阻带内波纹幅度的减小的。

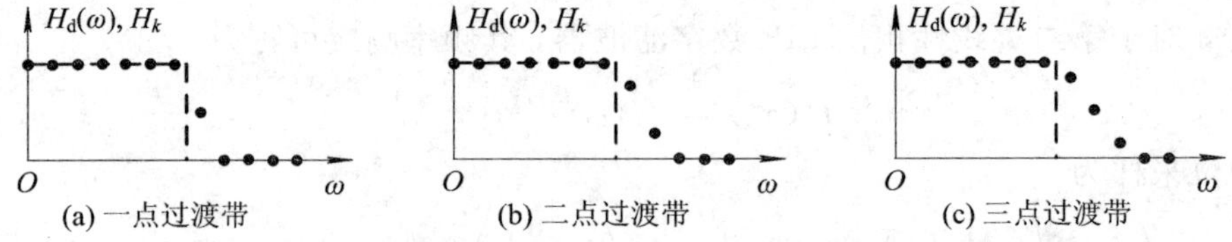

图 7－27　理想滤波器过渡带的设置

(2) 采用优化设计法，以便根据设计指标选择优化参数来进行优化设计。比如将过渡带采样值设为自由量，用一种优化算法来改变它，最终使阻带最小衰减最大。

4. 过渡带采样点数与滤波器长度的选择

如上所述，频率采样法设计 FIR 滤波器时往往要增加过渡带采样点，以便使通带和阻带内波纹幅度变小。表 7－8 中列出了过渡带采样点的个数 m 与滤波器阻带最小衰减 α_s 的经验数据，可以根据给定的阻带最小衰减选择过渡带采样点的个数。

表 7－8　过渡带采样点个数 m 与滤波器阻带最小衰减 α_s 的经验数据

m	1	2	3
α_s	40～54 dB	60～75 dB	80～95 dB

假设增加 m 个过渡带采样点，则过渡带宽度近似变为 $(m+1)2\pi/N$。如果指定过渡带宽度 ΔB，则要求

$$(m+1)\frac{2\pi}{N}\leqslant\Delta B$$

因此，滤波器长度 N 必须满足如下估算公式

$$N\geqslant(m+1)\frac{2\pi}{\Delta B}\tag{7.5-41}$$

5. 频率采样法设计步骤

综上所述，频率采样法的设计步骤如下：

(1) 根据阻带最小衰减 α_s 选择过渡带采样点的个数 m。

(2) 确定过渡带宽度 ΔB，按照式(7.5－41)估算滤波器长度 N。

(3) 构造一个希望逼近的频率响应函数 $H_d(e^{j\omega})$。

(4) 对 $H_d(e^{j\omega})$在$[0, 2\pi]$上进行 N 点等间隔采样，并加入过渡带采样，得到 $H(k)$。过渡带采样值可以设置为经验值，也可以采用优化算法估算。

(5) 根据内插公式直接由 $H(k)$得到滤波器频率响应 $H(e^{j\omega})$与系统函数 $H(z)$，或对 $H(k)$进行离散傅里叶反变换得到滤波器单位脉冲响应 $h(n)$。

(6) 检验设计结果。如果阻带最小衰减未达到指标要求，则要改变过渡带采样值，直到满足指标要求为止；如果滤波器边界频率未达到指标要求，则需要调整 $H_d(e^{j\omega})$的边界频率。

上述设计过程中的计算相当繁琐，所以通常借助计算机设计。

窗函数法和频率采样法虽然概念清楚直观，易于实现，但它们存在以下缺点：

(1) 滤波器边界频率不易精确控制。

(2) 窗函数法总使通带和阻带波纹幅度相等，频率采样法只能控制阻带波纹幅度，所以两种方法都不能分别控制通带和阻带波纹幅度。但是工程上对二者的要求常常是不同的，希望能分别控制。

(3) 所设计的滤波器在阻带边界频率附近的衰减最小，距离阻带边界频率越远，衰减越大。所以，如果在阻带边界频率附近的衰减刚好达到设计的指标要求，则阻带中其他频段的衰减就有很大富余量。这就说明这两种设计方法存在较大的资源浪费，或者说所设计滤波器的性价比较低。

7.6　FIR DF 与 IIR DF 的比较

前面我们讨论了 IIR 和 FIR 两种数字滤波器的设计方法。这两种滤波器究竟各有什么特点？在实际应用中应该如何去选择？下面我们对这两种滤波器作一个简单的比较。

首先，从性能上看，IIR 滤波器系统函数的极点可以位于单位圆内的任何地方，因此可以用较低的阶次来获得较好的频率选择性，所用的存储单元少，运算量小，所以经济高效。但是这个高效率是以相位的非线性为代价的，频率选择性越好，相位的非线性就越严重；与它相反，FIR 滤波器可以得到严格的线性相位特性，然而其系统函数的极点固定在原点，所以只能用较高的阶次来达到满足要求的频率选择性。对于同样的滤波器幅频响应指标，FIR 滤波器所要求的阶数比 IIR 滤波器大约高 5～10 倍，因此成本较高，运算量大，信号延时也较大。但若加上线性相位的要求，则 IIR 滤波器就必须加上一个全通网络来进行相位校正，同样要大大增加滤波器的阶次和复杂性。

从结构上看，IIR 滤波器必须采用递归结构，极点位置必须在单位圆内，否则系统将不稳定。另外，在这种结构中，由于运算过程对序列的舍入处理，所产生的有限字长效应有时会引起寄生振荡；相反，FIR 滤波器主要采用非递归结构，不论在理论上还是在实际的有限精度运算中都不存在稳定性问题。此外，FIR 滤波器还可以采用快速傅里叶变换算法实现，在相同阶数的条件下，运算速度可以大大提高。

从设计工具上看，IIR 滤波器可以借助于模拟滤波器的成果，因此一般都提供有效的封闭形式的设计公式，能进行准确计算，计算工作量比较小，对计算工具的要求也不高；

FIR 滤波器设计则一般没有封闭形式的设计公式，窗函数法虽然可以对窗函数给出计算公式，但计算通带、阻带衰减等仍无显式表达式。一般 FIR 滤波器的设计只有计算程序可循，因此对计算工具的要求较高。但现在计算机已经非常普及，而且已经开发出各种滤波器的设计程序，所以工程上的设计计算也都比较简单。

另外，还应看到，IIR 滤波器虽然设计简单，但主要用于设计具有片段常数特性的滤波器，例如低通、高通、带通及带阻滤波器等，往往脱离不了模拟滤波器的局限性；而 FIR 滤波器则要灵活得多，尤其适合某些特殊的应用，例如构成微分器或积分器，或用于巴特沃斯滤波器、切比雪夫滤波器等逼近不可能达到预定指标的情况，或要求三角形幅频响应或一些更复杂的幅频特性。因而 FIR 滤波器有着更大的适应性和更广阔的应用天地。

从上面的简单比较可以看到，IIR 和 FIR 滤波器各有所长，所以在实际选择时应该加以全面考虑。例如，从使用要求上来看，在对相位要求不敏感的场合，如语音通信等，选用 IIR 滤波器可以充分发挥其经济高效的特点；而对于图像信号处理、数据传输等以波形携带信息的系统，因对线性相位要求较高，故采用 FIR 滤波器较为合适。

7.7 MATLAB 实现

7.7.1 利用 MATLAB 设计 IIR 数字滤波器

由于 IIR 数字滤波器一般是借助于模拟滤波器来间接实现的，故先介绍模拟滤波器的 MATLAB 实现，然后在此基础上分别介绍两种 IIR 滤波器设计的 MATLAB 实现。在 MATLAB 信号处理工具箱中，不论是巴特沃斯滤波器，还是切比雪夫滤波器、椭圆滤波器、贝塞尔滤波器等，都有专门的函数来直接设计模拟滤波器，而且这些函数也可以用于直接设计相应类型的数字滤波器。限于篇幅，这里主要对巴特沃斯模拟滤波器的设计加以介绍。

1. 巴特沃斯滤波器的 MATLAB 实现

(1) [z,p,G]=buttap(N)

用于计算 N 阶巴特沃斯归一化（3 dB 截止频率 $\Omega_c=1$）模拟低通滤波器系统函数的零极点和增益因子，返回长度为 N 的列向量，z、p 分别给出 N 个零点、极点的位置，G 表示增益。得到的系统函数为

$$H_a(s)=G\frac{(s-z(1))(s-z(2))\cdots(s-z(N))}{(s-p(1))(s-p(2))\cdots(s-p(N))}$$

式中，$z(k)$、$p(k)$分别为向量 $\boldsymbol{z}$ 和 $\boldsymbol{p}$ 的第 k 个元素。若要由计算得到的零极点得到系统函数的分子、分母多项式系数向量 B 和 A，则可以用函数[B,A]=zp2tf(z,p,k)来实现。

(2) [N,Wc]=buttord(Wp,Ws,Rp,Rs)

用来确定巴特沃斯数字滤波器的阶次 N 和 3 dB 截止频率 Wc。参数 Wp、Ws 分别是通带和阻带的截止频率，实际上它们是归一化频率，其值在 0～1 之间，1 对应抽样频率的一半，即数字频率 π；Rp、Rs 分别是通带最大衰减和阻带最小衰减，单位为 dB。对低通和高通滤波器，Wp、Ws 都是标量，并且当 Wp≤Ws 时，为低通滤波器，反之为高通；而对

带通和带阻滤波器，Wp、Ws 都是 1×2 的向量。N 是求出的相应低通滤波器的阶次，Wc 是求出的 3 dB 频率。

(3) [N,Wc]=buttord(Wp,Ws,Rp,Rs,'s')

用来确定巴特沃斯模拟滤波器的阶次 N 和 3 dB 截止频率 Wc。格式中各个参数的含义和格式(2)相同，但 Wp、Ws 及 Wc 的单位为 rad/s，因此，它们实际上是频率。

(4) [B,A]=butter(N,Wc,'ftype')

用来计算 N 阶巴特沃斯数字滤波器系统函数的分子、分母多项式系数向量 B 和 A。参数 N 和 Wc 分别为阶数和 3 dB 截止频率 Wc 的归一化值。参数 ftype 指出是何种类型的滤波器。当 Wc 是标量时，可以设计低通和高通滤波器，缺省时默认设计低通滤波器，当 ftype=high 时，设计高通滤波器；而当 Wc 是 1×2 的向量[Wc1　Wc2]时，可以设计带通和带阻滤波器，缺省时默认设计带通滤波器，通带为频率区间 Wc1<w<Wc2，当 ftype=stop 时，设计带阻滤波器。注意，设计的带通和带阻滤波器系统函数是 $2N$ 阶的，原因是带通或带阻滤波器相当于 N 阶低通滤波器和 N 阶高通滤波器的级联。

由系数向量 $\boldsymbol{B}$ 和 $\boldsymbol{A}$ 可以写出数字滤波器的系统函数为

$$H(z)=\frac{B(z)}{A(z)}=\frac{B(1)+B(2)z^{-1}+\cdots+B(N)z^{-(N-1)}+B(N+1)z^{-N}}{A(1)+A(2)z^{-1}+\cdots+A(N)z^{-(N-1)}+A(N+1)z^{-N}}$$

(5) [B,A]=butter(N,Wc,'ftype','s')

用来确定 N 阶巴特沃斯模拟滤波器系统函数的分子、分母多项式系数向量 B 和 A。格式中各个参数的含义和格式(4)相同，但 Wc 的单位为 rad/s。

由系数向量 $\boldsymbol{B}$ 和 $\boldsymbol{A}$ 可以写出模拟滤波器的系统函数为

$$H_a(s)=\frac{B(s)}{A(s)}=\frac{B(1)s^N+B(2)s^{N-1}+\cdots+B(N)s+B(N+1)}{A(1)s^N+A(2)s^{N-1}+\cdots+A(N)s+A(N+1)}$$

例 7-10　调用 buttord 和 butter 函数设计巴特沃斯模拟低通滤波器，要求与例 7-1 相同。

解　编写程序如下：

```
Wp=2*pi*5000;Ws=2*pi*12000;Rp=2;Rs=30;
[N,Wc]=buttord(Wp,Ws,Rp,Rs,'s');        %计算模拟滤波器阶数 N 和 3 dB 截止频率
[B,A]=butter(N,Wc,'s');                  %计算模拟滤波器系统函数
w=linspace(0,2*pi*15000,1024);           %将 0 到 15 kHz 之间均分 1024 个频率采样点
h=freqs(B,A,w);                          %计算模拟滤波器的复频响,频率点由向量 w 指定
plot(w/(2*pi),20*log10(abs(h)),'k');grid on;
set(gca,'ytick',[-30,-2,0]);             %在衰减 2 dB 和 30 dB 处标明纵坐标
set(gca,'xtick',[0,5000,12000]);         %在通带和阻带截止频率处标明横坐标
xlabel('频率(Hz)'); ylabel('幅度(dB)');
```

程序运行结果如下：

```
N =5
Wc=3.7792e+004
B=0   0   0   0   0   7.7094e+022
A =1   1.223e+005   7.4785e+009   2.8263e+014   6.6014e+018   7.7094e+022
```

其幅频响应特性曲线如图 7-28 所示。

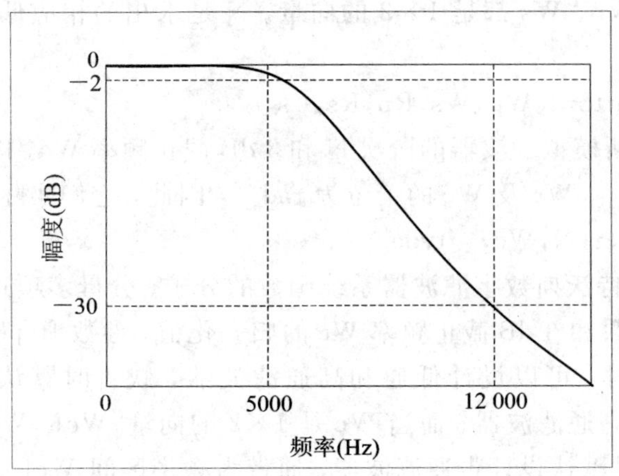

图 7-28　例 7-10 的模拟滤波器幅频响应

根据系数向量 **B** 和 **A**，可以写出系统函数为

$$H_a(s)=\frac{7.7094\times10^{22}}{s^5+1.223\times10^5 s^4 7.4785\times10^9 s^3+2.8263\times10^{14}s^2+6.6014\times10^{18}s+7.7094\times10^{22}}$$

将计算出的 3 dB 截止频率与例 7-1 的理论计算相比较，可看出 buttord 函数是使用式(7.2-11)来计算 Ω_c 的。从图 7-28 也可看出这一点，其阻带刚好满足指标要求，而通带指标有富余。

2. 脉冲响应不变法的 MATLAB 实现

MATLAB 中的函数[bz,az]=impinvar(b,a,Fs)可以用脉冲响应不变法将模拟滤波器转换为数字滤波器。参数 b 和 a 分别为模拟滤波器的系统函数的分子、分母。Fs 是脉冲响应不变法中的抽样频率，单位是 Hz，缺省时为 1 Hz。返回值 bz 和 az 分别表示数字滤波器系统函数的分子、分母多项式的系数。

例 7-11　用脉冲响应不变法设计一个巴特沃斯低通 IIR 数字滤波器。设计指标参数为：在通带内频率低于 0.2π 时，最大衰减小于 1 dB，在阻带频率区间[0.3π, π]上，最小衰减大于 15 dB。画出数字滤波器在频率区间[0, 0.5π]上的幅频响应特性曲线。

解　根据题意要求，编写程序如下：

```
clear,close all; T=2;Fs=1/T;
Wp=0.2*pi/T;Ws=0.3*pi/T;Rp=1;Rs=15;
[N,wc]=buttord(Wp,Ws,Rp,Rs,'s');       %计算过渡模拟滤波器阶数 N 和 3 dB 截止频率
[B,A]=butter(N,wc,'s');                %计算模拟滤波器系统函数
[Bz,Az]=impinvar(B,A,Fs);              %用脉冲响应不变法将模拟转换为数字滤波器
w=linspace(0,0.5*pi,1024);             %将 0 到 0.5π 之间均分 1024 个频率采样点
h=freqz(Bz,Az,w);        %计算数字滤波器的复频率响应 h，频率点由向量 w 指定
plot(w/pi,20*log10(abs(h)),'k');grid on;
set(gca,'ytick',[-15,-1,0]);           %在衰减 1 dB 和 15 dB 处标明纵坐标
set(gca,'xtick',[0,0.2,0.3,0.5]);      %在通带和阻带截止频率处标明横坐标
xlabel('ω/π');ylabel('幅度(dB)');
```

程序运行结果如下：

```
Bz=0   0.0006584   0.010501   0.016717   0.0042324   0.00010624   0
Az=1   -3.3443   5.0183   -4.219   2.0725   -0.56   0.064698
```

其幅频响应特性曲线如图 7-29 所示。

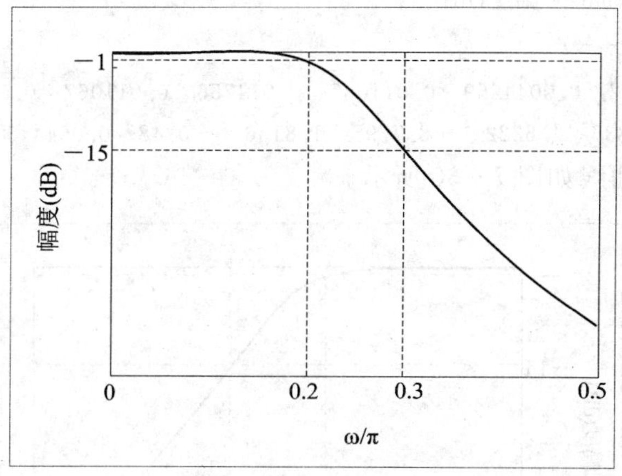

图 7-29　脉冲响应不变法设计数字滤波器的幅频响应

根据计算出的系数向量 Bz 和 Az，可以写出数字滤波器的系统函数为

$$H(z)=\frac{0.0006584z^{-1}+0.010501z^{-2}+0.016717z^{-3}+0.0042324z^{-4}+0.00010624z^{-5}}{1-3.3443z^{-1}+5.0183z^{-2}-4.219z^{-3}+2.0725z^{-4}-0.56z^{-5}+0.064698z^{-6}}$$

从图 7-29 可以看出，设计出的数字滤波器的幅度单调递减，显然是低通滤波器，而且，频率为 2π 处的衰减大约为 1 dB，在频率为 0.3π 处的衰减为 15 dB，完全满足指标。

3. 双线性变换的 MATLAB 实现

函数[Bz,Az]=bilinear(B,A,Fs)可以用双线性变换法将模拟滤波器转换为数字滤波器。参数中 B、A 分别是模拟滤波器的分子、分母多项式的系数向量，Fs 是抽样频率，Bz、Az 分别是数字滤波器的分子、分母多项式的系数向量。

例 7-12　用双线性变换法设计一个巴特沃斯低通 IIR 数字滤波器。设计指标参数同例 7-11，画出数字滤波器在频率区间[0, 0.5π]上的幅频响应特性曲线。

解　实现题意要求的程序如下：

```
clear,close all;
Wp=0.2*pi;Ws=0.3*pi;Rp=1;Rs=15;
T=2;Fs=1/T;
wp=2*tan(Wp/2)/T;ws=2*tan(Ws/2)/T;      %预畸变
[N,wc]=buttord(wp,ws,Rp,Rs,'s');        %计算过渡模拟滤波器阶数 N 和 3 dB 截止
                                        %频率
[B,A]=butter(N,wc,'s');                 %计算模拟滤波器系统函数
[Bz,Az]=bilinear(B,A,Fs);               %用双线性变换将模拟滤波器转换为数字滤
                                        %波器
w=linspace(0,pi,1024);                  %将 0 到 π 之间均分 1024 个频率采样点
h=freqz(Bz,Az,w);                       %计算数字滤波器的复频率响应 h，频率点
                                        %由向量 w 指定
```

```
plot(w/pi,20*log10(abs(h)),'k');grid on;
set(gca,'ytick',[-15,-1,0]);                %在衰减 1 dB 和 15 dB 处标明纵坐标
set(gca,'xtick',[0,0.2,0.3,0.5]);           %在通带和阻带截止频率处标明横坐标
axis([0,0.5,-50,0]);
xlabel('ω/π');ylabel('幅度(dB)');
```

程序运行结果如下：

```
Bz=0.00073782  0.0044269  0.011067  0.014756  0.011067  0.0044269  0.00073782
Az=1  -3.1836  4.6222  -3.7795  1.8136  -0.48  0.054445
```

其幅频响应特性曲线如图 7-30 所示。

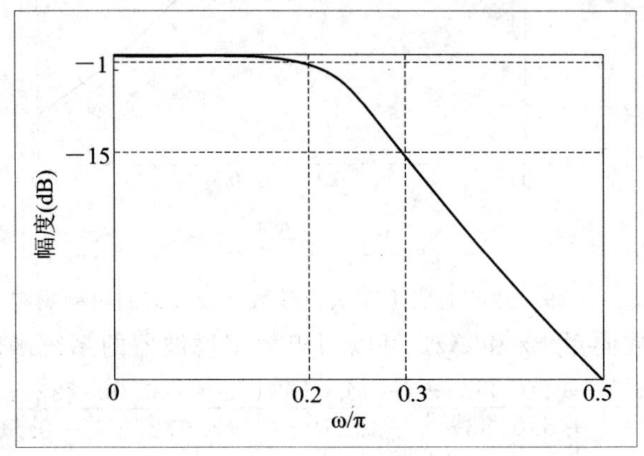

图 7-30 双线性变换法设计数字滤波器的幅频响应

根据计算出的系数向量 Bz 和 Az，可以写出数字滤波器的系统函数。同时从图 7-30 可以看出，设计出的数字滤波器完全满足指标。

7.7.2 利用 MATLAB 设计 FIR 数字滤波器

1. 常用的窗函数

MATLAB 中提供了很多常用的窗函数，其中一些窗函数的调用形式为：

矩形窗：w=boxcar(N)

三角窗：w=bartlett(N)

汉宁窗：w=hanning(N)

海明窗：w=hamming(N)

布莱克曼窗：w=Blackman(N)

凯塞(Kaiser)窗：w=Kaiser(N,beta)

其中，输入参数 N 表示窗口的长度，返回变量 w 是一个长度为 N 的列向量，表示窗函数在这 N 点的幅度值。beta 是控制 Kaiser 窗形状的参数。

2. 使用窗函数法设计 FIR 数字滤波器

MATLAB 提供了两个基于窗函数的 FIR 数字滤波器的设计函数：

(1) fir1.m。本函数采用窗函数法设计 FIR 数字滤波器，其调用格式是

b=fir1(N,Wn,'ftype',window)

其中，必选参数为 N 和 Wn，其余两个为可选参数。参数 N 为滤波器的阶次，因此 $h(n)$ 的长度为 N+1；Wn 是通带截止频率，其值在 0～1 之间，1 对应频率值 π；返回向量 b 是设计好的滤波器系数 $h(n)$。

对低通和高通滤波器，参数 Wn 是一个标量，当参数 ftype 缺省时，默认为低通滤波器；当 ftype=high 时，为高通滤波器。若 Wn 是 1×2 的向量，则可以设计带通和带阻滤波器，参数 ftype 缺省时，默认为带通滤波器；ftype=stop 时，为带阻滤波器。参数 window指定窗函数的类型，以列向量形式表示，向量的长度必须为 N+1，若缺省此项，则 fir1 自动选择海明窗。

(2) fir2.m。本函数采用窗函数法设计具有任意幅频特性的 FIR 数字滤波器。其调用格式是

```
b=fir2(N,F,M, window)
```

其中，必选参数为 N、F 和 M，window 为可选参数。参数 F 是频率向量，其值在 0～1 之间，且第一个值必须为 0，最后一个值必须为 1，且必须递增。M 是与 F 相对应的所希望的幅频响应，F 和 M 长度必须相等。参数 window 指定窗函数的类型，以列向量形式表示，向量的长度必须为 N+1，若缺省此项，则 fir2 自动选择海明窗。

例 7-13　用升余弦窗(汉宁窗)设计一线性相位低通滤波器，截止频率 $\omega_c=\frac{\pi}{4}$ rad/s，窗口长度 N 分别为 15 和 33，要求在两种窗口长度情况下，分别求出 $h(n)$，画出相应的幅频特性和相频特性曲线。观察 3 dB 和 20 dB 带宽，总结窗口长度 N 对滤波器特性的影响。

解　程序段如下：

```
wc=0.25;
N=input('输入窗口长度 N:');
win=hanning(N);              %产生长度为 N 的汉宁窗
h=fir1(N-1,wc,win);          %采用窗函数法设计 FIR 滤波器，截止频率为 0.25π
w=linspace(0,pi,512);        %在 0～π 之间均匀采样 512 次，取 512 个频率采样值
mag=freqz(h,[1],w);          %系统函数的分子系数向量为 h，分母只有常数项 1
%数字滤波器的复频率响应 mag，频率点由向量 w 指定
magdb=20*log10(abs(mag));
figure; subplot(211);plot(w/pi,magdb, 'k');title('幅频特性');
axis([0 1 -100 0]);grid;
xlabel('ω/π');ylabel('幅度(dB)'); pha=angle(mag);
subplot(212);plot(w/pi, pha,'k');title('相频特性');
xlabel('ω/π'); ylabel('相位(rad)');
axis([0 1 -4 4]);
```

分别输入 15 和 33 两种窗口长度，得到的运行结果如图 7-31 所示。从图中可以看出，不论 N =15 还是 33，阻带的最小衰减均大约为 44 dB，这符合汉宁窗的技术指标。但是对于 3 dB 和 20 dB 带宽，N=15 时分别为 0.2π 和 0.37π，N=33 时分别为 0.23π 和 0.31π，说明 N=33 时频带衰减更快，过渡带更窄。从这里可以得出结论：N 无论怎样增大，阻带最小衰减并没有改变，但是过渡带宽度随着 N 的增大而减小。

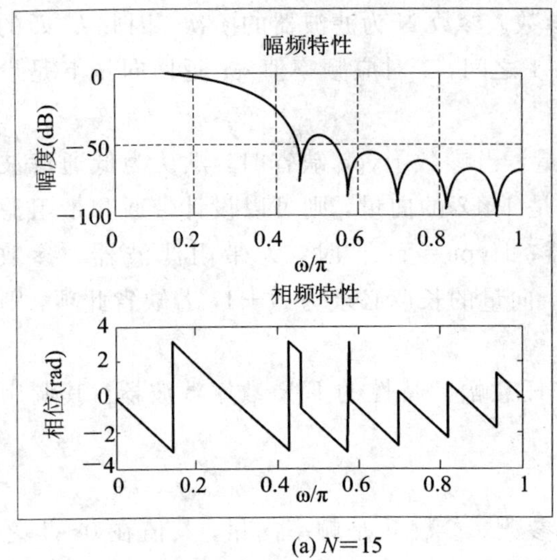

(a) $N=15$

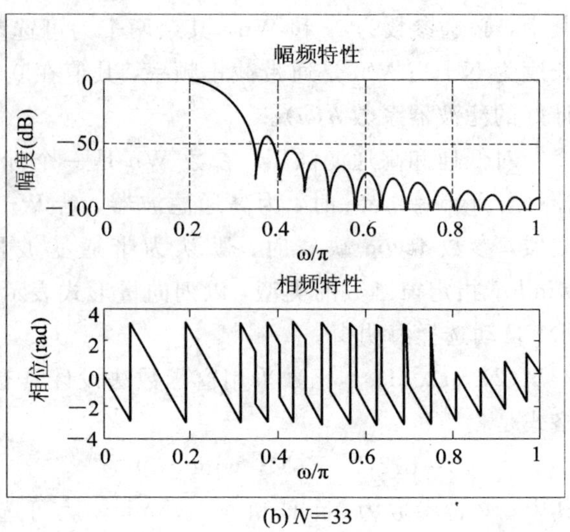

(b) $N=33$

图 7 - 31 例 7 - 13 的滤波器频率响应

3. 使用频率采样法设计 FIR 数字滤波器

例 7 - 14 用频率采样法设计第一类线性相位低通 FIR 数字滤波器，要求通带截止频率 $\omega_p=\pi/3$，阻带最小衰减小于 40 dB，过渡带宽度 $\Delta B\leqslant\pi/16$。

解 通过查表 7 - 8，可以选择过渡带采样点数 $m=1$，因此可以估算滤波器长度 $N\geqslant(m+1)2\pi/\Delta B=64$，留一点富余量，取 $N=65$。频率采样法设计过程如下：

```
T=input('T=');                                  %输入过渡带采样值
datB=pi/16;Wc=pi/3;
m=1;N=65;
Np=fix(Wc/(2*pi/N));                            %Np+1 是通带上采样点数
Ns=N-2*Np-1;                                    %Ns 是阻带[Wc,2*pi-Wc]上的采样点数
Ak=[ones(1,Np+1),zeros(1,Ns),ones(1,Np)];       %理想滤波器幅度采样
Ak(Np+2)=T;Ak(N-Np)=T;                          %增加过渡采样
thetak=-pi*(N-1)*(0:N-1)/N;                     %构造相位采样向量
Hk=Ak.*exp(j*thetak);                           %幅度采样和相位采样构成频域采样
hn=real(ifft(Hk));                              %单位脉冲响应
Hw=fft(hn,1024);                                %计算 1024 点 DFT 作为频率响应函数
wk=2*pi*[0:1023]/1024;
Hgw=Hw.*exp(j*wk*(N-1)/2);                      %计算幅度函数
Rp=max(20*log10(abs(Hgw)))                      %计算通带最大衰减
hgmin=min(real(Hgw));
Rs=20*log10(abs(hgmin))                         %计算阻带最小衰减
k=0:N-1
subplot(3,1,1);plot(2*k/N,Ak,'k.');title('理想滤波器的幅度采样');
xlabel('ω/π'),ylabel('幅度');axis([0,2,0,1.2]);
subplot(3,1,2);stem(k,hn,'k.');title('单位脉冲响应');
```

```
xlabel('n'),ylabel('h(n)');axis([0,N-1,-inf,inf]);
subplot(3,1,3);plot(wk/pi,20*log10(abs(Hgw)),'k');title('幅频响应');
xlabel('ω/π'),ylabel('幅度(dB)');
```

运行程序，输入过渡带采样值 T=0.4，得到设计结果如图7-32所示，并输出通带最大衰减 Rp=0.4438 dB，阻带最小衰减 Rs=-39.6385 dB。如果再次输入 T=0.5 和 0.6，则得到阻带最小衰减 Rs=-29.6896 dB 和 Rs=-25.0690 dB。由此可见，即使过渡带采样点数固定不变，当过渡带采样值不同时，逼近误差也不相同。因此，对过渡带采样值进行优化设计才是更有效的方法。

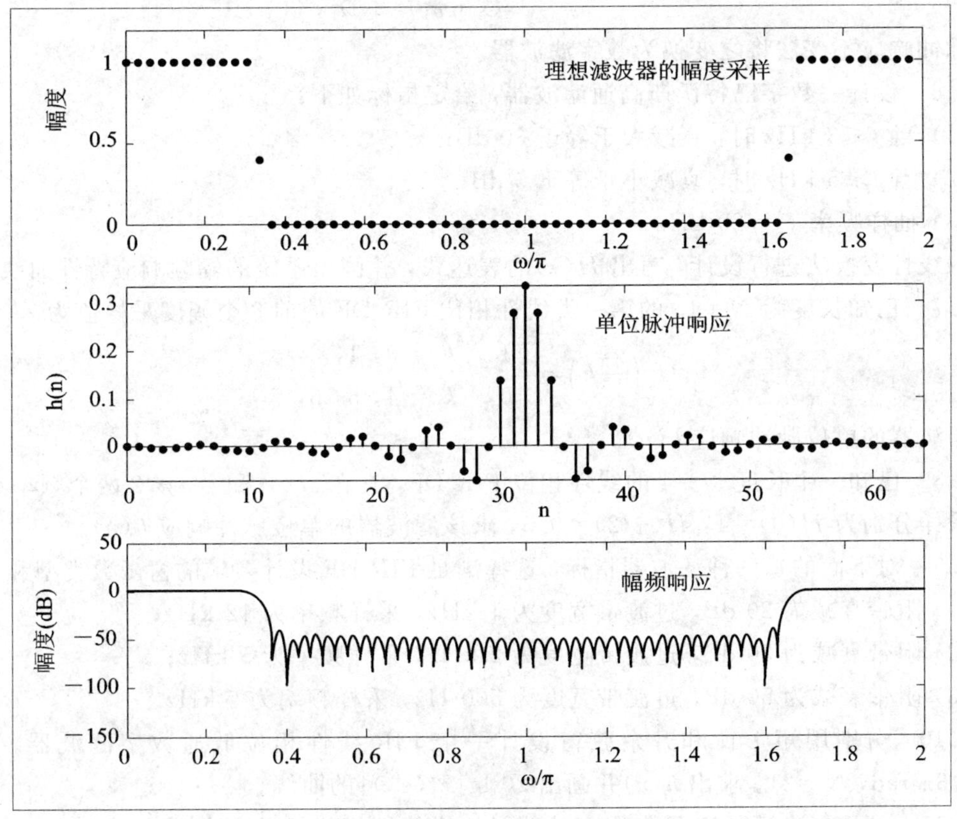

图7-32　一个过渡带采样点的频率采样法设计结果(采样值为0.4)

习　题

7.1　用冲激响应不变法将以下 $H_a(s)$ 变换为 $H(z)$，抽样周期为 T。

(1) $H_a(s)=\dfrac{s+a}{(s+a)^2+b^2}$；

(2) $H_a(s)=\dfrac{A}{(s-s_0)^{n_0}}$，$n_0$ 为任意正整数。

7.2　设有一模拟滤波器 $H_a(s)=1/(s^2+s+1)$，抽样周期 $T=2$ s，试用脉冲响应不变法和双线性变换法将它转变为数字系统函数 $H(z)$。

7.3　用双线性变换法设计一个三阶巴特沃斯数字带通滤波器，抽样频率为 $f_s=500$ Hz，上、下边带截止频率分别为 $f_2=150$ Hz，$f_1=30$ Hz。

7.4　设计一个二阶巴特沃斯数字带阻滤波器，其阻带 3 dB 的边带频率分别为 40 kHz 和 20 kHz，抽样频率为 $f_s=200$ kHz。

7.5　设模拟滤波器的系统函数为

$$H_a(s)=\frac{\Omega_1}{(s+\sigma_1)^2+\Omega_1^2}$$

试用脉冲响应不变法将之变换为数字滤波器。

7.6　设计一数字巴特沃斯高通滤波器，给定指标如下：

(1) 当 $f\leqslant 3$ kHz 时，衰减大于等于 30 dB；

(2) 当 $f\geqslant 5$ kHz 时，衰减小于等于 3 dB；

(3) 抽样频率 $f_s=20$ kHz。

试用双线性变换法进行设计，写出 $H(z)$的表达式，并画出系统的幅频响应特性曲线。

7.7　已知长度为 $N=15$ 的第一类线性相位 FIR DF 的前 8 个幅度采样值为

$$H_g\left(\frac{2\pi}{15}k\right)=\begin{cases}1, & k=0,1,2,3\\ 0, & k=4,5,6,7\end{cases}$$

求该滤波器的单位脉冲响应 $h(n)$。

7.8　已知一个长度 $N=4$ 的线性相位 FIR DF，它在 $\omega=0$ 和 $\omega=\pi/2$ 两个频率点处的幅度采样分别为 $H(0)=1$，$H(\pi/2)=0.5$，求该滤波器的单位脉冲响应 $h(n)$。

7.9　对下面的每一种滤波器指标，选择满足 FIR DF 设计要求的窗函数类型和长度。

(1) 阻带衰减为 20 dB，过渡带宽度为 1 kHz，采样频率为 12 kHz；

(2) 阻带衰减为 50 dB，过渡带宽度为 2 kHz，采样频率为 5 kHz；

(3) 阻带衰减为 50 dB，过渡带宽度为 500 Hz，采样频率为 5 kHz。

7.10　分别用矩形窗和升余弦窗设计一个 FIR 线性相位低通数字滤波器。已知：$\omega_c=0.3\pi$ rad，$N=21$。求出 $h(n)$并画出 $20\lg|H(e^{j\omega})|$的曲线。

7.11　请选择合适的窗函数及 N 来设计一个线性相位低通滤波器

$$H(e^{j\omega})=\begin{cases}e^{-j\omega a}, & 0\leqslant\omega\leqslant\omega_c\\ 0, & \omega_c\leqslant\omega\leqslant\pi\end{cases}$$

要求其阻带最小衰减为−45 dB，过渡带宽为$\frac{8}{51}\pi$。

(1) 求出 $h(n)$的表达式，确定 a 与 $h(n)$的长度 N 的关系式；

(2) 若 $\omega_c=0.5\pi$ rad，$N=31$，画出 $20\lg|H(e^{j\omega})|$的曲线；

(3) 保留原有轨迹，画出用满足所给条件的其他几种窗函数设计出的 $20\lg|H(e^{j\omega})|$ 曲线。

7.12　设 $h(n)$表示一低通 FIR DF 的单位脉冲响应，$h_1(n)=(-1)^n h(n)$，$h_2(n)=h(n)\cos(\omega_0 n)$，$0<\omega_0<\pi$。证明：$h_1(n)$ 和 $h_2(n)$ 分别为高通和带通滤波器。

7.13　用频率采样法设计一个线性相位低通 FIR DF，逼近带通截止频率为 $\omega_c=0.25\pi$ rad，要求过渡带宽度为 $\pi/8$ rad，阻带最小衰减为 45 dB。试确定过渡带采样点个数 m 和滤波器长度 N，求出频率采样序列 $H(k)$ 和单位脉冲响应 $h(n)$，并绘制所设计的单位脉冲响应 $h(n)$ 及其幅频特性曲线草图。如果将技术指标改为过渡带宽度为 $\pi/32$ rad，阻带最小衰减为 60 dB，试确定过渡带采样点个数 m 和滤波器长度 N

参考文献

[1] 丁玉美. 数字信号处理. 西安：西安电子科技大学出版社，2005

[2] 徐明远，刘增力. MATLAB仿真在信号处理中的应用. 西安：西安电子科技大学出版社，2007

[3] Van de Vegte Joyce. Fundamentals of Digital Signal Processing. 北京：电子工业出版社，2003

[4] 陈怀琛. 数字信号处理教程——MATLAB释义与实现. 2版. 北京：电子工业出版社，2008

[5] 王艳芬，王刚. 数字信号处理原理及实现. 北京：清华大学出版社，2008

[6] Proakis John G, Manolakis Dimitris G. Digital Signal Processing. 4th ed. 北京：电子工业出版社，2007

[7] Proakis John G, Manolakis Dimitris G. Digital Signal Processing：Principles, Algorithms and Applications. 3rd ed. 北京：电子工业出版社，2004

[8] 郑君里，应启珩，杨为理. 信号与系统(下册). 2版. 北京：高等教育出版社，2008

[9] 胡广书. 数字信号处理——理论、算法与实现. 2版. 北京：清华大学出版社，2003

[10] 程佩青. 数字信号处理教程. 3版. 北京：清华大学出版社，2007

[11] Mitra Sanjit K. Digital Signal Processing Laboratory Using MATLAB. 北京：电子工业出版社，2005

[12] 丁玉美，高西全. 数字信号处理. 2版. 西安：西安电子科技大学出版社，2006

[13] 高西全，丁玉美，阔永红. 数字信号处理——原理、实现及应用. 北京：电子工业出版社，2006

[14] 周利清，苏菲. 数字信号处理基础. 北京：北京邮电大学出版社，2005